智能变电站
二次系统

芮新花　赵珏斐　等　编著

中国水利水电出版社
www.waterpub.com.cn

内 容 提 要

本书从介绍变电站的发展入手，以不同阶段变电站二次回路为引，详细介绍了和智能变电站相关的二次设备、通信规约、报文及二次系统测试，并拓展介绍了智能站中继电保护事故处理及案例分析。

全书共 6 章，主要包括电力系统变电站的发展，不同发展阶段变电站二次回路，智能变电站主要二次设备，智能变电站通信，智能变电站二次系统测试，继电保护事故处理及案例分析等内容。

本书适合于从事电力系统继电保护的技术人员和管理人员阅读，也可供高等院校电气工程及其自动化专业的师生参考。

图书在版编目（ＣＩＰ）数据

智能变电站二次系统 / 芮新花等编著. -- 北京 ：
中国水利水电出版社，2016.1(2022.10重印)
ISBN 978-7-5170-4007-1

Ⅰ. ①智… Ⅱ. ①芮… Ⅲ. ①智能技术—应用—变电
所—二次系统 Ⅳ. ①TM645.2

中国版本图书馆CIP数据核字(2015)第321360号

书　　名	**智能变电站二次系统**
作　　者	芮新花　赵珏斐　等 编著
出版发行	中国水利水电出版社
	（北京市海淀区玉渊潭南路 1 号 D 座　100038）
	网址：www. waterpub. com. cn
	E - mail：sales@mwr. gov. cn
	电话：(010) 68545888（营销中心）
经　　售	北京科水图书销售有限公司
	电话：(010) 68545874、63202643
	全国各地新华书店和相关出版物销售网点
排　　版	中国水利水电出版社微机排版中心
印　　刷	清淞永业（天津）印刷有限公司
规　　格	184mm×260mm　16 开本　21 印张　498 千字
版　　次	2016 年 1 月第 1 版　2022 年 10 月第 3 次印刷
印　　数	5001—6500 册
定　　价	**55.00 元**

前　言

建设智能电网是一项跨行业、跨专业的复杂系统工程，对我国的经济、社会发展、能源开发利用和电网建设与改造都有重要影响，而智能变电站是智能电网中的枢纽和核心。

本书对智能变电站的二次系统进行了较为全面的阐述。为了使读者能完整地掌握智能变电站二次系统的组成和工作原理，本书从变电站的发展到不同阶段变电站的二次回路进行了介绍，进而详细地解释了变电站的主要二次设备以及通信规约、报文及通信过程，并对智能变电站的二次系统测试的内容和方法做了详细的介绍。为了扩大读者的知识面，提高读者独立分析问题和解决问题的能力，特辟一章详细介绍智能站继电保护事故处理及案例分析。本书的附录部分收录了大量传统变电站典型的二次接线图、主流测试仪介绍以及大量的智能站调试实例。

本书第1章由北京博电新力电气股份有限公司潘家骏编写；第2、3章及附录4.1～4.4节由南京工程学院芮新花编写；第4章由南京南瑞继保电气有限公司丁敬雷编写；第5章及附录3由南京南瑞继保电气有限公司杜国斌编写；第6章及附录4.5～4.8节由南京供电公司赵珏斐编写。附录2由南京工程学院钟华编写；全书由芮新花负责统稿。

本书编写过程中，参阅了国内外许多单位的有关资料，在统稿和校核过程中得到苏州供电公司薛峰，南京迪奈特自控科技有限公司吴淮宁，南京工程学院邹杰、王瑷璐、邓艳和芮铭欢等的大力协助，在此表示衷心的感谢！

由于作者水平有限，书中难免存在错误和疏漏之处，恳请读者批评指正。

编　者

2015 年 10 月

目　　录

第1章 电力系统变电站的发展

1.1 自动化变电站

1.1.1 自动化变电站的概述

变电站综合自动化系统是利用先进的计算机技术、现代电子技术、通信技术和信息处理技术等实现对变电站二次设备（包括继电保护、控制、测量、信号、故障录波、自动装置及远动装置等）的功能进行重新组合、优化设计，对变电站全部设备的运行情况执行监视、测量、控制和协调的一种综合性的自动化系统。通过变电站综合自动化系统内各设备间相互交换信息、数据共享，完成变电站运行监视和控制任务。变电站综合自动化替代了变电站常规二次设备，简化了变电站二次接线。变电站综合自动化是提高变电站安全稳定运行水平、降低运行维护成本、提高经济效益、向用户提供高质量电能的一项重要技术措施。

1.1.2 自动化变电站的结构和模式

1. 集中式系统结构

系统的硬件装置、数据处理均集中配置，采用由前置机和后台机构成的集控式结构，由前置机完成数据输入、输出、保护、控制及监测等功能，后台机完成数据处理、显示、打印及远方通信等功能。目前国内许多的厂家尚属于这种结构方式。这种结构的不足有：前置管理机任务繁重、引线多，是一个信息"瓶颈"，降低了整个系统的可靠性，即在前置机故障情况下，将失去当地及远方的所有信息及功能，另外不能从工程设计角度上节约开支，仍需铺设电缆，并且扩展一些自动化需求的功能还比较困难。这种结构形成的缘由主要是变电站二次产品早期开发过程按保护、测量、控制和通信部分分类、独立开发，没有从整个系统设计的指导思想下进行，随着技术的进步及电力系统自动化的要求，在进行变电站自动化工程的设计时，大多采用的是按功能"拼凑"的方式开展，从而导致系统的性能指标下降以及出现许多无法解决的工程问题。

2. 分层分布式结构

按变电站的控制层次和对象设置全站控制级（站级）和就地单元控制级（段级）的二层式分布控制系统结构。

站级系统大致包括站控系统（SCS）、站监视系统（SMS）、站工程师工作台（EWS）及调度中心的通信系统（RTU）。

（1）站控系统（SCS）。应具有快速的信息响应能力及相应的信息处理分析功能，完成站内的运行管理及控制（包括就地及远方控制管理两种方式），例如事件记录、开关控制及 SCADA 的数据收集功能。

（2）站监视系统（SMS）。应对站内所有运行设备进行监测，为站控系统提供运行状态及异常信息，即提供全面的运行信息功能，如扰动记录、站内设备运行状态、二次设备投入/退出状态及设备的额定参数等。

（3）站工程师工作台（EWS）。可对站内设备进行状态检查、参数整定、调试检验等功能，也可以用便携机进行就地及远端的维护工作。

上面是按大致功能基本分块，硬件可根据功能及信息特征在一台站控计算机中实现，也可以两台双备用，也可以按功能分别布置，但应能够共享数据信息，具有多任务实时处理功能。

段级在横向按站内一次设备（变压器或线路等）面向对象的分布式配置，在功能分配上，本着尽量下放的原则，即凡是可以在本间隔就地完成的功能决不依赖通信网，特殊功能例外，如分散式录波及小电流接地选线等功能的实现。

自 20 世纪 90 年代初到目前止，据不完全统计，我国已有上千套变电站综合自动化系统在现场投运，充分发挥了作用，取得了用户的信赖。变电站自动化系统已被广大用户所接受和认可。

变电站自动化系统结构已从早期的集中式结构，由 1 台、2 台或 3 台微机完成全变电站的保护、监控任务，现已过渡到分布分散式系统结构，其可靠性、可扩性、可维护性大大提高。

现有的系统均采用分层的设计思想，具有一定的分布式特征和相应的独立性，主要体现在保护和监控相互独立，故障互不影响。然而在这些系统中，微机保护、微机监控等设备之间大都通过 RS-422/RS-485 通信口或现场总线相连接，通信规约迥异，仅有个别厂家采用 IEC870-5 标准通信规约。由于缺乏统一标准，通信控制复杂，难以有效地实现各设备之间信息高速、可靠、准确地交换。系统的可靠性和实时性差，它不仅影响到变电站综合自动化系统的优势发挥，而且不能满足电网发展对变电自动化系统所提出的要求。

继电保护方面，如工频变化量方向继电器、工频变化量距离继电器、区分振荡与短路的新原理等项技术居国际领先水平。

目前，对 35kV 及以下线路，保护、测控功能相互融合、信息共享，集成在一个独立的装置中，已成为业界共识。保护测控一体化的概念已延伸到馈线自动化中，用于馈线终端（FTU）。对高压或超高压线路，保护、测控装置完全独立，但有统一设计、组屏的要求。

传统的自动装置正在调整，逐渐与变电站自动化系统融合，较为典型的有低周减载、电压无功控制、备用电源自投与分段开关保护测控的融合、自动准同期功能与测控功能集成等。

变电站自动化系统的功能在基本监控功能方面如遥测、遥信、遥控功能已比较成熟，较高层次上的应用功能，如变电站防误闭锁、电压无功控制方面，也取得了不少成绩，但较高层次上的应用功能还有待于深入研究和发展。

早期由于技术的限制，变电站自动化的实施采用发展独立的、单项自动化装置来解决问题。20 世纪 70 年代初至 80 年代末，电力行业主要精力在集中利用计算机发展单项自动化装置或系统，如微机保护、微机远动装置等，为变电站自动化发展打下基础。在其发展过程中，人们也逐渐认识到：由于变电站自动化的功能之间存在着不同程度的关联，单单依靠发展单项自动化装置或系统，形成自动化孤岛，很难满足变电站自动化许多功能的要求，且还无法克服在扩大应用规模时确认所需投资的合理性所遇到的困难。这种按"功能定向"的方法，已造成综合化水平非常低，并带来若干反面影响，如功能重叠、数据重复、灵活性很差、维修费用高等。

另外，变电站自动化系统作为一个庞大复杂的、综合性很高的系统性工程，包含众多的设备和子系统，各功能、子系统之间存在着不同程度的关联，其本身及其所用技术又处于不断发展之中，对任一个厂家、制造商而言，无法包揽一切。这就要求变电站自动化采用全面解决的方案，走系统集成之路，使得各种应用之间可共享投资和运行费用，最大限度保护用户原有的投资。

随着计算机、电力电子技术的进步，通信技术的发展，变电站自动化的发展，已由单个孤立的装置微机化（自动化）过渡到系统整体计算机化。

在中低压变电站自动化和馈线自动化方面，现有保护和测控设备相互渗透、相互融合，形成保护测控一体化，保护测控单元不仅具有常规的保护、遥测、遥信和遥控功能，且还集成了自动重合闸、电能质量一些参数的检测功能，甚至集成了断路器的监视功能，且有进一步与断路器、开关相结合，机电一体化，发展成为智能化开关的趋势。显著地降低了建设、运行和维护的综合成本，为提高供电可靠性创造了有利的条件。

高压设备正向着一次和二次设备集成方向发展，出现智能化一次设备。一次设备将断路器与 TV、TA 及隔离开关组合在一起，使用电子 TV、TA 替代常规的 TV、TA，数字量输出替代了模拟量输出，甚至集成了保护、测控单元。如 ABB 公司的 PASS、ALSTOM 公司推出的高压组合电器等一次设备。这样，减少了与二次设备的连线，减少了电磁干扰；线路两侧同步采样，经高速通道交换数据，可提高设备的可靠性，同时也减少了用户的投资。此外，集成了一次设备在线监视、自诊断和控制工具，可提供更好地维护工具管理，使一次设备由定期维修转为状态维修。故障定位和自动恢复送电可以明显地缩短停电时间。有效的解决这一问题，必须以数字式继电保护、变电站自动化系统、电网自动化系统为基础。

1.1.3 变电站综合自动化系统的基本功能

变电站综合自动化系统包含多专业的综合性技术，它以微机为基础来实现对变电站传统的继电保护、控制方式、测量手段、通信和管理模式的全面技术改造，实现对电网运行管理的变革。变电站从一次设备、二次设备、继电保护、自动装置、载波通信等与现代的计算机硬、软件系统和微波通信以及 GIS 组合电器等相结合，使变电站走向综合自动化和小型化。变电站综合自动化系统的基本功能主要体现在 6 个方面。

（1）监控子系统功能。该功能包括数据采集、事件顺序记录、故障测距和录波、控制功能、安全监视和人机联系功能。

（2）微机保护子系统功能。通信与测控方面的故障应不影响保护正常工作，该功能还要求保护的 CPU 及电源均保持独立。

（3）自动控制子系统功能。该功能包括备用电源自动投入装置、故障录波装置等与微机保护子系统应具备各自的独立性。

（4）远动和通信功能。该功能包括变电站与各间隔之间的通信功能；综合自动化系统与上级调度之间的通信功能，即监控系统与调度之间通信，故障录波与测距的远方传输功能。

（5）变电站系统综合功能。该功能包括通过信息共享实现变电站 VQC（电压无功控制）功能、小电流接地选线功能、自动减载功能、主变压器经济运行控制功能。

（6）系统在线自诊断功能。系统应具有自诊断到各设备的插件级和通信网络的功能。

1.1.4 国内变电站综合自动化发展历程

我国变电站综合自动化技术的起步发展虽比国外晚，但我国在 20 世纪 70 年代初期便先后研制成电气集中控制装置和"四合一"装置（保护、控制、测量、信号）。如南京电力自动化设备厂制造的 DJK 型集中控制装置，长沙湘南电气设备厂制造的 WJBX 型"四合一"集控台。这些称为集中式的弱电控制、信号、测量系统的成功研制和投运为研制微机化的综合自动化装置积累了有益的经验。20 世纪 70 年代末 80 年代初南京电力自动化研究院事先研制成功以 Motorola 芯片为核心的微机 RTU 用于韶山灌区和郑州供电网，促进了微机技术在电力系统的广泛应用。1987 年，清华大学在山东威海望岛 35kV 变电站用 3 台微型计算机实现了全站的微机继电保护、监测和控制功能。之后，随着 1988 年由华北电力学院研制的第一代微机保护（O1 型）投入运行，第二代微机保护（WXB - 11）1990 年 4 月投入运行，并于同年 12 月通过部级鉴定。将远动装置采用微机技术滞后且更为复杂的继电保护全面采用微机技术成为现实。至此，随着微机保护、微机远动、微机故障录波、微机监控装置在电网中的全面推广应用，人们日益感到各专业在技术上保持相对独立造成了各行其是，重复硬件投资，互连复杂，甚至影响运行的可靠性。1990 年，清华大学在研制鞍山公园变电站综合自动化系统时，首先提出了将监控系统和 RTU 合二为一的设计思想。1992 年 5 月，电力部组织召开的"全国微机继电保护可靠性研讨会"指出：微机保护与 RTU，微机就地监控，微机录波器的信息传送，时钟、抗干扰接地等问题应统一规划并制订统一标准，微机保护的联网势在必行。由南京电力自动化研究院研制的第一套适用于综合自动化系统的成套微机保护装置 ISA 于 1993 年通过部级鉴定以后，各地电网逐步开始大量采用变电站综合自动化系统。1994 年中国电机工程学会继电保护及自动化专委会在珠海召开了"变电站综合自动化分专业委员会"的成立大会，这标志着对变电站综合自动化的深入研究和应用进入了一个新阶段。

1.220kV 及以上变电站综合自动化系统

220kV 以上变电站综合自动化系统结构见图 1-1。

220kV 及以上变电站综合自动化系统技术特点有：面向间隔对象设置；分层分布式结构模式；单层网为主、保护和故障录波宜单独组网；高压保护的可靠性要求高，因而保护与测控独立。

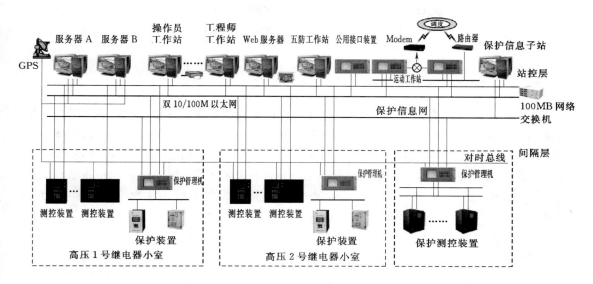

图 1-1 220kV 及以上变电站综合自动化系统结构图

2. 110kV 及以下变电站综合自动化系统

110kV 及以下变电站综合自动化系统结构见图 1-2。

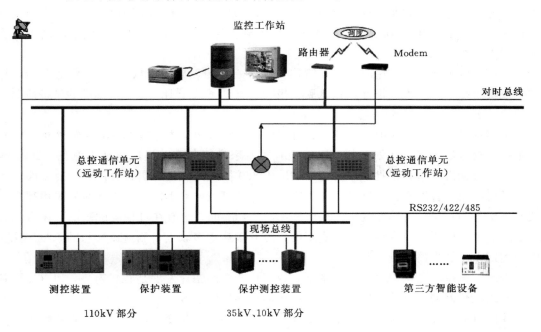

图 1-2 110kV 及以下变电站综合自动化系统结构图

110kV 及以下变电站综合自动化系统技术特点有：10kV 保护测控一体化，110kV 线路保护测控独立、可靠性、经济性；现场总线与以太网并存；以太网取代现场总线；淡化后台作用，加强远动工作站性能、适应集控站模式、无人值班模式。

1.2 数字化变电站

1.2.1 数字化变电站概述

数字化变电站技术是变电站自动化技术发展中具有里程碑意义的一次变革，对变电站自动化系统的各方面将产生深远的影响。数字化变电站3个主要的特征为"一次设备智能化，二次设备网络化，符合 IEC 61850 标准"，即数字化变电站内的信息全部做到数字化，信息传递实现网络化，通信模型达到标准化，使各种设备和功能共享统一的信息平台。这使得数字化变电站在系统可靠性、经济性、维护简便性方面均比常规变电站有大幅度提升。

数字化变电站在我国发展迅速，全国电力系统管理及其信息交换标准化技术委员会（以下简称标委会）自 2000 年起，将对 IEC 61850 的转化作为工作重点之一。从 CD（委员会草案）到 CDV，从 FDIS 到正式出版物，标委会及其工作组专家密切跟踪 IEC 标准的进展，用近 5 年的时间，二十多位专家的辛勤工作，完成了 IEC 61850 到行业标准《实施技术规范》（DL/T 860）的转化。

标准转化的同时，国内顶级设备制造商如南瑞集团、北京四方、国电南自、许继电器等同步开展了标准研究和软硬件开发。2006 年以来，相继有采用 IEC 61850 标准的变电站投入运行，从 110kV 到 500kV，从单一厂家到多家集成，国内对数字化变电站工程实践的探索正在向纵深发展。

在国家电力调度通信中心（以下简称国调中心）的领导下，从 2004 年年底开始，标委会成功组织了 6 次大规模互操作试验，极大地推动了基于 IEC 61850 标准的设备研制和工程化。

为实现 IEC 61850 在国内的有效、有序应用，2007 年，标委会将 DL/T 860 标准工程实施技术规范纳入工作计划，并迅速组织有关专家进行起草，经广泛征求意见，2008 年该标准通过标委会审查报批，成为指导 DL/T 860 标准国内工程实施的重要配套文件。

目前，国内各网省公司都进行了数字化变电站试点，对 DL/T 860 标准的应用程度和技术水平各不相同，有单在变电站层应用 DL/T 860 的，也有在过程层试验的，还有结合电子式互感器应用的；有单一厂家实现的，也有多达十多家设备制造商参与的。数字化变电站的试点已越来越充分。

未来，在智能电网建设的大背景下，数字化变电站快速发展是必然趋势，但首先要解决电子式互感器的可靠性问题、网络交换机的可靠性问题等。

我国目前已建成或在建的数字化变电站同国外的数字化变电站相比，特点有：国内数字化变电站更重视可靠性问题，故较多采用冗余网络方式；国内数字化变电站较多采用 IEC 61850-9-1，但该标准未来非 IEC 主流推荐，国内需尽快开发基于 IEC 61850-9-2 的系统。因为技术成熟度问题，国内对电子式互感器的应用还比较保守。

IEC 61850 是面向未来的变电站自动化技术标准，也是全世界关于变电站自动化系统的第一个完整的通信标准体系，目前我国投运的数字化变电站均以 IEC 61850 为统一标准，但在对标准的理解、执行方面还需进一步统一规范。

IEC 61850 的概念思想非常先进，应该讲具有很强的生命力和影响力。电力系统的其他领域都很重视 IEC 61850，有的直接引用其文本形成本领域的标准，有的吸收其思想，编制相关标准。IEC 61850 一套标准涵盖电力系统各个方面是不现实的，但其先进思想和部分技术一定会被广泛引用。

由于 IEC 61850 标准体系庞大，六次互操作，暴露出一些问题。如 IEC 61850 标准本身描述不完全一致；各厂家对标准理解不完全相同；对应用时的一些细节未作要求（系统结构、网络冗余问题、保护装置定值的建模问题等）等。要解决以上问题，应该由多方共同努力完成。

首先国内的用户和设备制造商要有统一标准的共同愿望；其次，标委会要加强组织协调，发挥公正平台作用。进一步细化完善国内工程实施技术规范，配套建立其他如功能标准、设计标准、验收标准等。

随着技术的不断进步和完善，我国数字化变电站的试点建设已经有了相当数量，有必要进行阶段性总结。

1.2.2 数字化变电站层次

数字化变电站自动化系统的结构在物理上可分为两类，即智能化的一次设备和网络化的二次设备；在逻辑结构上可分为三个层次，根据 IEC 61850 通信协议草案定义，这三个层次分别为：过程层、间隔层、站控层。

1.2.3 数字化变电站发展历程

（1）第一阶段。第一阶段为 IEC 61850 实现监控层通信，主要有：220kV 宜昌猇亭变电站（2006 年）、220kV 无锡新光变电站（2007 年）、220kV 苏州虎丘变电站（2007 年）。

（2）第二阶段。第二阶段为电子式互感器应用，主要有：IEC 60044-8、IEC 61850-9-1 点对点通信，220kV 青岛午山变电站（2008 年），220kV 南昌董家窑变电站（2008 年）。

（3）第三阶段。第三阶段为 GOOSE 应用，主要有：220kV 绍兴外陈变电站（2008 年）、500kV 金华兰溪变电站（2009 年）。

（4）第四阶段。第四阶段为过程层全面网络化，主要有：110kV 绍兴大侣变电站（GOOSE、IEC 61850-9-2、IEEE 1588、GMRP）是当时世界上技术领先的变电站，220kV 延寿变电站、三乡变电站、植物园变电站。

1.3 智 能 变 电 站

1.3.1 智能变电站概述

智能变电站发展简介见图 1-3。

智能变电站采用先进、可靠、集成、低碳、环保的智能设备，以全站信息数字化、通信平台网络化、信息共享标准化为基本要求，自动完成信息采集、测量、控制、保护、计

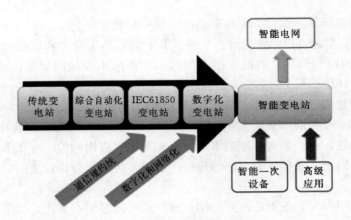

图 1-3 智能变电站发展简介

量和监测等基本功能，并可根据需要支持电网实时自动控制、智能调节、在线分析决策、协同互动等高级功能的变电站。

1.3.2 智能变电站发展简介

IEC 61850 的推出改变了原有的变电站设计方案，而随着各项新技术的不断成熟，变电站的技术方案也经历了几次比较大的转变，通过目前已经投运的变电站的典型配置方案主要有 5 种情况。

1. 常规 IEC 61850 变电站

2007 年，国内多个新建变电项目，首次采用了基于 IEC 61850 标准的站控层通信协议，此阶段为数字化变电站的初期，变电站系统结构未发生任何变化，仅将站控层 IEC 60870-5-103 通信协议改为 IEC 61850 的 MMS 通信协议。常规 IEC 61850 变电站见图 1-4。

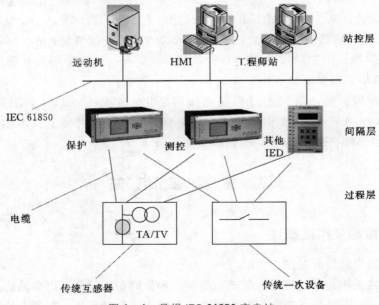

图 1-4 常规 IEC 61850 变电站

常规 IEC 61850 变电站特点有：常规 61850 站即为普通的综自站，只是在站控层采用 IEC 61850 规约，相比于 IEC 103 规约而言，最大优点在于客户端与 IED 的互操作性，不再需要规约转换。由于设备的互操作性强，对于多厂商设备一起集成时，集成效率提高。

2. 带 GOOSE 的半数字化变电站

带 GOOSE 通信的半数字化变电站是通过增加智能终端来实现的，智能终端一般就地安装在户外柜内，户外柜安装于一次设备旁边。智能终端主要完成断路器的操作功能，开入开出功能，开关、刀闸、地刀的控制和信号采集功能，联锁命令输出功能等。而二次设备采样仍经保留常规互感器方式，通过电缆进行模拟量采样传输。带 GOOSE 的半数字化变电站见图 1-5。

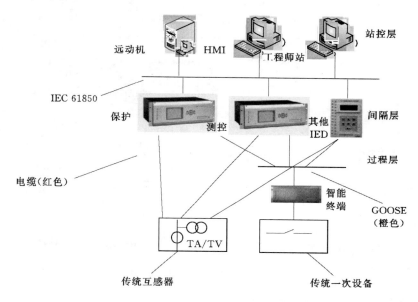

图 1-5　带 GOOSE 的半数字化变电站

带 GOOSE 的半数字化站的特点有：智能终端与间隔层设置之间连接通过光纤接口进行 GOOSE 通信，实现数据的传输；而光纤连接在国家电网（以下简称国网）主要采取点对点直连模式，在南方电网（以下简称南网）采取交换机组网模式；工程应用中，往往点对点与组网方式并存，但传输的数据流不同。

3. 带 SMV 的半数字化变电站

带 SMV 的半数字化变电站是数字化变电站的另一种技术的尝试，主要解决数字化采样的问题，可分为两种：①常规互感器＋常规 MU，主要面对只采用一次常规互感器、二次数字采样的方式；②ECVT 互感器＋电子式 MU，主要面对一次采用 ECVT，二次采用数字采样的方式。

SMV 从发展历程来说先后经历三种方式：IEC 600044-8（FT3）方式、IEC 61850-9-1 方式、IEC 61850-9-2 方式。目前以采用 IEC 6185-9-2 的方式最多。

ECVT 不能直接与保护测控通信，而需要通过合并单元将 ECVT 的信息合并同步后才可与保护测控通信。

合并单元与间隔层装置之间连接通过接口插件 1136（早期采用 1126）来完成，早期全部通过交换机来完成，后期随着国网保护采样采用点对点（直采），测控录波等采用组网的提出，所以 SMV 通信出现组网与点对点共存的局面，南网对此尚无要求，因此 SMV 在南网依然有采用组网的方式。

保护测控直接采用数字采样，因此 A/D 转换不在保护完成，如为 ECVT 方式，A/D 转换在远方采集模块完成；保护测控如为常规采样方式，A/D 转换在常规合并单元完成。开入开出依然采用 GOOSE 方式。带 SMV 的半数字化变电站见图 1－6。

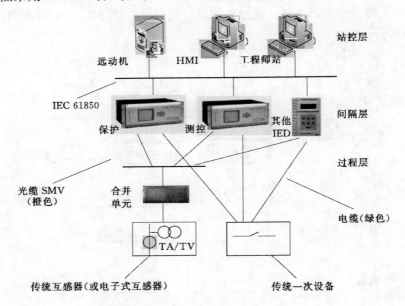

图 1－6　带 SMV 的半数字化变电站

4. 带 GOOSE 及 SMV 的准数字化变电站

带 GOOSE 和 SMV 的数字化变电站即全数字变电站，也是现在数字化变电站应用最广的一种模式。

全数字化变电站典型配置有：一次上采用 ECVT，二次上采用 SMV（目前以 IEC 61850 - 9 - 2 为主）和 GOOSE。

全数字化变电站在国网区域主推保护直采直跳、测控组网方式，在南网区域则主推组网方式，对于 SMV 和 GOOSE 是否共网，则需要针对实际变电站来区别对待。带 GOOSE 及 SMV 的准数字化变电站见图 1－7。

5. 带高级应用功能的智能变电站

智能变电站是在数字化变电站基础上提出来的。智能变电站现在依然概念多一点，并没有达到非常成熟的地步。目前已投运的变电站主要是在基于站控层提出一些高级应用功能，如顺控、智能告警及故障信息综合分析决策、远程浏览、设备状态可视化、站域控制、源端维护、辅助控制系统与监控系统联动等。带高级应用功能的智能变电站见图 1－8。

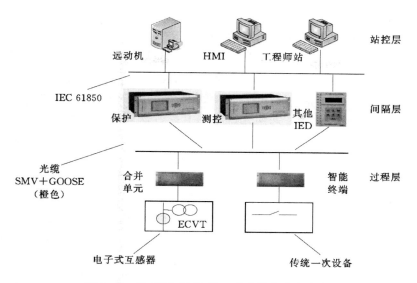

图 1-7 带 GOOSE 及 SMV 的准数字化变电站

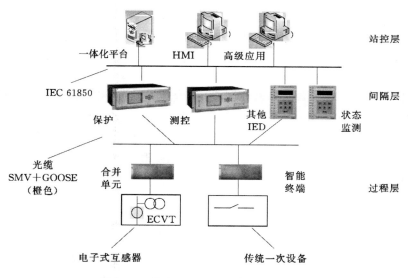

图 1-8 带高级应用功能的智能变电站

1.3.3 新一代智能变电站技术（二次系统）

1.3.3.1 新一代智能变电站建设

（1）2012 年始，进行新一代智能变电站建设（科技部）概念的设计，新设备的研制，以及 6 项示范工程应用。

（2）2013 年始，在华东五市标准配送式智能变电站建设（基建部），同时进行了 30 项示范工程，标准化设计、工厂化设计、装配式建设。

（3）2014 年，新一代智能变电站扩大示范建设（科技部），共有 48 座 220kV、

110kV 变电站。

1.3.3.2 新一代智能变电站二次系统特征

（1）层次化保护控制系统。包括就地级保护功能提升、站域保护控制装置。

（2）一体化业务平台。智能变电站站级业务功能的支撑平台，运行在监控主机和综合应用服务器之上，由基础平台、公共服务和统一访问接口三部分组成，可通过标准化的接口接入第三方的扩展应用模块，共同完成电网监控、设备监测及各类运行管理与维护业务，具有平台开发、可扩展、易维护、按需配置的特征。

（3）二次设备的在线监视。保护控制设备应具备自检及自诊断功能。

（4）220kV 多功能测控。具有集测控、考核计量、PMU 功能。

（5）110kV 保护测控考核计量集成装置。

（6）包括 35/10kV 保护、测控、考核计量、智能终端、合并单元集成装置。

（7）预制舱式二次组合设备。包括舱体尺寸、辅助设备、前接线前显示装置、双列布置。

1.3.3.3 总体要求

（1）二次系统的设计应遵循设备集成、网络优化、功能整合、组柜布置优化的原则，并遵循模块化建设理念，应符合易扩展、易升级、易改造、易维护的工业化应用要求。

（2）站内采用层次化保护控制系统，包括就地级保护，多功能测控装置，站域保护控制系统及一体化监控系统，构建基于一体化监控系统的一体化业务平台，实现高级应用功能的专业化和实用化。

（3）保护控制设备应具备各自检及自诊断功能，应支持 SV 数据异常、SV 链路中断、GOOSE 数据异常、GOOSE 链路中断、电源电平、装置内部温度、过程层光口接收光功率、过程层光口发送光功率、装置自检信息等设备状态监测信息上送。

（4）站内被对时设备应支持时间同步状态上送功能。

1.3.3.4 主要设计原则

1. 智能设备

现阶段，采用"一次设备本体＋传感器＋智能组件"形式，考虑传感器、智能组件与一次设备本体采用一体化集成设计。

（1）考虑主变冷却器、有载分接开关宜利用智能终端实现控制和调节功能。

（2）宜取消高压组合电器就地跨间隔横向电气联闭锁接线。

（3）宜减少开关设备辅助接点、辅助继电器。

（4）宜考虑断路器操作箱控制回路与本体分合闸控制回路一体化融合设计，取消冗余二次回路。

（5）考虑二次设备下放布置的环境协调性设计。

2. 一次设备状态监测

（1）总体原则。

1）一次设备的状态监测范围及参量按 534 企标配置，并结合新下发的运检计划〔2013〕422 号《关于印发输变电设备状态监测系统治理提升工作方案的通知》。

2）状态监测后台系统由一体化监控系统综合应用服务器集成。各类设备状态监测宜统一后台分析软件、接口类型和传输规约，实现全站设备状态监测数据的传输、汇总和诊断分析。

（2）监测范围及参量。

1）220kV 油浸式变压器宜配置油中溶解气体在线监测。

2）110kV（66kV）电压等级油浸式变压器（电抗器）不配置油中溶解气体在线监测。

3）220kV 及以上避雷器配置泄漏电流、动作次数监测。

4）110kV、220kV 隔离式断路器配置 SF$_6$ 气体密度及机械特性监测。

（3）状态监测 IED 配置原则。

1）宜按照电压等级和设备种类进行配置。在装置硬件处理能力允许情况下，同一电压等级的同一类设备宜多间隔、多参量共用状态监测 IED，以减少装置硬件数量。

2）在线监测 IED 宜采用就地接线汇集，信息集中上传，以简化回路接线。

3. 合并单元、智能终端的要求

（1）220kV 变电站 220kV 线路、母联及主变进线智能终端、合并单元双套独立配置；110kV 线路、母联/分段智能终端合并单元集成装置单套配置，主变 110kV、35kV/10kV 智能终端合并单元集成装置双套配置；220kV 母线合并单元双套，智能终端按段单套配置，110kV 母线智能终端合并单元集成装置双套配置。

（2）110kV 变电站 110kV 线路、母联/分段智能终端合并单元集成装置单套配置，主变各侧、110kV 桥开关、110kV 母线智能终端合并单元集成装置双套配置。

4. 智能控制柜

（1）户外站每间隔配置 1 面智能控制柜，布置间隔智能终端、合并单元及监测 IED，与开关本体集成设计。

（2）户内站每间隔配置 1 面智能控制柜，布置间隔智能终端、合并单元、监测 IED、保护、测控、计量等设备，工厂完成接线、调试，与开关本体集成设计。

（3）智能控制柜与 GIS 智能汇控柜一体化设计，柜体防护等级、结构、材质、温度控制措施等应满足相应规程标准，尺寸执行智能站通用设备。

5. 层次化保护

层次化保护系统面向功能配置的保护系统。就地级保护以快速隔离故障元件为目的，利用本地（和对侧）信息独立决策，实现快速、可靠的元件主保护。站域保护控制利用全站信息集中决策，实现快速、可靠、自适应的元件（后备）保护，并实现保护信息管理、故障测距、备自投、低频/低压减载等相关智能控制。广域保护利用区域内各变电站全景数据信息实施广域后备保护、优化安稳控制策略，实现区域内保护与控制的协调配合。

（1）就地级保护。

1）差动保护应考虑各侧互感器特性的差异，支持不同类型互感器的接入方式。

2）继电保护装置双重化配置时，输入、输出、网络及供电电源各环节应完全独立。

3）220kV 线路、母线、母联/分段保护均双重化配置，母线保护含失灵保护功能。

4）110kV 线路、分段/桥保护单套配置，采用保护、测控、考核计量集成装置。

5）110kV 母线保护单套独立配置（220kV 变电站配置，110kV 变电站可不配置

110kV 母线保护）。

6）220kV 主变压器应配置双重化电量保护及单套非电量保护。

7）110kV 主变压器宜配置双套主后一体化电量保护，也可采用单套的主后备保护分置的电量保护；配置单套非电量保护，与本体智能终端集成设计。

8）35kV/10kV 间隔保护单套配置，采用集成保护、测控、考核计量、合并单元、智能终端等功能的多合一装置。

9）就地级保护宜采用直采直跳方式。

（2）站域保护控制系统。

1）变电站配置 1 套站域保护控制系统，其功能应综合运行需求、变电站规模和功能定位进行合理配置。

2）基于站内对象的电气量、开关量和就地级保护设备状态等信息，集中决策，实现全站备投、主变过载联切、低周减载等紧急控制功能；实现 110kV 单套保护的冗余配置功能；优化主变低压后备保护策略，实现 35kV/10kV 简易母差保护功能。

3）站域保护控制装置直接下达控制指令给智能终端，并预留支撑广域级保护控制的子站的独立接口。

4）当 GOOSE、SV 报文双网传输时，站域保护控制装置接入 A 网，可根据设备处理能力分别设置 MMS 及 GOOSE/SV 接口传输信息。

5）站域保护网络采样、网络跳闸。

6）站域保护控制系统宜支持不同运行方式下控制保护策略的自适应功能。

6. 一体化监控系统

（1）采用开放式分层分布式计算机监控系统，构建一体化业务平台，通过标准化的平台接口接入第三方的扩展应用模块，实现各类运行和管理业务的集成。

（2）220kV、110kV 变电站站控层设备按远景规模配置，满足国调中心《关于印发变电站二次系统和设备有关技术研讨会纪要的通知》（调自〔2013〕185 号）。

（3）站内微机五防功能由 GOOSE 单网实现，站内配置顺序控制、智能告警、一次设备状态监测、二次设备在线监测、保护信息管理、远程浏览、时间同步管理及辅助应用控制等应用功能。

（4）220kV 及主变压器采用多功能测控装置，按本期规模配置，220kV 线路、母联/分段，主变压器各侧测控装置集成考核计量功能，单套独立配置。

（5）110kV 变电站站内不划分安全Ⅰ、Ⅱ区。

（6）二次设备在线监视功能由综合应用服务器实现。

（7）保护装置的 CPU 温度、过程层光纤接口的光强与温度、电源电平输出、过程层网络通信信息、纵联通道通信信息等上传至故障录波装置，接入综合应用服务器；其他二次设备的上述信息接入综合应用服务器。

（8）通过记录其长期变化规律，根据预先设定各项监测指标（阀值），分析装置目前运行的状态，对出现异常的装置进行告警，实时监测装置运行状态，结合装置故障时的状态特征，实现二次设备状态检修。

7. 网络结构

（1）220kV变电站。

1）站控层设备与间隔层设备之间组建双以太网络。宜冗余配置站控层中心交换机。接设备室或按电压等级配置间隔层交换机。

2）间隔层设备与过程层设备之间按电压等级组建过程展网络。采用SV、GOOSE报文共网传输方式，宜配量过程层中心交换机及按间隔配置过程层间隔交换机。

3）220kV过程层网络宜组建双网，每间隔配置2台过程层交换机，线变组、桥接线可不组建过程层网络，SV、GOOSE均采用点对点传输方式。

4）110kV过程层网络除主变110kV侧组建双网外，其余组建共网：户外配电装置的每2个间隔配置1台过程层交换机，户内配电装置可不配置过程层间隔交换机。只配置过程层中心交换机。

5）35kV/10kV不组建过程层网络，主变35kV/10kV侧接入主变110kV侧过程层网络。

（2）110kV变电站。

1）可综合站内主接线、功能需求、保护跳闸方式及网络流量经技术经济比较确定。

2）可采用MMS与GOOSE、SV报文分网传输方式。

3）站控层设备与间隔层设备之间组建单以太网络，配置站控层中心交换机，

4）线变组或桥接线的110kV可不组建过程层网络，SV、GOOSE采用点对点传输方式。

5）单母线或单母线分段接线的110kV过程层网络组建单以太网，共传GOOSE、SV报文。宜配置过程层中心交换机及按间隔配置过程层间隔交换机，户外配电装置的每2个间隔配置1台过程层交换机，户内配电装置可不配置过程展间隔交换机，仅配置过程层中心交换机。单母线或双母线接线：110kV/66kV过程层宜设置单网。SV与GOOSE共同方式传输。

6）35kV/10kV不组建过程层网络，也可根据网络流量优化网络结构，实现MMS、GOOSE、SV报文共网传输。

8. 计量系统

（1）计量表计应遵循《电能计量装置技术管理规程》（DL/T 448—2008）标准要求。

（2）能转化为结算用的考核计量点宜配置数字式计量表计，宜直接采样。

（3）考核计量点不单独设置计量表计，其计量功能集成于就地保护测控装置。

（4）计量表计应具有谐波功率的计量功能，宜支持分时区、时段的计量功能，支持本地及远方对时区、时段设定。

（5）计量设备宜通过以太网口，采用DL/T 860规约接入电能量远方终端，与计量主站通信

（6）合并单元应预留一组供数字式计量表计校验用的接口，

9. PMU系统

（1）PMU采集功能由多功能测控装置集成，不单独配置。

（2）PMU集中器原则上由1区数据通信网关机集成，现阶段也可独立配置。

10. 电能质量在线监测装置

（1）宜接收合并单元的采样值，通过站内网络向电能质量监测设备报送电能质量监测数据。

（2）应有定时段统计电能质量指标的功能。

（3）电能质量监测各个环节，包括互感器、合并单元、电能质量的采集单元及整个电能质量监测系统，均应满足电能质量监测的相关技术要求。

（4）应具有电能质量事件告警的功能。

11. 模块化二次组合设备

（1）型式。

1）模块化二次组合设备型式可分为预制舱式二次组合设备、模块化二次组合设备（单间隔、直流等）。

2）预制舱式二次组合设备又可分为公用设备预制舱、间隔层设备预制舱、交直流电源预制舱、蓄电池预制舱等。

（2）设置。

1）模块化二次组合设备应根据变电站建设规模、总平面布置、配电装置型式等功能或按电压等级合理设置。

2）户内站按间隔配置模块化二次组合设备，间隔保护、测控、计量设备与 GIS 本体一体化设计，就地分散布置于智能控制柜。可按功能设置模块化直流组合设备等，布置于二次设备室。

3）户外站可设置预制舱式二次组合设备，就近分散布置于配电装置场地，也可设置模块化二次组合设备，布置于装配式建筑物内。

（3）内涵。舱式二次组合设备由预制舱舱体、二次设备屏柜（或机架）、舱体辅助设施等组成，在工厂内完成相关配线、调试等工作，并作为一个整体运输至工程现场。一个整体设备，舱内配线、调试工厂完成，现场插接式安装。故在预制舱的设置和配置上应特别注意，不是原来的二次设备室建筑物简单替换为预制舱，应考虑其按功能模块化、扩建检修便利性的特点。

12. 光/电缆整合

（1）双量化保护的电流、电压，以及 GOOSE 跳闸控制回路等需要增强可靠性的两套系统，通过配电区的不同应用功能的长光缆应按间隔整合为 2 套多芯光缆。

（2）站内宜采用预制光缆、电缆实现设备之间的标准化连接。

13. 即插即用技术

（1）预制光缆。

1）柜内二次装置间连接宜采用跳纤；室内不同屏柜间二次装置连接宜采用尾缆或软装光缆；跨房间、跨场地不同屏柜间二次装置连接可采用室外预制光缆。

2）对于站区面积较小、室外光缆长度较短应用场合，室外预制光缆可采用双端预制方式；对于站区面积较大、室外光缆长度较长的应用场合，室外预制光缆可采用单端预制方式。

（2）预制电缆。

1）主变压器、GIS/HGIS 本体与智能控制柜之间二次控制电缆采用预制电缆连接。

2）断路器、隔离开关、互感器与智能控制柜之间二次控制电缆采用预制电缆连接。

3）对于本体与智能控制柜一体式结构的 GIS/HGIS，预制电缆可采用双端预制方式。

14．其他二次系统

（1）全站时间同步系统。全站时间同步系统宜采用 GPS 和北斗系统标准授时信号。站控层宜采用 SNTP 对时，间隔层和过程层设备宜采用 IRIG－B、1PPS（1PPS＝1Hz＝1 次/秒）对时方式，条件具备时也可采用 IEC 61588 对时方式（对交换机、装置的处理能力要求较高）。

（2）变电站交直流一体化电源系统。由站用交流电源、直流电源、交流不间断电源（UPS）、逆变电源（INV）、直流变换电源（DC/DC）等装置组成，并统一监视控制，共享直流电源的蓄电池组。

（3）智能辅助控制系统。

1）配置 1 套智能辅助控制系统，实现图像监控、火灾报警、消防、照明、采暖通风、环境监测等系统的智能联动控制，简化系统配置。

2）智能辅助控制系统包括智能辅助系统平台、图像监视及安全警卫设备、火灾自动报警设备、环境监控设备等。

3）对传统的图像也进行监控、红外测温、安全预警、火灾报督、消防、照明、给排水和采暖通风系统进行整合，全站采用统一"智能辅助控制系统"实现变电站智能建设管理功能，如图像监视及安全警卫系统直实现与变电站设备操作、报警等各类事件的联动，实现采暖设备按设定温度自动或远方控制等。

1.3.3.5　二次系统小结

对二次系统的小结主要如下：

（1）集成思路。

1）户外站包括智能设备、预制舱式二次组合设备、模块化二次组合设备。

2）户内站包括站内设备采用模块化二次组合设备（包括间隔及公用）。

（2）装置集成。

1）220kV 多功能测控装置。

2）110kV 及以下保护测控考核计量集成装置、110kV 及以下合并单元智能终端集成装置。

3）35kV/10kV 多合一装置（集保护、测控、非关口计量、智能终端合并单元）。

（3）层次化保护控制系统。

1）站内为就地级保护及站域保护控制（支撑广域保护）。

2）一体化业务平台在监控平台基础上，实现应用功能模块接口标准化，方便第三方软件平滑接入，达到高级应用功能的实用化。

（4）网络方面

1）220kV 站：除主变外优化为单网，户内可不按间隔配置过程层交换机。

2）110kV 站：110kV 变电站的站内网络方案可综合站内主接线、功能需求、保护跳闸方式及网络流量经技术经济比较确定，可采用 MMS 与 GOOSE、SV 报文分网传输方式，也可采用 MMS、GOOSE、SV 报文共网传输方案。

（5）站域保护控制装置采取网采网跳，目前 MMS 与 SV/GOOSE 分口。

（6）模块化设计。

1）模块化二次设备的设置（从减少现场及调试的工作量方面）。

2）系统及设备的模块化，模块化并联蓄电池。

（7）即插即用。

1）预制光缆、预制电缆、软件模块的标准化。

2）集成、智能、组柜优化、布置优化、过程预制、现场插接式连接。

3）先进技术、集成设备、新型建设模式。

1.3.4　智能变电站关键点

智能变电站关键点主要有：

（1）智能设备：先进、可靠、集成、低碳、环保。

（2）基本要求：全站信息数字化、通信平台网络化、信息共享标准化。

（3）基本功能：自动完成信息采集、测量、控制、保护、计量和监测。

（4）高级功能：支持电网实时自动控制、智能调节、在线分析决策、协同互动等。

1.3.5　智能变电站的优势

智能变电站的优势主要有：

（1）简化二次接线：少量光纤代替大量电缆。

（2）提升测量精度：数字信号传输和处理无附加误差。

（3）提高信息传输的可靠性：CRC 校验、通信自检、光纤通信无电磁兼容问题。

（4）可采用电子式互感器：无 TA 饱和、TA 开路、TV 短路铁磁谐振等问题；绝缘结构简单、干式绝缘、免维护。

（5）一次、二次设备间无电联系：无传输过电压和两点接地等问题；一次设备电磁干扰不会传输到集控室。

（6）各种功能共享统一的信息平台：监控、远动、保护信息子站、电压无功控制 VQC 和五防等一体化。

（7）减小变电站集控室面积：二次设备小型化、标准化、集成化；二次设备可灵活布置。

1.3.6　智能变电站与传统变电站区别

智能变电站与传统变电站结构区别见图 1-9。

IEC 61850 规约带来的变电站二次系统物理结构的变化。

（1）基本取消了硬接线，所有的开入、模拟量的采集均在就地完成，转换为数字量后通过标准规约从网络传输。

（2）所有的开出控制也通过网络通信完成。

（3）继电保护的联闭锁以及控制的联闭锁也由网络通信（GOOSE 报文）完成，取消

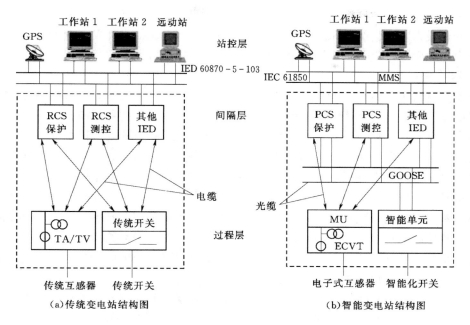

（a）传统变电站结构图　　　　　　　　　（b）智能变电站结构图

图 1-9　结构区别图

了传统的二次继电器逻辑连接。

（4）数据的共享通过网络交换完成。

1.3.7　智能变电站与数字化变电站的区别

1. 数字化变电站特点

数字化变电站是由智能化一次设备（电子式互感器、智能化开关等）和网络化二次设备分层（过程层、间隔层、站控层）构建，建立在 IEC 61850 标准和通信标准基础上，能够实现变电站内智能电气设备间信息共享和互操作的现代化变电站，其技术特点有：

（1）智能化的一次设备。一次设备被检测的信号和被控制的操作驱动回路经过重新设计，采样微处理器和光电技术设计。使原来要通过二次采样电缆输入的电压电流信号，通过电子式互感器取代传统互感器的方式，原来开关位置、闭锁信号和保护、测控的跳合闸命令等原来用二次电缆传输的信号量，都通过集成智能化一次设备实现。简化了常规机电式继电器及控制回路的结构，数字程控器及数字公共信号网络取代传统的导线连接。变电站二次回路中常规的继电器及其逻辑回路被可编程器件代替，常规的强电模拟信号和控制电缆被光电式数字量和光纤网络代替。

（2）网络化的二次设备。变电站内常规的二次设备，如继电保护装置、防误闭锁装置、测量控制装置、远动装置、故障录波装置、电压无功控制、同期操作装置以及正在发展中的在线状态检测装置等全部基于标准化、模块化的微处理机设计制造，设备之间的连接全部采用高速的网络通信，二次设备不再出现常规功能装置重复的 I/O 现场接口，通过网络真正实现数据共享、资源共享，常规的功能装置在这里变成了逻辑的功能模块。

（3）自动化的运行管理系统。变电站运行管理自动化系统应包括电力生产运行数据、状态记录统计无纸化；数据信息分层、分流交换自动化；变电站运行发生故障时能及时提供故障分析报告，指出故障原因，提出故障处理意见；系统能自动发出变电站设备检修报告，即常规的变电站设备"定期检修"改变为"状态检修"。

2. 智能变电站特点

智能变电站主要包括智能高压设备和变电站统一信息平台两部分。智能高压设备主要包括智能变压器、智能高压开关设备、电子式互感器等。智能变压器与控制系统依靠通信光纤相连，可及时掌握变压器状态参数和运行数据。当运行方式发生改变时，设备根据系统的电压、功率情况，决定是否调节分接头；当设备出现问题时，会发出预警并提供状态参数等，在一定程度上降低运行管理成本，减少隐患，提高变压器运行可靠性。智能高压开关设备是具有较高性能的开关设备和控制设备，配有电子设备、传感器和执行器，具有监测和诊断功能。电子式互感器是指纯光纤互感器、磁光玻璃互感器等，可有效克服传统电磁式互感器的缺点。变电站统一信息平台功能有两个：一是系统横向信息共享，主要表现为管理系统中各种上层应用对信息获得的统一化；二是系统纵向信息的标准化，主要表现为各层对其上层应用支撑的透明化。

（1）体系结构。智能变电站系统分为 3 层：过程层、间隔层和站控层。过程层包含由一次设备和智能组件构成的智能设备、合并单元和智能终端，完成变电站电能分配、变换、传输及其测量、控制、保护、计量、状态监测等相关功能。根据国网相关导则、标准的要求，保护应直接采样，对于单间隔的保护应直接跳闸，涉及多间隔的保护（母线保护）宜直接跳闸。

智能组件是灵活配置的物理设备，可包含测量单元、控制单元、保护单元、计量单元、状态监测单元中的一个或几个。

间隔层设备一般指继电保护装置、测控装置、故障录波等二次设备，实现使用一个间隔的数据并且作用于该间隔一次设备的功能，即与各种远方输入/输出、智能传感器和控制器通信。

站控层包含自动化系统、站域控制系统、通信系统、对时系统等子系统，实现面向全站或一个以上一次设备的测量和控制功能，完成数据采集和监视控制（SCADA）、操作闭锁以及同步相量采集、电能量采集、保护信息管理等相关功能。

站控层功能应高度集成，可在一台计算机或嵌入式装置实现，也可分布在多台计算机或嵌入式装置中。

（2）智能一次设备。高压设备是电网的基本单元，高压设备智能化（或称智能设备）是智能电网的重要组成部分，也是区别传统电网的主要标志之一。利用传感器对关键设备的运行状况进行实时监控、进而实现电网设备可观测、可控制和自动化是智能设备的核心任务和目标。《高压开关设备智能化技术条件》《油浸式电力变压器智能化技术条件》对一次设备智能化做了相关规定。在满足相关标准要求的情况下，可进行功能一体化设计，包括三个方面：①将传感器或/和执行器与高压设备或其部件进行一体化设计，以达到特定的监测或/和控制目的；②将互感器与变压器、断路器等高压设备进行一体化设计，以减少变电站占地面积；③在智能组件中，将相关测量、控制、计量、监测、保护进行一体化融合设计，实现一次、二次设备的融合。

（3）智能设备与顺序控制。实现智能化的高压设备操作宜采用顺序控制，满足无人值班及区域监控中心站管理模式的要求；可接收执行监控中心、调度中心和当地后台系统发出的控制指令，经安全校核正确后自动完成符合相关运行方式变化要求的设备控制，即应能自动生成不同的主接线和不同的运行方式下的典型操作票；自动投退保护软压板；当设备出现紧急缺陷时，具备急停功能。

3. 过程层方式的对比

（1）国网采取点对点模式。主要有 SMV 采样点对点；GOOSE 跳闸点对点；母差、失灵、测控和录波 SMV 组网。

（2）南网采取如下模式：

1）220kV 以上，组网模式。

2）110kV 以上，网采网跳：SMV 和 GOOSE 共网；SMV 和 GOOSE 分网；有部分采样 SMV 采样点对点。

4. 智能变电站与常规站的不同

智能变电站与常规站的不同见表 1-1。

表 1-1   智能变电站与常规站的不同

	智能变电站	常规变电站
调试的不同	笔记本	螺丝刀
	抓报文	量接点
留档的不同	SCD	图纸
	虚端子图	竣工图
设计的不同	虚端子	电缆图
	SCD	实际接线
维护的不同	状态检修	定检
	检修压板	出口压板
运行的不同	一体化平台	多系统切换
	断链的影响	通信不通

第 2 章　不同发展阶段变电站二次回路

2.1　线路保护的二次回路

2.1.1　线路保护的基本知识

1. 电力系统对继电保护的基本要求

电力系统对继电保护装置的基本要求即所谓的"四性"，是指选择性、快速性、灵敏性、可靠性（简称"选快敏靠"）。其中最重要的是可靠性，用可靠系数 K_{rel} 来衡量，它是电力系统连续稳定运行的保证。选择性是关键，即要求继电保护不误动、不拒动。灵敏性即保护范围，用灵敏度系数 K_{sen} 来衡量，要求其值越大越好。快速性要满足必要要求，用继电保护的动作时间 t_{op} 来衡量。

2. 主保护、后备保护和辅助保护

35kV 及以下的输电线路一般配置过电流和速断（或限时速断）保护及三相一次重合闸装置。当有两个及以上电源需并列运行时，为了满足选择性的要求，一般配置过电流保护和速断保护，且需带方向性，即方向过电流保护和方向速断保护。

反应短路故障的保护分为主保护和后备保护，必要时还要增设辅助保护。这些保护均动作于断路器跳闸。

（1）主保护是能满足电力系统稳定及设备安全的需要，有选择性地切除被保护设备和线路故障的保护。通常采用的主保护有：电流保护、电压速断保护、距离保护、零序电流电压保护、差动保护、高频保护、行波保护等。

（2）后备保护是当主保护或断路器拒动时，用以切除故障的保护，它分为远后备及近后备两种方式，近远后备的近远是指地理位置的近远。例如三段式电流保护的二段既是本线一段的近后备，也是下线一段的远后备。

（3）辅助保护是为弥补主保护和后备保护的缺陷（如死区）而增设的简单保护。通常采用无时限电流速断保护作为辅助保护。

3. 系统的运行方式

在进行保护的整定计算时，为保证选择性，通常根据系统最大运行方式来确定保护的整定值；在灵敏度的校验时，应根据系统最小运行方式来进行校验。对某些保护（电流电压联锁速断保护和电流速断保护），在整定计算时，还要按正常运行方式来决定动作值或校验灵敏度。

（1）最大运行方式。它是指被保护线路末端发生故障时，系统的等值阻抗最小，能产生最大短路电流的系统运行方式，一般以电力系统中的发电设备全部投入运行（或大部分投入运行）以及选定的接地中性点全部接地的系统运行方式称为最大运行方式。

（2）最小运行方式。它是指被保护线路发生故障时，系统的等值阻抗最大，能产生最小短路电流的系统运行方式，一般为投入与之相适应的发电设备且系统中性点只有少部分接地的运行方式。

（3）正常运行方式。它是指系统按经济运行或正常负荷的需要，投入与之相适应数量的发电机、变压器和线路的运行方式。这种运行方式在一年之内的运行时间最长。

2.1.2 传统线路保护二次回路

1. 三段式电流保护二次原理图及动作机理

三段式电流保护也叫阶段式电流保护，常用于 35kV 及以下单电源辐射网。其中一段保护又称电流速断保护，保护动作没有时限，整定电流按躲开本线末端最大短路电流来整定，灵敏度在 15% 左右。其缺点是保护范围过小，优点是保护动作速断无时限。二段保护又称限时电流速断保护，按躲开下线各相邻元件一段保护即电流速断保护的最大动作范围整定，可以作为本线一段保护的近后备保护，也可作为下线一段保护的远后备保护，二段保护比一段保护多时间 Δt 时限，这是二段保护的缺点；灵敏度 115% 左右，优点是保护范围足够大，可延伸到下线一段保护的电流速断保护。三段保护又称定时过电流保护，按照躲开本元件最大负荷电流来整定，具有比二段保护更长的时限，可以作为一、二段的后备保护，灵敏度大于 200% 左右，保护范围最大，时限最长。

现以一个三相两继两段式电流保护为例来说明其动作机理。电流保护原理见图 2-1。

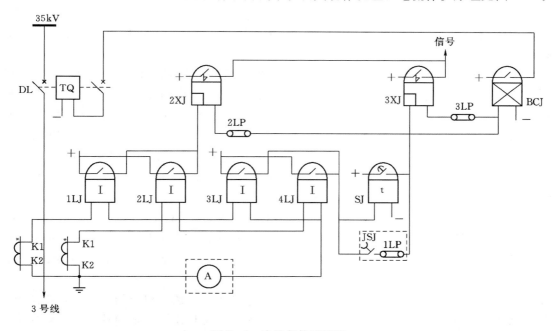

图 2-1 电流保护原理图

图 2-1 是典型的三相两继两段式电流保护原理图，B 相不装，A 相和 C 相分别配置电流速断保护和延时过流保护。下面详细介绍三相两继两段式电流保护的动作机理。

（1）若 A 相首部故障，由于故障发生在首部，故障电流比较大，A 相的 1LJ、3LJ 都动作，其相应的常开触点都闭合后，2XJ、BCJ、SJ 均动作。BCJ 常开触点闭合后接通跳闸回路 33，跳开故障线路；2XJ 常开触点闭合后，对应光字牌亮，发电流速断保护动作信号；SJ 的常开接点是延时闭合的常开触点，此时尚未闭合，由于故障已被电流速断保护跳开，1LJ、3LJ 均失电，其常开接点都打开，SJ 也随之失电。所以当故障发生在首部时，电流速断保护和延时过流保护都启动，但最终由电流速断保护有选择性地零秒跳开故障，延时过流保护仅起后备保护的作用，在电流速断保护跳开故障后自动退出。

（2）若 A 相首部故障，且电流速断保护拒动时，由于故障发生在首部，故障电流比较大，A 相的 1LJ、3LJ 都应动作，因电流速断保护拒动，如 1LJ 动作后其常开触点不闭合，3LJ 的常开触点闭后合，SJ 动作，其常开触点是延时闭合的常开触点，整定延时到后，SJ 的延时闭合的常开触点闭合，3XJ、BCJ 动作。BCJ 常开触点闭合后接通跳闸回路 33，跳开故障线路；3XJ 常开触点闭合后，对应光字牌亮，发延时过流保护动作信号。此时延时过流保护是作为电流速断保护的近后备而动作的。

（3）若 A 相末端故障，由于故障发生在末端，故障电流比较小，A 相的 1LJ 不动，3LJ 动作，3LJ 的常开触点闭合，SJ 动作，其常开触点是延时闭合的常开触点，整定延时到后，SJ 的延时闭合的常开触点闭合，3XJ、BCJ 动作。BCJ 常开触点闭合后接通跳闸回路 33，跳开故障线路；3XJ 常开触点闭合后，对应光字牌亮，发延时过流保护动作信号。

C 相故障的动作情况类似。

2. 三段式电流保护的二次展开图

电流保护二次展开图见图 2-2。

图 2-2 是典型的三相两继两段式电流保护展开图。展开图可以分为交流展开图、直流展开图、信号展开图。

交流展开图是将原理图中交流部分按相别进行汇总，主要是各相的电流继电器的线圈。可以直接根据原理图中交流部分原样汇总从而绘制出相应的交流展开图，即所谓"照抄"。直流展开图就是直流控制回路，主要是将原理图中各相电流继电器的接点及直流继电器的线圈按由直流控制母线"正"至直流控制母线"负"进行绘制，即所谓"控母从正至负"。信号展开图主要是将原理图中信号继电器的接点及光字牌按由"正"信号母线至"负"信号母线进行绘制，即所谓"信母从正至负"。

3. 三段式电流保护的屏背面安装接线图

自拟三相两继两段式电流保护屏背面安装接线图见图 2-3。

在进行屏背面接线图设计工作之前，首先要准备好对应的原理图、屏面布置图和设计单位提供的端子排图，并检查相关图纸的正确性，然后设计成套厂应该提供的端子排图，最后才能进行屏背面接线图的设计工作。

屏背面安装接线图用的是相对标号法，为防止遗漏，一般是将所给的原理接线图中，从交流到直流到信号的逻辑电气连接顺序，用相对标号法标出连接电缆首尾的相对地址。如 I_2-3 或 I_2:3 表示第一安装单元第二个元件的第三个管脚；V-4 或 V:4 表示第五个安装单元的第四个端子排，以此类推。

屏背面安装接线图的一些具体要求如下：

（1）端子排的设计原则。

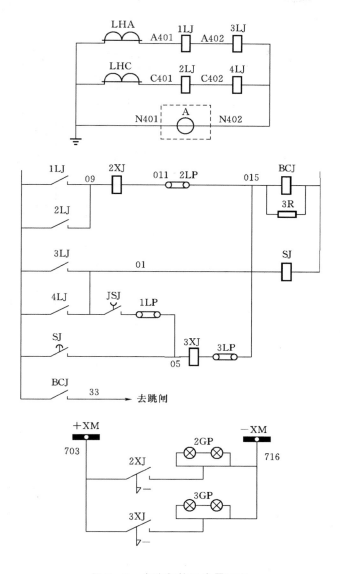

图 2－2　电流保护二次展开图

1）根据各个回路的性质选择合适的端子。

2）端子排的每个接线端一般只接入一根导线，最多允许并接两根。

3）端子排的位置应考虑到运行、维护和检修的方便，同时考虑与所连接的设备之间的位置对应。

4）同屏安装的不同安装单元的端子排分别成组布置，相互间有明显的分界。

5）端子排内端子数量应合适，做到不遗漏、不浪费，但要留有一定的备用量。

6）每一排端子排的端子，应该按照所接回路的性质和功能分组并按顺序排列。

（2）二次回路的编号。电气二次图中根据电源的性质或回路的作用等的不同对回路进

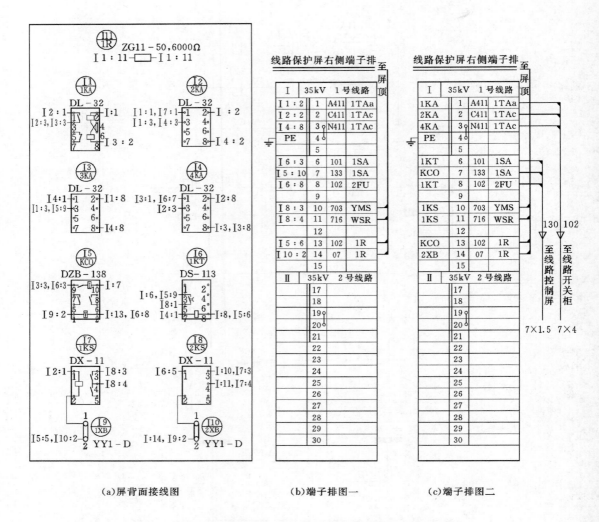

(a)屏背面接线图   (b)端子排图一   (c)端子排图二

图 2-3 自拟三相两继两段式电流保护屏背面安装接线图

行了划分,如交流回路、直流回路等,而交流回路又可分为交流电流回路和交流电压回路等,直流回路也可进一步细分。国内对回路编号制订了统一的标准,对不同性质的回路有不同的编号规则以示区分。

1)回路编号的目的有:便于了解该回路的性质和用途;便于制造、安装、施工和运行维护;能够区分回路功能。

2)回路编号的基本原则有:二次回路编号根据等电位原则进行,连接于同一地点的所有导线用同一编号;在电气二次图中看起来是等电位但运行过程中状态变化时,会发生电位不等现象的导线,要用不同的编号,如继电器触点两端的导线等;电气图同一单元中的回路编号不能重复;编号应能区分回路的性质、用途和功能;在保证能表达清楚的情况下,回路编号应力求简单。交流回路标号分组见表 2-1。

表 2 - 1 　　　　　　　　　　　交流回路标号分组表

回路名称	互感器的文字符号	回 路 标 号 组				
		A 相	B 相	C 相	中线 (N)	零线 (L)
交流电流回 路	TA	A401 - A409	B401 - B409	C401 - C409	N401 - N409	L401 - L409
	1TA	A411 - A419	B411 - B419	C411 - C419	N411 - N419	L411 - L419
	2TA	A421 - A429	B421 - B429	C421 - C429	N421 - N429	L421 - L429
交流电压回 路	TV	A601 - A609	B601 - B609	C601 - C609	N601 - N609	L601 - L609
	1TV	A611 - A619	B611 - B619	C611 - C619	N611 - N619	L611 - L619
	2TV	A621 - A629	B621 - B629	C621 - C629	N621 - N629	L621 - L629
控制保护及信号回路		A1 - A339	B1 - B339	C1 - C339	N1 - N339	L1 - L339

注 1. 文字符号一般用大写的英文字母表示，表示电源的相别，如 "A" 表示 A 相。
　　2. 第一位数字表示回路性质，如 "4" 表示交流电流回路，"6" 表示交流电压回路。
　　3. 第二位数字表示回路所从属的互感器顺序号，如 "0" 表示该回路从属于互感器 TA 或 TV，"1" 表示该路从属于互感器 1TA 或 1TV，"2" 表示该回路从属于互感器 2TA 或 2TV。第二位数字与互感器文字符号中的数字序号相同（当互感器文字符号中没有数字序号时，第二位数字取 "0"）。
　　4. 第三位数字表示回路的顺序编号，依次为 1、2、3 等。

　　3）直流回路编号。电气二次图中，直流回路可分为控制回路、保护回路、信号回路和励磁回路等。常用的直流回路标号分组见表 2 - 2。

表 2 - 2 　　　　　　　　　　　直流回路标号分组表

回 路 名 称		回 路 标 号 组			
		Ⅰ (SA)[①]	Ⅱ (1SA)	Ⅲ (2SA)	Ⅳ (3SA)
控制回路	正电源回路	1	101	201	301
	负电源回路	2	102	202	302
	合闸回路	3 - 31	103 - 131	203 - 231	303 - 331
	绿灯或合闸回路监视继电器回路	5	105	205	305
	跳闸回路	33 - 49	133 - 149	233 - 249	333 - 349
	红灯或跳闸回路监视继电器回路	35	135	235	335
事故跳闸音响信号回路		90 - 99	190 - 199	290 - 299	390 - 399
保护及自动重合闸回路		01 - 099			
信号回路		701 - 999			
励磁控制回路		601 - 649			
发电机励磁回路		651 - 699			

① 许多设计单位在控制回路和事故跳闸音响信号回路中不采用带 "①" 组（Ⅰ 组）编号。若取消 Ⅰ 组编号，则除了保护及自动重合闸回路外，其余均为 3 位数字编号。

　　从表 2 - 2 可见，直流回路编号一般没有文字符号，直流回路编号采用三位（或两位）数字表示，直流回路编号的一般形式见图 2 - 4。

　　图 2 - 4 中，第一位数字表示回路性质，该位数字若为 "5" 或小于 "5" 的正整数，则表示该回路为控制回路（事故跳闸音响信号回路一般与控制回路在一张图中），为 "0"

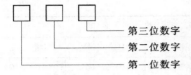

第三位数字
第二位数字
第一位数字

图 2-4 直流回路编号形式

则表示该回路为保护回路，为"6"则表示该回路为励磁回路，为"7~9"则表示该回路为信号回路。第二、三位数字表示顺序编号，应注意，在控制回路编号中，某些编号为专用编号，如第二、三位数字"05"（回路编号只有一位时为"5"）为绿灯或合闸回路监视继电器回路专用编号；"35"为红灯或跳闸回路监视继电器回路专用编号。

在直流回路编号中，正极性回路采用奇数编号，从 101（或 201 等）开始从左向右、从上往下依次编号（数字逐渐增大）；负极性回路采用偶数编号，从 102（或 202 等）开始从右向左、从上往下依次编号（数字逐渐增大）。正、负极性的区分以回路中的主要降压元件为分界。

2.1.3 方向过电流保护的二次回路图

2.1.3.1 方向保护的基本原理

1. 方向保护的引入原因

在双侧电源辐射形网络和单侧电源环形网络中，有一个共同的特点是：任何一个负荷都能从两端供电，见图 2-5。当一端发生故障（例如 K1 点发生短路时，断路器 1、断路器 2 跳闸；如 K2 点发生短路，保护装置动作应将断路器 3、断路器 4 跳闸），负荷仍能从另一端电源得到供电，可见这种网络大大提高了供电的可靠性。

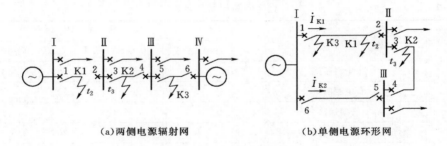

(a)两侧电源辐射网　　　　　(b)单侧电源环形网

图 2-5 供电网络图

根据以上网络的特点，当系统发生故障时，要求继电保护装置能迅速地、有选择性地将故障点两侧的断路器跳开，使故障部分脱离关系，以保证变电站其他无故障部分继续运行。对于这种要求，一般过电流保护是无法满足的。因为根据过电流保护的阶梯时限特性，当 K1 点短路时，断路器 2 应比断路器 3 先跳闸，也就是说断路器 2 的保护动作时间小于断路器 3 的保护动作时间，即 $t_2 < t_3$；当 K2 点发生短路时，又要求断路器 3 比断路器 2 先跳闸，即 $t_3 > t_2$。显然，如果在断路器 2 和 3 处安装一般的过电流保护，它们的动作时间是无法选择的，即满足了 K1 点短路时的选择性（$t_2 < t_3$），就不能满足 K2 点短路时的选择性（$t_3 > t_2$），即一般的过电流保护满足不了与图 2-5（a）、（b）相似网络的选择性。

为了解决以上矛盾，将断路器 2 和断路器 3 的过电流保护改为方向过电流保护即可。

判断短路功率的方向，一般用功率方向继电器（这种功率方向继电器的外部接线采用

90°接线方式，即通入继电器内部的电流与加入内部的电压在相位上差 90°，如 I_A 电流，U_{BC} 电压）。当短路电流从母线流向线路时，此方向继电器动作；若短路电流从线路流向母线时，方向继电器就不动作。这样如图 2-5（a）、（b）网络中仍为 K1、K2 点短路，就能满足有选择性地切除故障的要求。

2. 功率方向继电器

过电流方向保护装置由 3 个主要部分组成，即起动元件，功率方向元件和时限元件，并且分别由电流继电器，功率方向继电器和时间继电器所承担。

起动元件中的电流继电器，是用于防止正常工作时保护装置发生误动作，而当发生故障时又能使保护装置准确动作。功率方向继电器是使保护装置只能在一定的功率方向时才动作。而时间继电器则是为了保证有选择性地切除故障。

在小电流接地系统中，功率继电器一般选用 BG-12、GG-12、LG-12 型功率继电器。功率继电器与电流电压继电器构成了方向电流、方向电压、方向电流电压式保护。

3. 方向过电流保护的二次接线图

构成方向过电流保护装置的接线图，需要考虑许多因素，图 2-6 所示就是方向过电流保护两相式接线的一个例子。

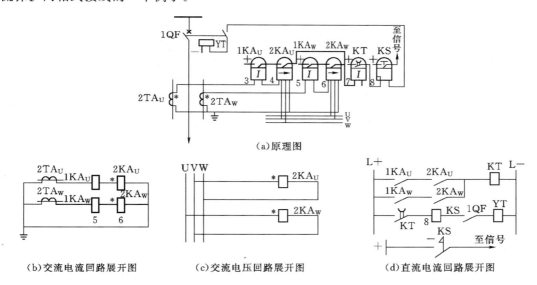

图 2-6　方向过电流保护二次接线图

图 2-6 中，电流起动元件 $1KA_U$（$1KA_A$）、$1KA_W$（$1KA_C$）分别接入相电流 I_U（I_A）和 I_W（I_C）。起动元件动作后，分别将直流电源正极引入属于同一相的方向元件 $2KW_U$（$2KW_A$）和 $2KW_W$（$2KW_C$）的触点处，这样连接就叫按相起动。时间元件 KT 是两相保护共用的，起动后，触点经过整定的时间延时闭合，并通过信号继电器 KS 接通跳闸回路。

4. 方向过电流保护动作过程

（1）当 U、V（A、B）两相发生短路故障。当 A、B 两相发生短路故障时，首先起动元件 $1KA_U$（电流继电器）动作，然后方向继电器 $2KA_U$ 动作，将直流正极加到时间继电器 KT 线圈上，起动 KT。经一整定时间，KT 的常开触点闭合，起动信号继电器 KS，接通跳闸回路。即：直流 L＋→1KA$_U$→2KA$_U$→KT 线圈→直流 L－，起动 KT。直流 L＋→KT 延时常开触点闭合→KS 线圈→1QF→YT 线圈→直流 L－，接通跳闸回路，断路器跳闸，切除故障。

（2）当 V、W（B、C）两相发生短路故障其保护动作过程同 A、C 两相，即直流 L＋→1KA$_W$→2KA$_W$→KT 线圈→直流 L－，起动 KT。直流 L＋→KT 延时常开触点闭合→KS 线圈→1QF→YT 线圈→直流 L－，接通跳闸回路。

2.1.3.2 电流方向保护的二次回路图

零序电流方向保护装置作为 110kV 及以上的中性点直接接地系统高压输电线路切除接地故障的主保护。这种保护简单、灵敏、可靠。由于电力系统正常运行和发生相间故障时，不会出现零序电流，因此，零序保护的动作电流可以整定得较小，而发生单相接地故障时，其故障电流又很大，所以灵敏度高。同时，零序电流保护的动作时间和相间保护相比也是比较短的。由于这种保护存在以上优点，在中性点直接接地系统中得到了广泛的应用。

为了满足选择性的要求，保护的动作时间整定为阶梯式。其中，一段动作时间整定为 0s，它不能保护本线路的全长；二段动作时间较一段的长，Δt＝0.5s，一般可保护全线路而且还可作为下一级线路的一部分后备保护；保护的第三段与相邻线路的零序保护相配合，作为本线路的近后备保护和相邻线路的远后备保护；第四段保护作为第三段保护的后备保护。

通过保护动作值的计算，若灵敏度能够满足要求，第四段零序保护可以不加。现以图 2－7 为例，说明二次回路的识别方法。

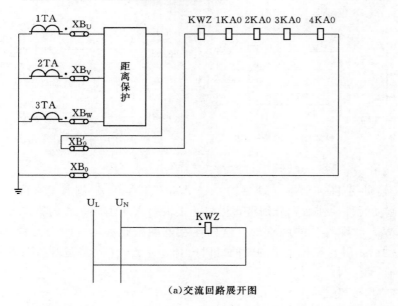

(a)交流回路展开图

图 2－7（一） 零序电流方向保护二次回路

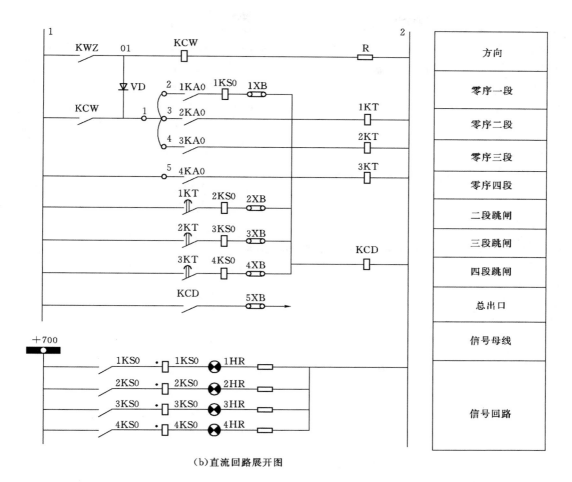

（b）直流回路展开图

图 2-7（二） 零序电流方向保护二次回路

1. 交流回路说明

从图 2-7（a）中可知，零序电流方向保护和相间距离保护共用一组电流互感器，即由 U、V、W 三相电流互感器 1TA、2TA、3TA 组成零序电流滤过器。零序电流保护装置有四段，电流继电器 $1KA_0$、$2KA_0$、$3KA_0$、$4KA_0$ 分别为零序一段、二段、三段、四段的测量元件。交流电流的"正"极性点进入 KW_0 的电流线圈的正极，而交流电压的"正"极性点 U_L 则进入 KW_0 的电压线圈的负极，即：采用的是"$+I_0$，$-U_0$ 的接线方式"。

电流互感器共装了 5 个电流连接片 XB_U、XB_V、XB_W、XB_0'、XB_0，其目的是为了工作方便。例如，据系统要求或工作要求，需停用距离保护而零序保护仍投入运行，此时可用短路线将连接片 XB_U、XB_V、XB_W、XB_0' 的"1"相连，然后再断开 XB_U、XB_V、XB_W 即可。若需停零序保护而距离保护仍投入运行，则将连片 XB_0'、XB_0 的"1"相连，而后断开 XB_0'、XB_0 即可。

2. 直流回路说明

从图 2-7（b）中可以看出，装置中的零序功率方向继电器 KWZ 动作后起动零序功率重动继电器 KCW（即增加一个中间继电器），其原因是：一般 KWZ 选用 LG-12 型功率继电器，由于其执行元件极化继电器的触点数量少、并且切断容量小，因此增加了 KCW。同时，为了使保护的动作时间不受 KCW 的影响，设有隔离二极管 VD，用以旁路 KCW 的触点，并使 KCW 不能通过其常开触点构成自保持回路。

在图 2-7（b）中，零序一至三段带有方向，而四段不带方向。这是根据保护定值计算而确定的，主要考虑能否满足选择性的要求。若通过整定计算，一、二段带方向，而三、四段不带方向，则应将 3、4 之间连线断开，并将 4 和 5 相连即可。

2.1.4 综合自动化输电线路二次回路

综合自动化输电线路二次回路见图 2-8。

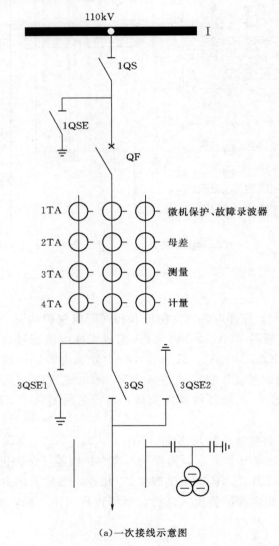

(a)一次接线示意图

图 2-8（一） 综合自动化输电线路的二次回路

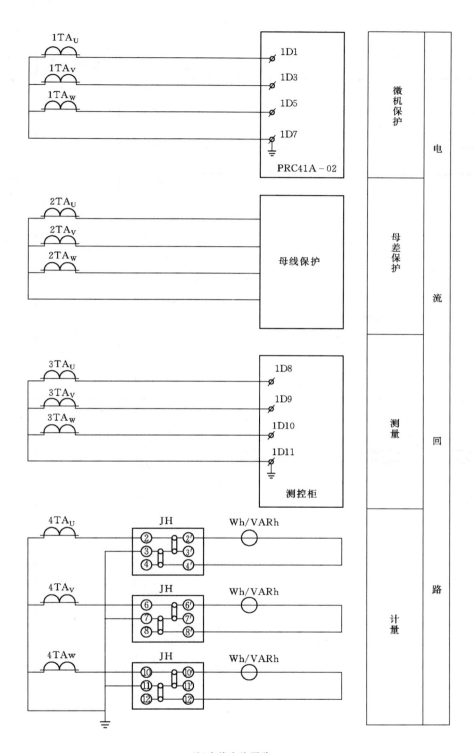

(b)交流电流回路

图 2-8（二） 综合自动化输电线路的二次回路

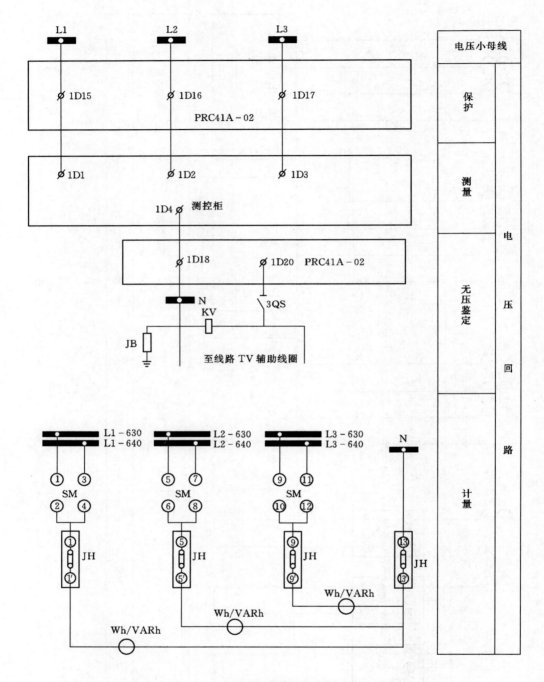

(c)交流电压回路

图 2 - 8（三） 综合自动化输电线路的二次回路

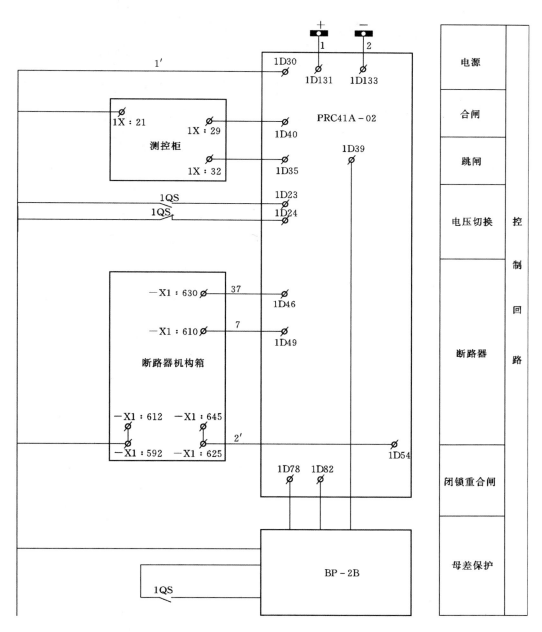

（d)控制回路

图 2 - 8（四） 综合自动化输电线路的二次回路

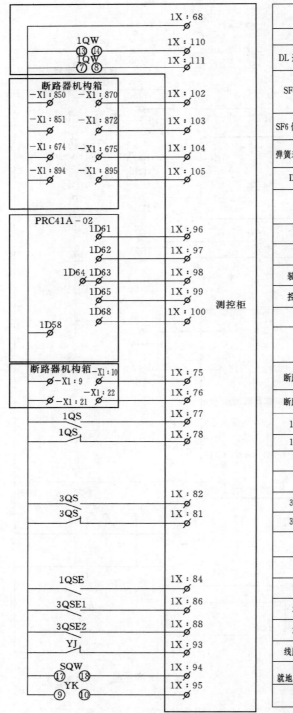

	公共端	
1QW ⑬ ⑭	检修状态	
1QW ⑦ ⑧	DL 远方/就地切换	
断路器机构箱 −X1：850 −X1：870	SF6 低气压报警	
−X1：851 −X1：872	SF6 低气压闭锁分合	
−X1：674 −X1：675	弹簧未储能闭锁合闸	
−X1：894 −X1：895	DL 就地控制	
PRC41A − 02 1D61	保护跳闸	
1D62	重合闸	信
1D64 1D63	装置报警异常	
1D65	控制回路断线	号
1D68	PT 失压	
1D58		
断路器机构箱 −X1：10 −X1：9	断路器合闸位置	回
−X1：22 −X1：21	断路器分闸位置	
1QS	1G 合闸位置	路
1QS	1G 分闸位置	
3QS	3G 合闸位置	
3QS	3G 分闸位置	
1QSE	1GD 合位	
3QSE1	3GD1 合位	
3QSE2	3GD2 合位	
YJ	线路无压(注1)	
SQW ⑰ ⑱	隔离开关 就地/远方选择开关	
YK ⑨ ⑩	隔离开关 就地解锁	

测控柜

1X：68
1X：110
1X：111
1X：102
1X：103
1X：104
1X：105
1X：96
1X：97
1X：98
1X：99
1X：100
1X：75
1X：76
1X：77
1X：78
1X：82
1X：81
1X：84
1X：86
1X：88
1X：93
1X：94
1X：95

（e）信号回路

图 2 − 8（五） 综合自动化输电线路的二次回路

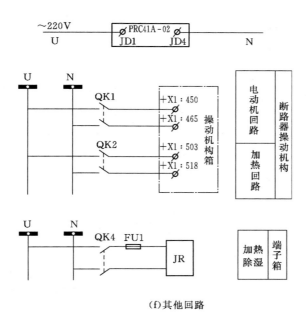

(f)其他回路

图2-8（六） 综合自动化输电线路的二次回路

图2-8为综合自动化变电所110kV线路二次回路，该线路一次主接线为单母线接线，TA、TV、QF、QS安装在变电场地，微机保护柜、测控柜、计量柜安装在保护室内，主要相关二次设备之间的联系如图2-9所示，其中带有箭头的线表示二次电缆，虚线表示网络平台。安装在变电场地上相关设备有：TA、TV接线箱，引出二次电流、电压；QF机构箱，QF电源、控制、信号等回路均由机构箱接入；QS、QSE机构箱，接入QS、QSE电源、控制、信号；断路器端子箱，汇集了除二次电压以外的所有变电场地到保护室的电缆，同时箱内还设有隔离开关防误操作接线。

1. 主要二次设备

（1）微机保护柜。线路保护采用PRC31A-02微机保护柜，由RCS931A微机保护装置、CZX-12R操作箱、打印机、信号复归按钮、重合闸方式选择开关等组成。

（2）测控柜。测控柜作用可简单地分为遥测、遥控两类。

1）遥测。遥测量有交流量（线路电流、母线电压）和开关量两种。开关量包括刀闸位置、断路器位置、断路器信息（如弹簧未储能、SF_6泄漏等）、保护信息（分闸、合闸出口，保护动作，保护告警，TV断线等）。

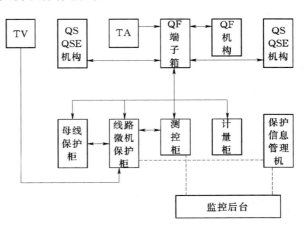

图2-9 主要二次设备连接示意图

测控单元将采集的信息转为数字信号由网络上传至

监控后台机。

2）遥控。后台遥控分、合闸断路器命令由网络送入测控单元，转为接点形式后送入操作机构箱CZX-12R执行。遥控命令可在变电所监控后台机上操作发出，也可由上级调度自动化系统经网络发出。后台遥控分、合使用电动操作机构的隔离开关命令由网络送入测控单元，经防误闭锁逻辑以接点形式输出，经断路器端子箱送入刀闸机构执行。

（3）保护信息管理机柜。微机保护的报文由网络通讯接口（如RS485口）送入信息管理机，进行规约转化后，再由网络上传至监控后台机。

信息管理机还有GPS对时功能，保证变电所各微机保护等数字化设备统一时钟。

2. 主要二次回路

（1）电流电压回路。二次回路电流电压主要用于保护、测量、计量三方面。一次回路中的负荷电流经TA变流后的二次电流经断路器端子箱送至保护室内的线路保护柜、母线保护柜、测控柜、计量柜。电流回路示意图见图2-10。

电压回路见图2-8（c），可用方框图简单表示，见图2-11，110kV母线电压通过TV变压后的二次电压，由母线电压互感器端子箱送至保护柜柜顶电压小母线，再接入保护柜、测控柜、计量柜。

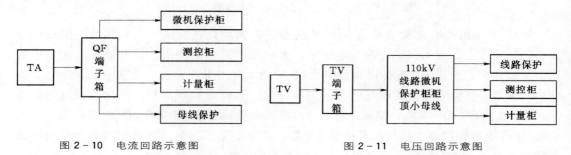

图2-10 电流回路示意图　　　　　图2-11 电压回路示意图

（2）控制回路。

1）断路器控制回路见图2-8（d），可用方框图简单表示，见图2-12，断路器机构箱上设有远方/就地切换开关及分闸、合闸按钮，可进行就地操作；断路器远方控制时由操作箱控制。手动操作可使用测控柜分闸、合断路器按钮、切换开关，也可由监控后台或调度中心由综合自动化网络下达命令。

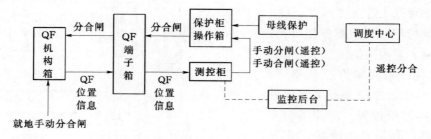

图2-12 断路器控制信号回路示意图

2）隔离开关控制信号回路可用方框图简单表示，见图2-13。

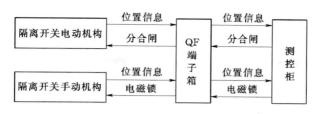

图 2-13　隔离开关控制信号回路示意图

对于电动机构的隔离开关,由测控柜经防误逻辑输出接点控制隔离开关分、合;对于手动操作机构的隔离开关,由测控柜根据防误逻辑输出接点控制其电磁锁,不满足操作条件时闭锁手动机构,防止误操作。隔离开关防误逻辑可以由断路器、隔离开关辅助接点等构成,也可在测控柜或专门的微机防误装置中以程序完成。

(3) 信号回路可用方框图简单表示,见图 2-14。

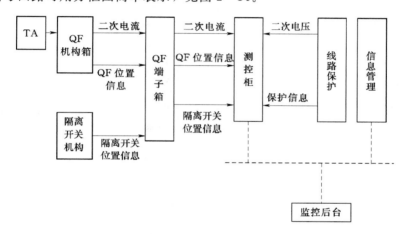

图 2-14　信号回路示意图

变电站综合自动化网络,其余信号由二次电缆传送。各微机设备由网络通信口送出的"报文"数字信号,经信息管理机规约转换为统一格式后进入监控系统;其余交流电流、电压以及大量接点信号由测控柜采集并转化为数字信号接入监控系统。

2.1.5　中低压微机保护二次回路

1. RCS-9611 微机保护

RCS-9611 用做 35kV 以下电压等级的非直接接地系统或小电阻接地系统中的线路的保护及测控装置,主要配置的保护功能有:三段可经复压和方向闭锁的过流保护;三段零序过流保护;过流加速保护和零序加速保护;过负荷功能;两轮低周减载功能;三相至多两次重合闸。

2. 逻辑框图

逻辑框图见图 2-15。

3. 保护屏后端子排

保护屏后端子排见图 2-16。

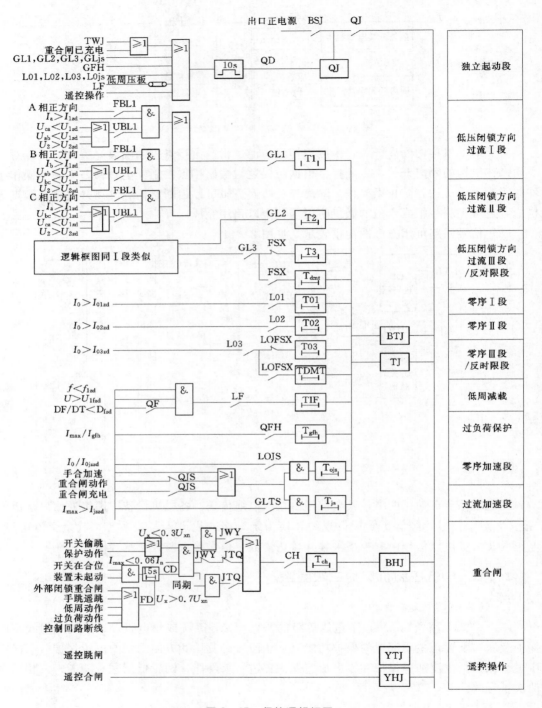

图 2-15　保护逻辑框图

背板接线说明如下：

（1）端子 401 为遥控正电源输入端子。只有在其接入正电源时装置才将遥跳、遥合和

40

选线功能、远方修改软压板功能投入，同时其亦是遥控跳闸出口（413）和遥控合闸出口（412）的公共端。

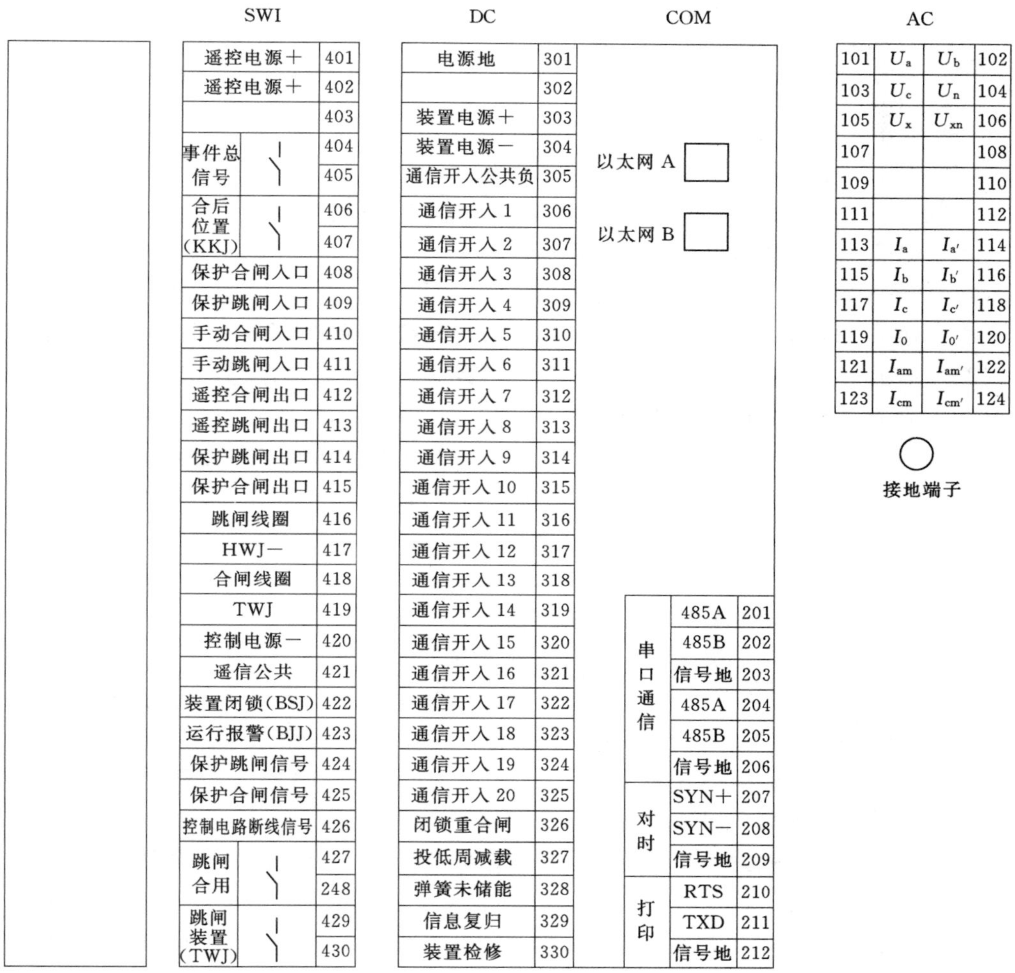

SWI		DC	
遥控电源＋	401	电源地	301
遥控电源＋	402		302
	403	装置电源＋	303
事件总信号	404	装置电源－	304
事件总信号	405	通信开入公共负	305
合后位置（KKJ）	406	通信开入1	306
合后位置（KKJ）	407	通信开入2	307
保护合闸入口	408	通信开入3	308
保护跳闸入口	409	通信开入4	309
手动合闸入口	410	通信开入5	310
手动跳闸入口	411	通信开入6	311
遥控合闸出口	412	通信开入7	312
遥控跳闸出口	413	通信开入8	313
保护跳闸出口	414	通信开入9	314
保护合闸出口	415	通信开入10	315
跳闸线圈	416	通信开入11	316
HWJ－	417	通信开入12	317
合闸线圈	418	通信开入13	318
TWJ	419	通信开入14	319
控制电源－	420	通信开入15	320
遥信公共	421	通信开入16	321
装置闭锁（BSJ）	422	通信开入17	322
运行报警（BJJ）	423	通信开入18	323
保护跳闸信号	424	通信开入19	324
保护合闸信号	425	通信开入20	325
控制电路断线信号	426	闭锁重合闸	326
跳闸合用	427	投低周减载	327
跳闸合用	248	弹簧未储能	328
跳闸装置（TWJ）	429	信息复归	329
跳闸装置（TWJ）	430	装置检修	330

COM

以太网A

以太网B

串口通信	485A	201
	485B	202
	信号地	203
	485A	204
	485B	205
	信号地	206
对时	SYN＋	207
	SYN－	208
	信号地	209
打印	RTS	210
	TXD	211
	信号地	212

AC

101	U_a	U_b	102
103	U_c	U_n	104
105	U_x	U_{xn}	106
107			108
109			110
111			112
113	I_a	$I_{a'}$	114
115	I_b	$I_{b'}$	116
117	I_c	$I_{c'}$	118
119	I_0	$I_{0'}$	120
121	I_{am}	$I_{am'}$	122
123	I_{cm}	$I_{cm'}$	124

○

接地端子

图 2－16　保护屏后端子排

（2）端子 402 为控制正电源输入端子。同时其亦是保护跳闸出口（414）和保护合闸出口（415）的公共端。

（3）端子 404、405 为事故总输出空接点。

（4）端子 406、407 为 KKJ（合后位置）输出空接点。

（5）端子 408 为保护合闸入口。

（6）端子 409 为保护跳闸入口。

（7）端子 410 为手动合闸入口。

（8）端子 411 为手动跳闸入口。

（9）端子 412 为遥控合闸出口（YHJ），可经压板或直接接至端子 410。

（10）端子 413 为遥控跳闸出口（YTJ），可经压板或直接接至端子 411。

（11）端子 414 为保护跳闸出口（BTJ），可经压板接至端子 409。

（12）端子 415 为保护合闸出口（BHJ），可经压板接至端子 408。

（13）端子 416 接断路器跳闸线圈。

（14）端子 417 为合位监视继电器负端。

（15）端子 418 接断路器合闸线圈。

（16）端子 419 为跳位监视继电器负端。

（17）端子 420 为控制负电源输入端子。

（18）端子 421、426 为信号输出空接点，其中 421 为公共端。

（19）端子 422 对应装置闭锁信号输出。

（20）端子 423 对应装置报警信号输出。

（21）端子 424 对应保护跳闸信号输出，可经跳线选择是否保持，出厂默认是非保持。

（22）端子 425 对应保护合闸信号输出，可经跳线选择是否保持，出厂默认是非保持。

（23）端子 426 对应控制回路断线输出。

（24）端子 427、428 定义成跳闸接点（TJ），所有跳闸元件均经此接点出口。

（25）端子 429、430 定义成跳闸位置（TWJ）接点。

（26）端子 301 为保护电源地。

（27）端子 303 分别为装置电源正输入端。

（28）端子 304 分别为装置电源负输入端。

（29）端子 305 分别为遥信开入公共负输入端。

（30）端子 306、330 为遥信开入输入端，其中 306、309 可以是普通遥信亦可整定成断路器位置信号或遥控投入信号的输入端，310、325 为普通遥信。

（31）端子 326 为闭锁重合闸开入。

（32）端子 327 为投低周减载开入。

（33）端子 328 为弹簧未储能开入，弹簧未储能延时 400ms 闭锁重合闸。

（34）端子 329 为信号复归开入。

（35）端子 330 为装置检修开入。当该开入投入时，装置将屏蔽所有的远动功能。

（36）端子 201～206 为两组 485 通信口。

（37）端子 207～209 为硬接点对时输入端口，接 485 差分电平。

（38）端子 210～212 为打印口。

（39）端子 101～104 为母线电压输入。

（40）端子 105、106 为线路电压输入，可以是 100V 或者 57.7V，需要和系统定值中的"线路 TV 额定二次值"一致。

（41）端子 113、114 为保护用 A 相电流输入。

（42）端子 115、116 为保护用 B 相电流输入。

（43）端子 117、118 为保护用 C 相电流输入。

（44）端子 119、120 为零序电流输入。

（45）端子 121、122 为 A 相测量电流输入。

（46）端子 123、124 为 C 相测量电流输入。

4. 硬件图

硬件图见图 2-17。

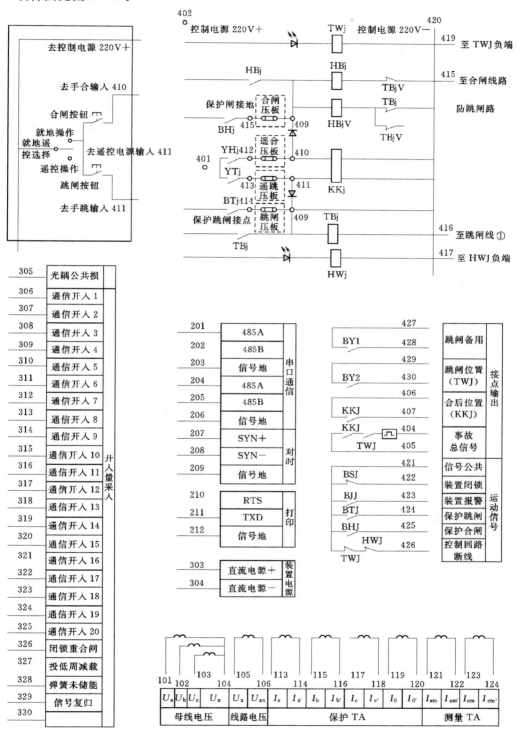

图 2-17 硬件图

2.1.6 PCS941 数字式线路保护

110kV 输电线路一般主保护的配置方式为基于三段式和四段式的距离保护相结合的保护方式，采用这种方式，可以将主保护和后备保护相结合，保证线路的可靠性。同时配置三相一次重合闸装置。当有两个及以上电源需要并列运行时，为了满足选择性的要求，距离保护需带方向性。

1. 三段式距离保护

（1）基本概念。阻抗继电器是用于对故障点到保护设置点之间的阻抗或者距离进行测量的继电器。如果系统处于正常运行的情况下，阻抗继电器所测得的值为复合阻抗，系统不应动作，只有在发生短路，且短路的位置在距离保护设置的位置较近，即处于保护区范围内时，阻抗继电器才会有所动作。所以阻抗继电器应该看做是一种反应参数降低而进行动作响应的继电器。阻抗保护主要指对故障点距离的阻抗进行测量的继电器所构成的保护装置，也可以称为距离保护。

（2）时间特性。现在广泛采用的方式是具有 3 个动作范围和 3 种动作时限的三段式时限特性。其中 I 段为主保护，不可以对线路的全长进行保护。在距离保护的第 II 段中，其主要作用是为第 I 段提供补充，可以对线路末端 15%～20% 范围之内的故障进行保护。在距离保护的第 III 段，其主要用处是为下一条线路提供保护，或者作为断路器拒动情况下的一种后备保护，同时，还可以作为第 I 段和第 II 段的后备措施。对于距离 III 段的动作阻抗的设定，一般按照小于正常运行时的最小负荷阻抗来完成，这样，就可以确保保护装置在线路正常运行的情况下不会动作。

PCS-941 距离保护动作框图见图 2-18。

2. 四段式零序保护

零序保护动作框见图 2-19。

对于我国的 110kV 等高压电网而言，主要采用大接地电流系统，而中心点则采用直接接地方式，这样在发生单相接地故障的情况下，接地的相对电压为 0，而其他相的电压则保持不变，造成三相电压的不平衡，而三相电压向量的和为 0，最终产生零序电压；如果接地相的电流向量和不为 0，产生零序电流。如果发生中性点直接接地故障，其最大的特点就是产生零序电压和零序电流。所以针对零序电流和零序电压，将通过获取接地故障时所产生的零序分量构成的专门接地保护，称为零序保护。

在正常的零序保护的过程中，主要采用四段式的保护方式，在对零序 I 段动作电流进行整定的过程中，应该着重考虑：①对于被保护线路末端出现的接地故障，应该对有可能出现的最大不平衡电流采取规避措施；②对于三相断路器触头不同时合闸所造成的最大零序电流，也应采取规避措施；③在采用单相或者综合自动合闸方式提供的情况下，应该对出现震荡情况下巨大零序电流进行综合考虑。

对于零序 II 段中的动作电流，应该跟与其相邻的下一线路的零序 I 段的保护动作相结合，且动作的时间应该较短，所以，零序 II 段能够为线路全长提供保护。

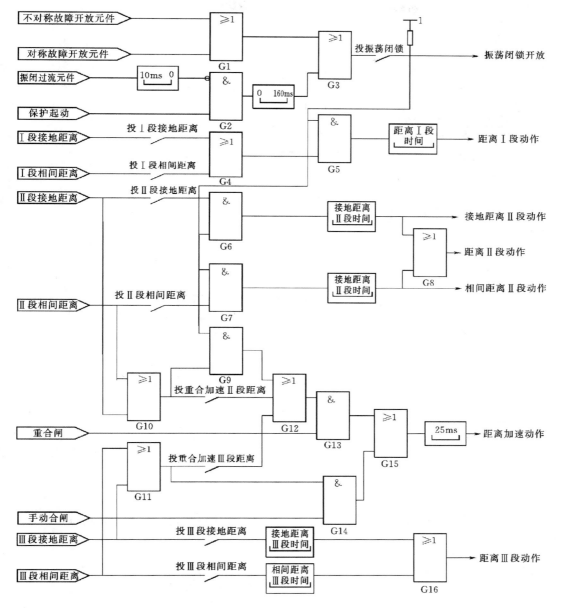

图 2-18 距离保护动作框图

零序Ⅲ段跟相间短路的过流保护相类似。可以作为本线路接地故障的近后备，整定值按下一线路接地故障的最大不平衡电流来完成。相应地，动作时限也是根据阶梯时限配合来完成。

零序Ⅳ段为相邻线路的远后备，且能够确保在本线路末端经过特大过渡电阻进行接地的情况下，线路保护仍然具有相当的灵敏度。

3. PCS-941典型接线

PCS-941典型接线见图2-20。

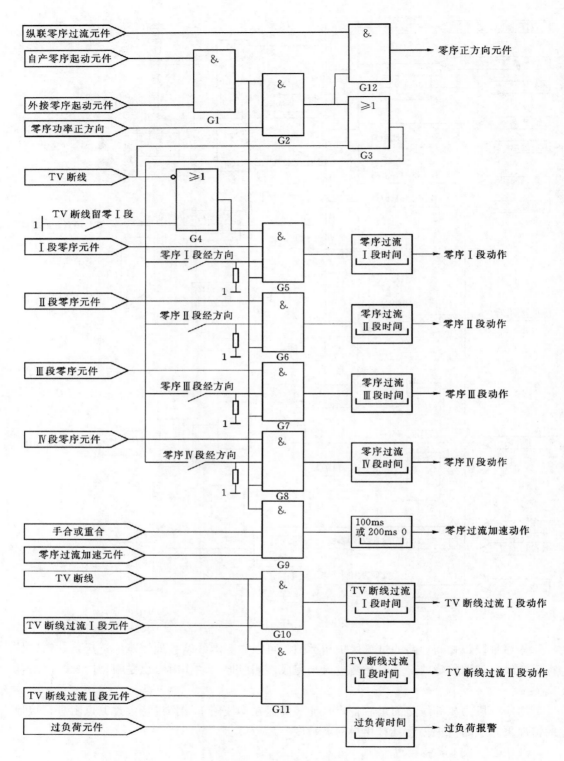

图 2 - 19 零序保护动作框图

46

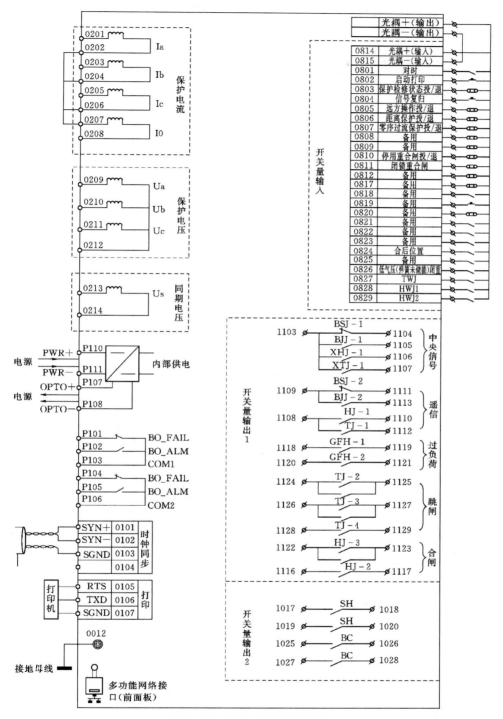

图 2-20　PCS-941 典型接线

4. PCS-941 操作回路

PCS-941 操作回路见图 2-21。

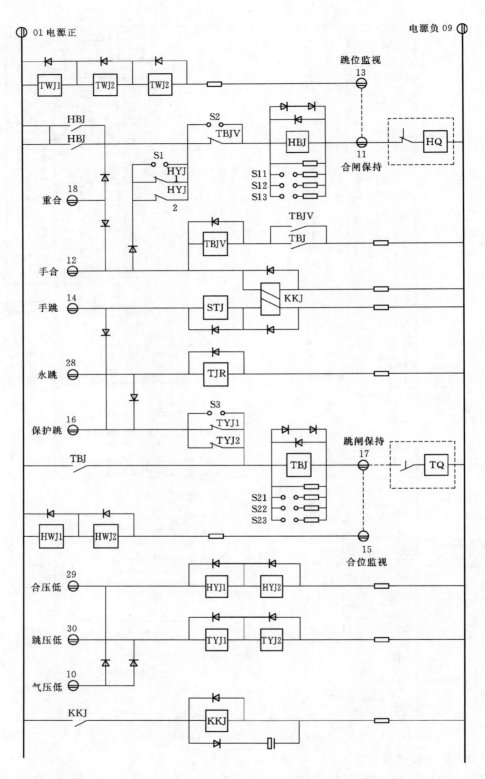

图 2 - 21 PCS - 941 操作回路

5. PCS-941 屏后端子排

PCS-941 屏后端子排见图 2-22。

1 DC	2 AC				3 LPF	4 CPU	5 COM		6 OPT(24V)				7 空	8 OUT2			
直流电源＋		I_A	201	I_A' 202					打印	602	对时	601		备用	802	备用	801
	电流	I_B	203	I_B' 204					信号复归	604	投检修态	603		备用	804	备用	803
直流电源－		I_C	205	I_C' 206			485-1A	501	投距离保护	606	投纵联/双回线相继流动	605		备用	806	备用	805
		I_0	207	I_0' 208			485-1B	502	投零序II段	608	投零序I段	607		备用	808	备用	807
24V光耦＋		U_A	209	I_B' 210			485-1地	503	投零序IV段	610	投零序III段	609		备用	810	备用	809
	电压	U_C	211	U_B 212			485-2A	504	投不对称相继流动	612	投闭锁重合	611		备用	812	备用	811
24V光耦－		U_X	213	U_X' 214			485-2B	505	24V光耦＋	614		613		复归收发信机1	814	复归收发信机1	813
大地		215	大地				485-2地	506		616	24V光耦－	615		复归收发信机2	816	复归收发信机2	815
							对时485A	507	收信/收相邻线闭锁	618	投低周(低压)减载	617		手合1	818	手合1	817
							对时485B	508	其他保护停信	620	通道试验	619		手合2	820	手合2	819
							对时地	509	备用	622	3DB告警	621		备用1-1	822	备用1-1	821
							打印RXA	510	KKJ	624	备用	623		备用1-2	824	备用1-2	823
							打印TXB	511	HYJ	626	TYJ	625		备用2-1	826	备用2-1	825
							打印地	512	HWJ1	628	TWJ	627		备用2-2	828	备用2-2	827
										630	HWJ2	629		备用3	830	备用3	829

备用 / 复归收发信机 / 手合 / 备用（OUT2 栏分组标注）

9 OUT1				A 备用SWI1	B SWI				C 备用YQ或重动继电器插件	E YQ			
FXJ-1	902	FXJ-1 901	发信	双跳圈时A插件为所有位置继电器 B插件为跳合闸回路	KKJ TWJ1公共	B02	正电源	B01		I母常闭	E02	I母常开	E01
BSJ-1	904	信号公共 903	中央信号		HWJ1公共	B04	TWJ2, HWJ2公共	B03	公共	II母常闭	E04	II母常开	E03
XHJ-1	906	BJJ-1 905			TWJ3公共	B06	中央公共	B05		2YQ-1	E06	1YQ-1	E05
运动公共	908	XTJ-1 907				B08		B07		1YQJ-1	E08	YQJ-1	E07
HJ-1	910	运动公共 909	通信		气压低	B10	负电源	B09		YQJ-1	E10	2YQJ-1	E09
TJ-1	912	BSJ-2 911			手合	B12	合闸线圈	B11	操作回路	2YQ-2	E12	1YQ-2	E11
FXJ-2	914	BJJ-2 913	事件记录合闸备用		手跳	B14	TWJ负	B13		1YQ-2	E14	YQJ-2	E13
HJ-2	916	FXJ-2 915			保护跳闸	B16	HWJ负	B15		YQJ-2	E16	2YQJ-2	E15
GFH-1	918	HJ-2 917	过负荷报警		重合闸	B18	跳闸线圈	B17		2YQ-3	E18	1YQ-3	E17
GFH-2	920	GFH-1 919			TWJ-1	B20	KKJ	B19	跳合位	1YQ-3	E20	YQJ-3	E19
HJ-3	922	GFH-2 921	合闸		HWJ-2	B22	HWJ-1	B21		YQJ-3	E22	2YQJ-3	E21
TJ-2	924	HJ-3 923	跳闸1		TWJ-2	B24	TWJ-3	B23		2YQJ-4	E24	1YQJ-4	E23
TJ-3	926	TJ-2 925	跳闸2		HWJ-3	B26	TYJ	B25	中央信号	失压	E26	YQJ-4	E25
TJ-4	928	TJ-3 927	跳闸备用		TWJ-4	B28	HYJ	B27		中央公共	E28	同时动件	E27
	930	TJ-4 929			跳压低	B30	合压低	B29	操作回路	负电源	E30		E29

（E 栏分组标注：电压切换 / 中央信号）

图 2-22　PCS-941 屏后端子排

6. 电压切换图

电压切换图见图 2-23。

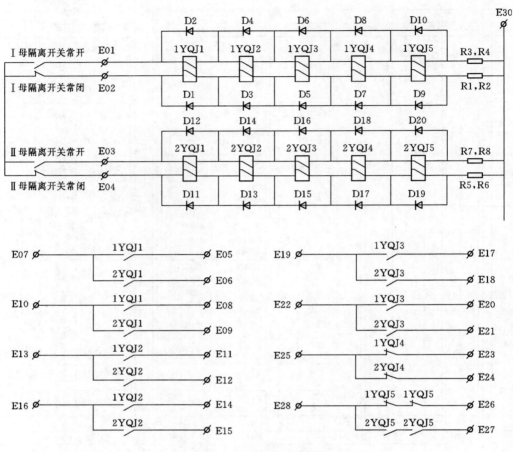

图 2-23 电压切换图

2.2 断路器控制回路

2.2.1 断路器简介

断路器是电力系统应用较多的设备。发电机、变压器、高压输电线路、电抗器、电容器等设备的投运或停运是由相连断路器的合闸或分闸来实现的。运行中一次设备发生故障时，继电保护装置动作，跳开（分闸）离故障设备最近的断路器，使故障设备脱离运行电源。因此断路器属于电力系统中操作频繁的设备。断路器的控制回路随着断路器的型式、操动机构的类型及运行上的不同要求而有所差别，但基本接线相类似。对控制回路的基本要求如下：

（1）能用控制开关进行手动合、跳闸，且能由自动装置和继电保护实现自动合、跳闸。

（2）能在合、跳闸动作完成后迅速自动断开合、跳闸回路（灭弧）。

（3）有反映断路器位置状态（手动及自动合、跳闸）的明显信号。

（4）应有防止断路器多次合、跳闸的"防跳"装置。

（5）应能监视控制回路的电源及其合、跳闸回路是否完好。

2.2.2 断路器的控制类型及操作机构

1. 断路器的控制类型

在发电厂和变电所内对断路器的控制，按控制地点可分为集中控制和就地控制两种。一般对主要设备，如发电机、主变压器、母线分段或母线联络断路器、旁路断路器、35kV 及以上电压的线路以及高、低压厂用工作与备用变压器等都采用集中控制方式，对 6～10kV 线路以及厂用电动机等一般采用就地控制方式。集中控制方式是集中在主控制室或单元控制室内进行控制，被控制的断路器与主控制室之间一般都有几十米到几百米的距离，因此有时也称之为距离控制。就地控制是在断路器安装地点进行控制，将一些不重要的设备下放在配电装置室内就地控制，可以大大地减小主控制室的建筑面积和节省控制电缆。

断路器的控制通常通过电气回路来实现，为此必须有相应的二次设备。在主控制室的控制平台上，应有能发出跳、合闸命令的控制开关和按钮，在断路器上应有执行命令的操作机构，即跳、合闸线圈。控制开关和操作机构之间是通过控制电缆连接起来的。控制回路按操作电源的种类，可分为直流操作和交流操作（包括整流操作）两种类型。直流操作一般采用蓄电池组供电，交流操作一般是由电流互感器、电压互感器和所用变压器供电。此外，对断路器的控制，按所采用的接线及设备又可分为强电控制和弱电选线控制两大类。

2. 断路器的操作机构

（1）高压断路器的分闸操作（切断电路）和合闸操作（接通电路）是通过某种机械操动系统实现的。机械操动系统可分为两部分。

1）操作机构指断路器本体以外的、与操动能源直接联系的机械操动装置。其作用是把其他形式的能量，如人力、电磁能、弹簧能、气体或液体的压缩能等转变为机械能，为断路器提供操作动力。

2）传动机构指连接操动机构和断路器动触头的传动部分，通常由若干拉杆、拐臂及联杆等组成。其作用是改变操作力的大小和方向，并带动动触头运动，实现断路器的合闸和分闸。由于动力来源的不同，操作机构可分为电磁操作机构（CD）、弹簧操作机构（CT）、液压操作机构（CY）、电动机操作机构（CJ）、气动操作机构（CQ）等。

（2）不同型式的断路器，根据传动方式和机械荷载的不同，可配备不同型式的操动机构。

1）电磁操作机构是靠电磁力进行合闸的机构。这种机构结构简单，加工方便，运行可靠，是我国断路器应用较普通的一种操作机构。由于是利用电磁力直接合闸，合闸电流很大，可达几十安至数百安，所以合闸回路不能直接利用控制开关触点接通，必须通过中间接触器（即合闸接触器）。

2）弹簧操作机构是靠预先储存在弹簧内的位能来进行合闸的机构。这种机构不需配备附加设备，弹簧储能时耗用功率小（用1.5kW的电动机储能），因而合闸电流小，合闸回路可直接用控制开关触点接通。

3）液压操动机构是靠压缩气体（氮气）作为能源，以液压油作为媒介来进行合闸的机构。此种机构所用的高压油预先储存在贮油箱内，用功率较小的电动机（1.5kW）带动油泵运转，将油压入储油筒内，使预压缩的氮气进一步压缩，从而不仅合闸电流小，合闸回路可直接用控制开关触点接通，而且压力高、传动快、动作准确、出力均匀。目前我国110kV及以上的少油断路器及 SF_6 断路器广泛采用这种机构。

4）气动操作机构是以压缩空气储能和传递能量的机构。此种机构功率大、速度快，但结构复杂，需配备空气压缩设备，所以只应用于空气断路器上。气动操作机构的合闸电流也较小，合闸回路中也可直接用控制开关触点接通。

2.2.3 断路器的手动控制回路

1. 控制开关

发电厂和变电所中，用于强电一对一控制的控制开关多采用LW2系列万能密闭转换开关。该系列开关除了在各种开关设备的控制回路中用做控制开关外，还在各种测量仪表、信号、自动装置及监察装置等回路中用做转换开关。LW2系列不同用途的开关，外形和基本结构相同。触点盒一般有数节，装于转轴上；每节触点盒都有4个定触点和一副动触片；4个定触点分布在触点盒的4角，并引出接线端子，端子上有触点号；手柄通过主轴与触点盒连接。手柄操作为旋转式，定位器用来使手柄固定位置，可以每隔90°或者45°设一个定位；限位机构用来限制手柄的转动；自复机构使手柄能自动从某个操作位置回复到原来的固定位置。每个控制、转换开关上所装触点盒的型式及节数可根据需要进行组合，所以称"万能转换开关"。带电磁操动机构的断路器控制回路见图2-24。

手柄样式和触点盒编号 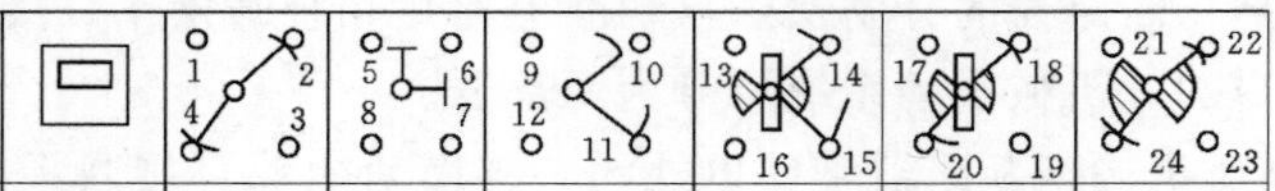	▭	1 2 / 4 3	5 6 / 8 7	9 10 / 12 11	13 14 / 16 15	17 18 / 20 19	21 22 / 24 23									
手柄和触点盒型式	F8	1a		4		6a		40			20			20		
触点号		1-3	2-4	5-8	6-7	9-10	9-12	10-11	13-14	14-15	13-16	17-19	17-18	18-20	21-23	21-22	22-24
位置 跳闸后	▭●	—	×	—	—	—	—	×	—	×	—	—	—	×	—	—	×
位置 预备合闸	▯	×	—	—	—	×	—	—	×	—	—	—	×	—	×	—	—
位置 合闸	◈	—	—	×	—	—	×	—	×	—	—	×	—	—	×	—	—
位置 合闸后	▯	×	—	—	—	×	—	—	—	—	×	—	×	—	×	—	—
位置 预备跳闸	●▭	—	×	—	—	—	—	×	—	×	—	—	—	×	—	—	×
位置 跳闸	◈	—	—	—	×	—	—	×	—	—	×	—	—	—	—	×	×

图 2-24　带电磁操动机构的断路器控制回路

2. 断路器的手动控制回路

(1) 断路器有两个线圈：TQ（跳闸线圈）、HQ/HC（合闸线圈/合闸接触器）。

(2) 断路器有两个辅助触点：常闭触点（DL_1、DL_3 等奇数触点）、常开触点（DL_2、DL_4 等偶数触点）。

(3) 断路器有两个位置：合位、分位，其对应的合位、分位指示灯分别是红灯、绿灯。

(4) 断路器有两种控制方式：手动控制、自动控制。断路器的手动控制回路即利用控制开关去合、分闸。

(5) 断路器的自动控制回路是指利用自动重合闸装置合闸、利用继电保护装置分闸。

(6) 断路器的位置指示灯有两种亮法：平光、闪光。平光是指控制开关和断路器位置一致；闪光是指控制开关和断路器位置不一致。当断路器的位置指示灯闪光时，需手动复归使其平光。

控制开关真值见表 2-3。

表 2-3 　　　　　　　　　　控 制 开 关 真 值 表

KK	DL	HD/LD	平/闪
预合	分	LD	闪
合	合	HD	平
合后	合	HD	平
预分	合	HD	闪
分	分	LD	平
分后	分	LD	平

2.2.4 断路器的"防跳"

为了防止断路器出现连续多次跳、合事故，必须装设"防跳"装置。

(1) 断路器的"跳跃"现象。当断路器经控制开关或重合闸触点合闸到有永久性故障的线路时，继电保护将会动作，保护跳闸出口继电器触点闭合而使断路器自动跳闸。如果由于某种原因造成控制开关或重合闸触点（例如控制开关手柄未返回或触点焊住），则断路器重新合闸，而由于是永久性故障，继电保护将再次动作，使断路器再次跳闸。然后又再次合闸……这种断路器多次"跳—合"的现象，称为断路器"跳跃"。"跳跃"会使断路器损坏，造成事故扩大，所以需采取"防跳"措施。

(2)"电气防跳"装置的动作原理。"防跳"装置有两种类型：①机械型，对于6～10kV 的断路器，当采用 CD2 操动机构时，机构本身在机械上有"防跳"性能，但调整较费时，已很少采用；②电气型，对于其他没有"防跳"性能的机构，均应在控制回路中设"电气防跳"装置。

在图 2-25 中，TBJ 即为专设的"防跳"继电器。这种继电器有两个线圈：电流线圈供启动用，接于跳闸回路；电压线圈供自保持用，经自身触点 TBJ_1 与 HC 并接。其"防

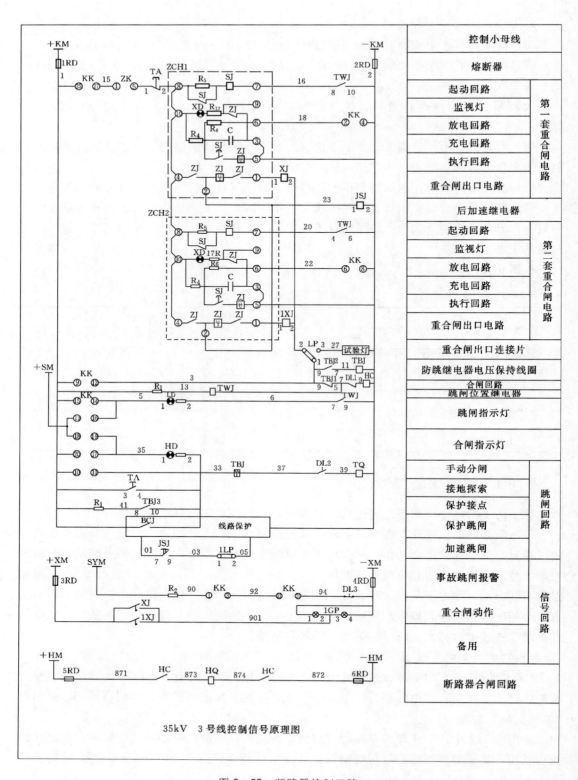

图 2-25　断路器控制回路

跳"原理为：当手动或自动合闸到有永久性故障的电网上时，继电保护动作使保护出口继电器 BCJ 触点闭合，接通跳闸回路，使断路器跳闸。同时，跳闸电流流过 TBJ 电流线圈，使防跳继电器 TBJ 启动，触点 TBJ$_1$ 断开合闸回路，TBJ$_2$ 接通 TBJ 电压线圈，若此时触点 KK（9－12）或重合闸的触点未复归，则 TBJ 电压线圈经 KK（9－12）或重合闸的触点实现自保持，使 TBJ$_1$ 保持断开状态，断路器不能再次合闸，直到控制开关 KK（9－12）或重合闸的触点（断开）为止。

另外，触点 TBJ$_3$ 与 R$_1$ 串联，然后与保护出口继电器 BCJ 触点并联，其作用是保护出口继电器 BCJ 触点。因为，当继电保护动作于断路器跳闸时，保护跳闸继电器 BCJ 触点可能较 DL$_2$ 先断开，以致 BCJ 触点因切断跳闸电流而被电弧烧坏。由于 TBJ$_3$、R$_1$ 回路与 BCJ 接点并联，断路器跳闸时，TBJ 电流线圈启动并经 TBJ$_3$ 及 DL$_2$（DL$_2$ 断开前）自保持，即使 BCJ 触点在 DL$_2$ 之前断开，也不会发生由 BCJ 触点切断跳闸电流的情况，即起到保护 BCJ 触点的作用。R$_1$ 的阻值只有 1Ω，对跳闸回路自保持无多大影响。

2.2.5 断路器的自动控制回路

1. 关于自动重合闸

电力系统中，架空输电线路的故障大多数是瞬时性故障，如果把跳开的线路再重新合闸，就能恢复正常供电。自动重合闸装置按其功能可分为三相重合闸及综合重合闸。110kV 及以下线路采用三相重合闸，即不论线路发生单相接地（110kV 以下线路除外）或相间故障，都由继电保护动作把断路器的三相跳开，然后由重合闸装置动作把三相合闸；220kV 及以上线路采用综合重合闸，即综合考虑单相自动重合闸和三相自动重合闸。

在单侧电源的线路上，重合闸与继电保护的配合方式，有重合闸前加速保护和重合闸后加速保护两种。前加速是指当线路发生故障时，首先由靠近电源侧的保护无选择性地快速动作于跳闸，而后再自动重合闸；后加速是指当线路发生故障时，由保护有选择性地动作于跳闸，而后自动重合闸，若故障未消除则再由保护快速动作于跳闸。前加速方式主要用在发电厂和变电所 35kV 以下的直配线上；后加速方式广泛用于 35kV 以上电网。

双侧电源线路上采用 APR 时，一侧需检查无电压，另一侧需检查同步。

带三相一次重合闸后加速的断路器控制回路如图 2－25 所示。其中重合闸 CHZ 由时间继电器 SJ、带电压启动电流保持的中间继电器 ZJ、信号灯、电容器 C 和电阻 R$_4$、R$_5$、R$_6$、R$_{17}$ 等组成。它们的作用如下：

（1）充电电容 C。用于保证重合闸装置只动作一次（取 5mF～2μF）。

（2）充电电阻 R$_4$。限制电容器充电速度，防止一次重合闸不成功时发生多次重合闸（取 4～68MΩ）。

（3）放电电阻 R$_6$。在不需要重合闸时（如断路器手动跳闸），电容器 C 通过 R$_6$ 放电（取 500Ω）。

（4）时间继电器 SJ。整定重合闸装置的动作时间，是重合闸装置的启动元件。

（5）附加电阻 R$_5$。用于保证时间元件 SJ 的热稳定性（取 1～4 kΩ）。

（6）信号灯。用于监视直流控制电源 KM＋及中间继电器是否良好，正常工作时，信号灯亮。如果损坏这些元件之一（或直流电源中断），信号灯熄灭。

（7）电阻 R_{17}。用来限制信号灯电流（取 $1\sim 2k\Omega$）。

（8）中间继电器 ZJ。是重合闸的执行元件。它有两个线圈，电压线圈靠电容放电时去启动，电流线圈与断路器的合闸接触器 HC 串联，起自保持作用，直至断路器合闸完毕，中间继电器 ZJ 才失磁复归。如果重合于永久性故障时，电容器 C 来不及充电到 ZJ 的动作电压，故 ZJ 不动作，从而保证只进行一次重合闸。

2. 重合闸的几条重要回路

（1）充电回路。该回路接通条件即重合闸充电条件是用户有电（断路器在合位、控制开关 KK 在合后位、重合闸投入）；该回路接通的目的是使电容 C 充满电，电容的充电时间是 $15\sim 25s$。

（2）启动回路。该回路接通条件是故障后由继电保护跳闸即断路器在分位、控制开关 KK 在合后位；该回路接通的目的是使 SJ 动作。

（3）工作放电回路。该回路接通条件是电容 C 充满电、SJ 动作且重合闸的延时时间到；该回路接通的目的是：使 ZJ 的电压启动线圈动作。

（4）自动重合闸回路。该回路接通条件是 ZJ 的电压启动线圈动作其常开触点闭合、断路器在分位；该回路接通的目的是使合闸接触器动作，使 ZJ 的电流自保线圈动作。

（5）手动放电回路。该回路接通条件是控制开关 KK 在分位，即 KK2～4 触点闭合；该回路接通的目的是将重合闸电容 C 上的电放掉，从而闭锁重合闸。

3. 重合闸的动作过程

如果线路发生瞬时性故障：从故障发生到保护出口继电器的动作过程，在 2.2.1 中已详细介绍，现从故障后保护出口跳闸继电器 BCJ 动作开始，介绍重合闸的动作过程。

故障后保护出口跳闸继电器 BCJ 动作，其常开触点闭合，由于故障前用户有电，即断路器在合位，断路器的常开触点 DL_2 闭合，于是跳闸线圈 TQ 动作，跳开故障，断路器处分位，常开触点 DL_2 断开，切断跳闸时产生的电弧；同时常闭触点 DL_1 闭合，跳闸位置继电器 TWJ 动作，其常开触点 TWJ8～10 闭合，由于故障前，用户正常有电，所以控制开关 KK 一直在合后位，KK25～27 闭合，重合闸的启动回路接通，时间继电器 SJ 动作，延时开始。由于重合闸在故障发生前已充满电，当时间继电器 SJ 的延时到，其延时闭合触点闭合，充满电的电容向中间继电器 ZJ 电压线圈放电，ZJ 的电压启动线圈动作，其常开触点闭合，加上断路器已被继电保护跳开，常闭触点 DL_1 闭合，即自动重合闸回路接通，合闸接触器动作，其常开触点闭合，合闸线圈动作，被继电保护跳开的断路器重合成功。同时中间继电器 ZJ 的电流保持线圈动作，保证可靠重合闸，防止因为重合闸的电容 C 慢充快放，中间继电器 ZJ 的电压线圈失电，断路器来不及重合。当断路器重合成功，断路器的常闭触点 DL_1 打开，切断合闸时产生的电弧，同时中间继电器 ZJ 的电流保持作用因自动重合闸回路的打开而停止。

4. 重合闸启动、特点与闭锁

（1）重合闸的启动方式。重合闸可以采用不对应启动和保护启动方式。自动重合闸可由继电保护跳闸命令启动，即继电保护发出跳闸命令的同时启动重合闸，经一定的时间（1s 左右）进行自动重合，这种方式称为保护启动方式。继电保护未发出跳闸命令，而因为二次回路上出现问题等情况导致断路器跳闸，这种情况称为断路器偷跳。断路器偷跳时自动重合闸也应启动，重合成功后可以保证继续供电。断路器偷跳情况下继电保护并未发出跳闸命令，采用保护启动方式不能启动重合闸，可以采用不对应启动方式弥补这一缺陷。不对应启动方式指断路器操作控制开关位置和断路器实际位置的不对应，即断路器操作控制开关在"合后"状态，而断路器在"分闸"状态。采用不对应启动方式后，任何非控制开关操作引起的跳闸都将启动重合闸程序。

（2）重合闸的特点。

1）自动的：一旦正常运行的线路发生故障，继电保护跳开故障后，随着断路器的跳开，跳闸位置继电器 TWJ 动作，其常开接点自动接通自动重合闸的启动回路。

2）只重合一次：重合闸的电容具有慢充快放的特点，线路投入后花 15～25s 充满电；重合闸一旦启动，时间继电器动作且延时到后接通放电回路，电容会瞬时放电。如果重合的是永久性故障，继电保护会再次动作跳闸，但重合闸的电容 C 来不及再次充满电，重合闸就不会再次动作。

目前微机保护装置中已经不采用电容充电回路控制重合闸次数，但有时沿用习惯，仍在装置面板上设置重合闸充电指示灯，指示灯亮表示装置具有重合闸能力，在保护程序框图中也会把相应的回路称为充电回路。

3）手动分闸不重合闸。当线路故障需停电检修时，会手动将故障线路断开，手动控制开关 KK2～4 或 KK6～8 接通，重合闸电容 C 的手动放电回路接通，电容 C 上的电对放电电阻 R6 放掉，重合闸就不会再重合了。

（3）闭锁重合闸。

1）手动分闸时。

2）自动按频率减负荷时。

3）母联保护动作时。

4）内桥接线中的主变保护动作时。

以上几种情况均需闭锁自动重合闸，具体的闭锁回路可以参照手动分闸时的闭锁回路自拟。

5. 继电保护与重合闸的配合

在单侧电源的线路上，重合闸与继电保护的配合方式，有重合闸前加速保护和重合闸后加速保护两种。

（1）前加速指当线路发生故障时，首先由靠近电源侧的保护无选择性地快速动作于跳闸，而后再自动重合闸；前加速重合闸方式是仅在电源首端线路断路器上装设重合闸装置。其优点是节省投资、接线简单、切除故障快、重合闸成功的可能性大；缺点是第一次切除故障时无选择性，因此前加速方式主要用在发电厂和变电所 35kV 以下的直配线上。

（2）后加速指当线路发生故障时，继电保护有选择性地延时动作于跳闸，而后自动重合闸，若故障未消除则再由继电保护 0s 加速动作于跳闸。后加速方式广泛用于 35kV 以上电网。现以图 2-1 和图 2-25 说明后加速的动作过程。

以 A 相末端发生永久性故障为例说明后加速的动作过程：A 相末端故障发生，3LJ 动作，其常开接点闭合，SJ 动作，此时加速继电器没有动作，其延时打开接点断开，所以等 SJ 的延时到后，其常开接点延时闭合，3XJ（发延时电流保护动作信号）和保护出口跳闸继电器 BCJ 都动作，BCJ 的常开接点闭合，加上故障前用户有电，断路器的常开触点 DL$_2$ 闭合，所以跳闸线圈 TQ 动作，断路器跳闸，其常开触点 DL$_2$ 断开，切断跳闸时产生的电弧；其常闭触点 DL$_1$ 闭合，跳闸位置继电器 TWJ 动作，其常开接点 TWJ8～10 闭合，重合闸启动，时间继电器 SJ 动作，延时到后其延时常开接点闭合，早已充满电的电容 C 对重合闸的中间继电器 ZJu 放电，ZJ 电压启动，常开触点闭合，接通自动重合闸回路且实现电流自保持，保证可靠重合闸。同时在自动重合闸时，加速继电器 JSJ 动作，其常开触点闭合，重合闸重合成功，断路器合闸，其常闭触点 DL$_1$ 打开（切断合闸时产生的电弧），自动重合闸的电流保持回路打开，加速继电器 JSJ 失电，其常开触点延时打开，因为是永久性故障，3LJ 再次动作，所以保护出口跳闸继电器 BCJ 再次动作，且延时回路被短接，BCJ 的常开接点闭合，加上故障前用户有电，断路器的常开触点 DL$_2$ 闭合，所以跳闸线圈 TQ 再次动作，断路器加速跳闸（其常开触点 DL$_2$ 断开，切断跳闸时产生的电弧）虽然后加速后会再次启动重合闸，但由于电容 C 来不及再次充满电，所以不会再重合闸。

重合闸前加速的接线及动作过程类似。

2.3 变压器保护的二次回路

2.3.1 变压器概述

变压器在电力系统中应用非常普遍，占有很重要的地位。因此，提高变压器工作可靠性，对保证电力系统安全运行具有十分重要的意义。在实际运行中，考虑到有发生各种故障和不正常情况的可能性，因此必须根据变压器的容量和重要程度设置专用的保护装置。

变压器的故障可分为内部故障和外部故障两种，内部故障指变压器油箱里发生的故障，主要是绕组相间短路、单相匝间短路和单相接地（碰壳）等。变压器内部故障很危险，因为短路电流产生的电弧不仅会破坏绕组的绝缘，烧坏铁芯，而且由于绝缘材料和变压器油因受热分解，产生大量气体可能使变压器油箱爆炸，产生严重后果。常见的外部故障是变压器引出线绝缘套管发生故障，这种故障可能导致引出线相间短路或一相碰接变压器外壳的单相接地短路。

变压器不正常情况主要由于外部短路和过负荷引起的过电流，油面的过度降低和温度升高等。

2.3.2 保护的设置原则

根据上述故障种类和不正常情况，变压器应装设以下保护：

（1）瓦斯保护。反应变压器内部油箱故障和油面降低，瞬时作用于信号或跳闸。

（2）差动保护和电流速断保护。反应变压器内部故障和引出线的相间短路、接地短路，并瞬时作用于跳闸。

（3）过电流保护。反映外部相间短路而引起的短路电流，并作用于上述的后备保护，带时限动作于跳闸。

（4）过负荷保护。反应因过载引起的过电流，这种保护只有在变压器确实有可能过载时才装设，一般作用于信号。

（5）零序电流保护。反应中性点直接接地电网中，外部接地短路而引起的过电流，瞬时动作于跳闸。

（6）温度信号。监视变压器温度升高和油冷却系统的故障，作用于信号。

2.3.3 传统电磁型变压器保护回路

2.3.3.1 变压器瓦斯保护回路

变压器瓦斯保护的主要元件就是瓦斯继电器，它安装在油箱与油枕之间的连接管中，见图 2-26，当变压器发生内部故障时，因油的膨胀和所产生的瓦斯气体沿连接管经瓦斯继电器向油枕中流动，若流动的速度达到一定值时，瓦斯继电器内部的挡板被冲动，并向一方倾斜，使瓦斯继电器的触点闭合，接通跳闸回路或发出信号，见图 2-27。

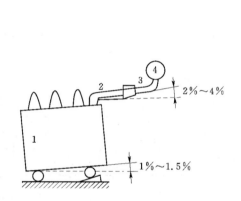

图 2-26 瓦斯继电器在变电器上的安装

1—变压器油箱；2—连接管；

3—瓦斯继电器；4—油枕

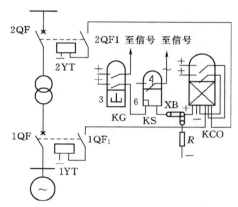

图 2-27 瓦斯保护的原理接线图

在图 2-27 中，瓦斯继电器 KG 的上触点接至信号，为轻瓦斯保护；下触点为重瓦斯保护，经信号继电器 KS、连接片 XB 起动出口继电器 KCO，KCO 的两对触点闭合后，分别使断路器 1QF、2QF 跳闸线圈励磁，跳开变压器两侧断路器，即：

（1）"+→KG→KS→XB→KCO→—"回路接通，起动 KCO。

（2）"+→KCO→1QF1→1YT→—"回路接通，跳开 1QF。

（3）"+→KCO→2QF1→2YT→—"回路接通，跳开 2QF。

连接片 XB 也可接至电阻 R，使重瓦斯保护不投跳闸而只发信号。

2.3.3.2 变压器的速断保护回路

变压器的瓦斯保护只能在变压器油箱内部发生故障时动作，而在变压器套管以外的短路就只能靠速断保护或差动保护了。通常对小容量的变压器（单台容量一般在 7500kVA

及以下的）装速断保护，对大容量的变压器装设差动保护。

图 2-28 为变压器的电流速断保护接线原理图。当变压器的电源侧发生短路，其短路电流达到电流继电器 KA 的动作值时，KA 动作，并经信号继电器 KS 起动出口中间继电器 KCO。KCO 动作后，其两对动合（常开）触点闭合，分别去跳开断路器 1QF、2QF，其动作过程如下：

（1）"+→KA→KS 线圈→KCO 线圈→ -" 回路接通，KS 动作发信号，KCO 动作，其两对动合（常开）触点闭合。

（2）"+→KCO→1QF→1YT→ -" 回路接通，跳开断路器 1QF，同理 "+→KCO→2QF→2YT→-" 回路接通，跳开断路器 2QF。

2.3.3.3　变压器过流保护二次回路

当变压器套管以外发生相间短路时，过电流保护延时动作，跳开两侧断路器，并作为变压器主保护（瓦斯、速断或差动保护）的后备。过电流保护装在电源侧；对于双绕组降压变压器的负荷侧，一般不应配置保护装置。

过电流保护若灵敏度不能满足要求时可加低电压闭锁保护来解决。因此，过电流保护分为带低电压闭锁和不带低电压闭锁两种。

1. 不带低电压闭锁的过电流保护的二次回路

（1）不带低电压闭锁的过电流保护原理接线图，见图 2-29。

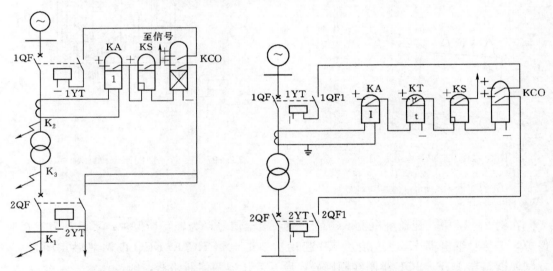

图 2-28　变压器电流速断保护原理接线图　　图 2-29　变压器电流速断保护原理接线图

过电流保护装置的测量元件为电流继电器 KA，延时元件为时间继电器 KT。当短路电流达到 KA 的动作位时，KA 即起动，并使 KT 起动，经一定的延时，KT 常开触点闭合，经信号继电器 KS，起动中间继电器 KCO。KCO 的两对触点闭合后，分别跳开变压器两侧的断路器 1QF、2QF。其整个逻辑回路为：

1）直流+→ KA →KT 线圈→直流 -，使时间继电器 KT 动作。

2）直流+ → KT→KS→XB→KCO 线圈→直流 -，起动出口中间继电器 KCO。

3）直流＋→KCO 上触点→1QF₁→1YT 线圈→直流－，使 1YT 起动，跳开断路器 1QF，同时，KCO 下触点闭合后使 2YT 起动，跳开断路器 2QF。

（2）不带低电压闭锁的过电流保护的直流回路展开图，见图 2-30。

2. 带低电压闭锁的过电流保护二次回路

当变压器的过电流保护定值经核算灵敏度不能满足要求时，应采取加低电压闭锁的措施。此时，过电流保护的起动值不按躲过最大负荷电流整定，而是按变压器的额定电流整定。当动作值降低，灵敏度就提高了，在最大负荷时，电流继电器可能动作，但此时电压达不到动作值〔一般按（60%～70%）U_e 整定〕，所以不会因过负荷而跳闸，其直流回路展开图，见图 2-31。

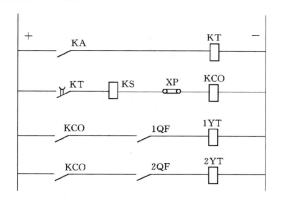

图 2-30　不带低电压闭锁的过电流保护的
直流回路展开图

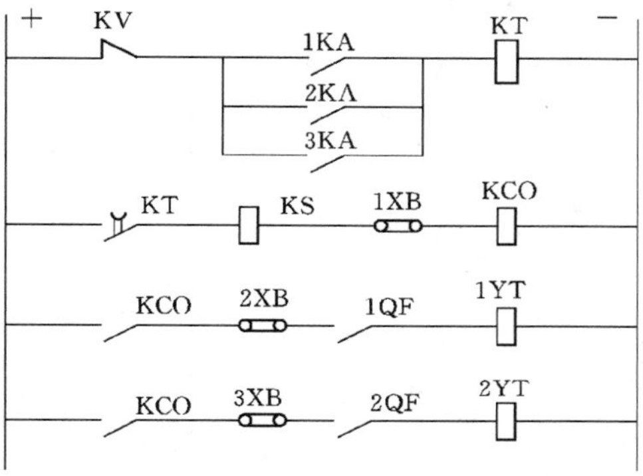

图 2-31　带低电压闭锁的过电流保护的
直流回路展开图

低压闭锁过电流保护的动作说明如下：

（1）因过负荷时电压不会低到低电压继电器 KV 的动作值，所以 KV 触点在断开位置，虽然因过负荷使电流继电器 KA 动作，其常开触点闭合，但由于 KV 触点的断开，时间继电器 KT 不能起动，故不会跳开断路器。

（2）因发生相间短路故障，所以电压低而使 KV 起动，其触点闭合。同时也因相间短路电流值增大，足以使 KA 动作，触点也闭合，起动了时间继电器 SJ，最后 YT 励磁，跳开断路器 QF，即：

1）直流＋→KV→KA→KT 线圈→直流－，起动 KT。

2）直流＋→KT→KS→1XB→KCO 线圈→直流－，起动 KCO。

3）直流＋→KCO₁→2XB→1QF→1YT→直流－，使 1YT 励磁，跳开断路器 1QF。

4）直流＋→KCO₂→3XB→2QF→2YT→直流－，使 2YT 励磁，跳开断路器 2QF。

2.3.3.4　三绕组变压器保护装置的二次回路图

为了对三绕组变压器的保护装置有一整体概念，现举一实例加以说明。

图 2-32 为三绕组降压变压器保护的二次回路接线全图。下面分别介绍各部分的情况。

1. 一次接线

从图 2-32（a）可知，高、中、低三侧的电压等级分别为 110kV、35kV、10kV，

110kV 侧中性点经隔离开关 QS 接地，并装有中性点零序过电流保护，使用的电流互感器为 TA；35kV 侧也可经隔离开关 QS 接地，但未装零序电流保护；110kV、35kV 为双母线，而 10kV 则为单母线。

2. 继电保护配置

变压器除装有纵联差动和瓦斯保护以外，还在其高、中、低压三侧装有过电流保护。从图 2-32（c）、（d）、（e）可知，高、中压侧的过电流保护为复合电压闭锁的过电流保护，而 10kV 低压侧则为一般不带低 IU 压闭锁的过电流保护。

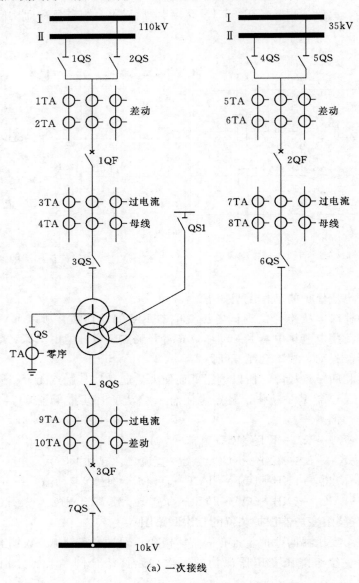

（a）一次接线

图 2-32（一） 三绕组降压变压器保护的二次回路接线全图

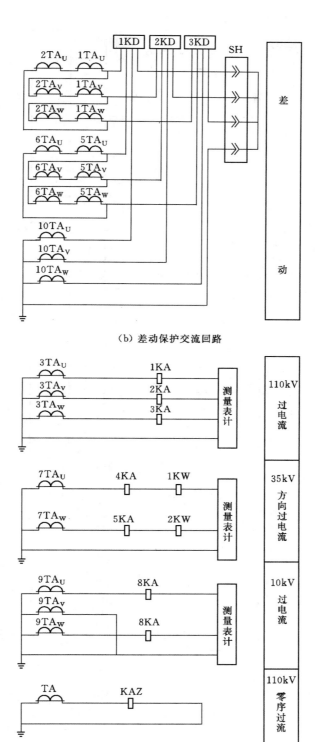

（b）差动保护交流回路

（c）交流电流回路

图 2－32（二） 三绕组降压变压器保护的二次回路接线全图

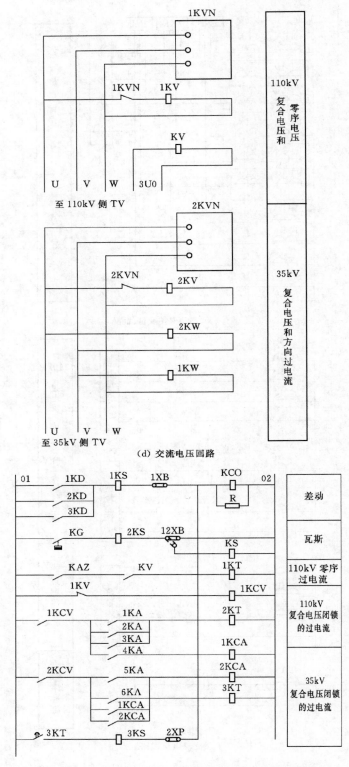

图2-32（三） 三绕组降压变压器保护的二次回路接线全图

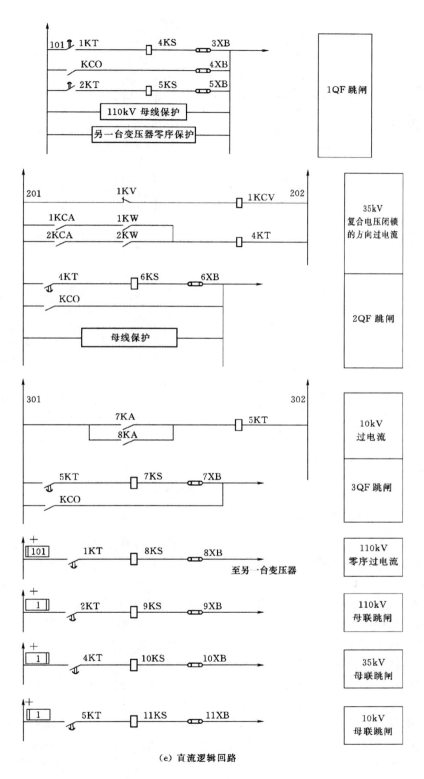

（e）直流逻辑回路

图 2－32（四） 三绕组降压变压器保护的二次回路接线全图

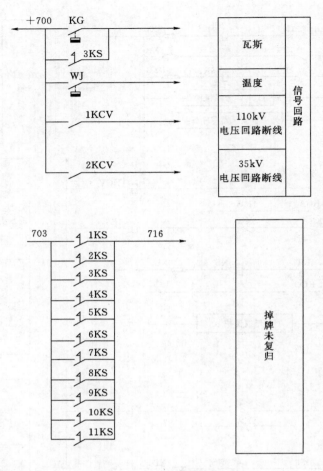

（f）信号回路

图 2-32（五） 三绕组降压变压器保护的二次回路接线全图

从图 2-32（e）、（f）可知，110kV 侧的复合电压闭锁过电流保护的时间为两段式、较短的时间为跳开母线联络断路器的时间段，较长的时间段为跳开本侧断路器 1QF 的时间段，两段的时间之差，一般为 0.5s。

35kV 侧还装有复合电压闭锁的方向过电流保护，并有两段时间。其中：一段时间较短，跳开母线联络断路器；另一段时间较长，跳开本侧断路器 2QF。另一套不带方向的复合电压闭锁过电流保护，以更长的时间动作后，使三侧断路器均跳闸，作为主变压器内部故障和低压侧保护拒动的后备保护。

10kV 侧装有两相式过电流保护，有两段时间，一段时间较短为跳母线联络断路器的时间段，另一段较长为跳本侧断路器 3QF 的时间段。

110kV 侧还装有零序电压闭锁的零序过流保护。当被保护的变压器中性点接地运行时，若 110kV 侧线路发生接地故障，并因某种原因断路器未跳开，此时零序过流保护动作，跳开本侧断路器 1QF。若变电所有两台主变压器，其中一台的中性点未接地运行，当出现上述情况时，则首先以较短的时间跳开中性点不接地运行的变压器，然后再跳开中性点接地的变压器。

为监视交流电压回路的完整性，装设有"电压回路断线"信号。为保证保护装置动作后能可靠地将断路器跳开，用了有电流自保持线圈的中间继电器 KCO。

3. 各种保护装置的二次逻辑回路

(1) 纵联差动保护。纵联差动保护由 BCH-1 差动继电器 1KD～3KD、信号继电器 1KS 及总出口中间继电器 KCO 构成，作为变压器的主保护，瞬时动作于三侧断路器跳闸。其逻辑回路见图 2-32 (e)。

1) 直流+01→1～3KD→1KS→1XB→KCO 线圈→直流-，起动 KCO。

2) 直流+101→KCO₁→KCO 电流线圈→4XB，跳开 1QF 断路器。

3) 直流+201→KCO₂→BCJ 电流线圈，跳开断路器 2QF。

4) 直流+301→KCO₃→KCO 电流线圈，跳开断路器 3QF。

(2) 瓦斯保护。瓦斯保护由 QJ80 型瓦斯继电器 KG、信号继电器 2KS、切换连片 XB 组成。当变压器内部发生故障时动作，跳开三侧断路器，其逻辑回路见图 2-32 (e)。

直流+→KG→2KS→XB→KCO 线圈→直流-02，起动总出口中间继电器，其三对触点闭合后，分别跳开断路器 1QF、2QF、3QF。

当切换连片 XB 切换到 2 端子时，则通过信号继电器 KS，投入发信号的位置。

轻瓦斯保护动作于信号，由瓦斯继电器 KG 的上触点闭合后发出信号 [图 2-32 (f)]。

(3) 110kV 侧复合电压闭锁过电流保护。110kV 侧电流保护由电流继电器 1～3KA、电压继电器 1KV、负序电压继电器 1KVN、中间继电器 1KCV、时间继电器 2KT 所构成。保护的逻辑回路见图 2-32 (e)。

1) 直流+01→1KV→1KCV 线圈→直流-，起动中间继电器 1KCV。

2) 直流+01→1KCV→1～3KA→2KT 线圈→直流-，起动时间继电器 2KT，其两对触点，分别去跳本侧和母线联络断路器，即：直流+101→2KT→5KS→5XB→到 1QF 线圈，跳开本侧断路器 1QF。

3) 直流+→2KT→9KS→9XB→到母线联络断路器跳闸线圈，并跳开母线联络断路器。

(4) 110kV 零序电压闭锁零序过电流保护。

该保护由电流继电器 KAZ、电压继电器 KV、时间继电器 1KT 和信号继电器 4KS 组成。动作后经一定延时跳开断路器 1QF。其逻辑回路见图 2-32 (e)。

当发生单相接地故障时，出现零序电压和零序电流，若灵敏度足够大时两者均动作，即：

1) 直流+01→KAZ→KV→1KT 线圈→直流-，起动时间继电器 1KT。

2) 直流+101→1KT→4KS→3XB→使 1QF 断路器跳闸线圈励磁，跳开 1QF。

(5) 35kV 侧复合电压闭锁过电流保护。该侧复合电压闭锁过电流保护有两套：带方向，不带方向。

1) 复合电压闭锁方向过电流保护是由电流继电器 4KA、5KA，方向继电器 1KW、2KW，电压重动中间继电器 2KCV，电压继电器 2KV，负序电压继电器 2KVN，时间继电器 4KT，信号继电器 6KS 组成。动作后跳开本侧断路器 2QF 及 35kV 侧母线联络断路器。其逻辑回路见图 2-32（e）。

直流＋201→2KV→2KCE 线圈→直流－202，起动 2KCV。直流＋01→2KCV→4KA →1KCA→直流－02，起动 1KCA。直流＋01→2KCV→5KA→2KCA→直流－02，起动 2KCA。直流＋201→1KCA→1KW（或 2KCA→2KW）→4KT 线圈，起动 4KT，其两对触点分别去跳母线联络及本侧断路器，即：直流＋201→4KT→6KS→6XB 去起动 2QF 的跳闸线圈，使 2QF 跳闸；直流＋301→4KT→10KS→10XB 去起动母联的跳闸线圈，跳开母线联络断路器。

2）不带方向的复合电压闭锁过电流保护。该保护是由电压继电器 2KV，电压重动中间继电器 2KCV，电流重动继电器 1KCA、2KCA，电流继电器 4KA～6KA，时间继电器 3KT、信号继电器 3KS 所组成，起动 2KCV、1KCA、2KCA 的回路同带方向的复合电压闭锁过电流保护一样。起动 3KT 时间继电器的回路为：直流＋01→2KCV（或 1KCV）→6KA（或 1KCA、2KCA）→3KT 线圈→直流－02，使 3KT 起动；直流＋01→3KT→3KS→2XB→KCO 线圈→直流－02，使总出口继电器 KCO 起动。其三对触点闭合后，分别跳开 1QF、2QF、3QF。

（6）10kV 侧过电流保护。本侧过电流保护是由 7KA、8KA 电流继电器，5KT 时间继电器，7KS 信号继电器所组成。其动作的逻辑回路见图 2-32（e）。

直流＋301→7KA（或 8KA）→5KT→直流－302，起动 5KT 时间继电器，该继电器有两对触点，闭合后分别去跳本侧断路器 3DL 和母线联络断路器，即：直流＋301→5KT →7KS→7XB→使 3QF，跳闸线圈励磁，跳开 3QF。直流＋301→5KT→11KS→11XB→使母线联络断路器跳闸线圈励磁，跳开母线联络断路器。

（7）信号回路。在信号回路中有瓦斯、温度、110kV 侧及 35kV 侧电压回路断线等信号。当各种信号动作后，均有光字牌显示见图 2-32（f）。

本变压器所设各种保护动作后，均有信号表示，并发出掉牌未复归光字牌。

2.3.4 备用变压器自动投入回路

发电厂的电气一次接线，一般都采用单元接线方式。发电机与变压器之间不装设断路器，变压器高压侧经断路器接至 110kV（或 220kV）母线。此母线经高压输电线路与电力系统连接。在发电机与变压器之间接厂用变压器，用来供给本发电机附属设备用电。这些附属设备负荷引自 6kVⅠ母线和 6kVⅡ母线。此外，另装设一台备用变压器（启备变），其高压侧接自 110kV 母线，另一侧接至 6kVⅠ母线和 6kVⅡ母线作为备用。

正常运行时，发电机发出的电经变压器（主变）送往电力系统；同时一部分电力经厂用变压器供给附属设备（汽机、锅炉及化水）负荷。启备变处于热备用状态。一旦厂用变压器失电，则启备变压器自动投入，以供给 6kVⅠ母线和 6kVⅡ母线上的负荷。

图 2-33 中，只绘出一台发电机接线。实用中，每个发电厂有多台发电机，但各台发电机一次接线相同。一台启备变压器可作为每一台发电机厂用母线段的备用电源。

备用变压器兼作启动变压器用。在新建的发电厂或发电机大修之后，当发电机尚未发电的时候，需要辅机提前运行，要求 6kV Ⅰ 母线和 6kV Ⅱ 母线有电源供电。这种情况下，合上启备变两侧隔离开关及断路器，由启备变自 110kV 母线向 6kV Ⅰ 母线和 6kV Ⅱ 母线先期供电。发电机的辅机运行后，发电机便可启动，待发电机并网正常发电后，投入厂用变压器，6kV Ⅰ 母线和 6kV Ⅱ 母线上的负荷改由厂用变压器供电，启备变方能转为热备用状态。不难看出，备用变压器既是作为备用电源用，又是作为发电机启动时的供电电源，故称启备变。

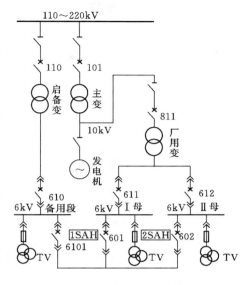

图 2-33 发电厂一次接线简图

备用电源设备自动投入装置应满足下列要求：

（1）工作设备的电压不论何种原因消失时均应动作，但应防止电压互感器熔断器熔断时引起误动作。

（2）备用电源应在工作电源设备受电处确实断开后才投入。

（3）备用电源设备电源侧有电压时才能动作自投。

（4）当备用电源设备投于故障母线时，应使其断路器的保护加速动作跳闸，以防事故扩大。

（5）备用电源设备只能自投一次。

（6）备用电源自动投入为不可逆自投，即只能由备用电源向工作电源设备自投，不能由工作电源设备向备用电源设备自投。

（7）若备用电源设备兼作几段厂用母线的备用电源，当已投入一段母线时，应仍能作为其他厂用段母线的备用电源。

（8）备用电源自动投入装置的动作时限，应能满足负荷中电动机自启动要求，一般整定为 1～1.5s。

备用变压器自动投入装置的原理比较简单，但涉及不同部位设备的回路较多。现以一般发电厂实用的备用电源自动投入装置为例予以说明。备用变压器自动投入装置回路图见图 2-34。

备用变压器自动投入装置由投、退切换开关 1SAH（2SAH）、低电压继电器 KV、1KV、2KV（3KV、4KV）时间继电器 1KT、中间继电器 1KC、1KIA（延时复归）等设备构成。在每一个备自投合闸点都应装设 1 个投、退切换开关。

1. 工作设备跳闸

正常运行时，1SAH（2SAH）在"投入"位置，其触点 1-3、5-7、9-11、13-15 接通。电压继电器 KV 的线圈接于 110kV 母线 TV 二次电压回路。当 110kV 母线电压正常时，KV 动合触点闭合，KVS 在励磁状态。有两个二次回路可使工作电源断路器 611

69

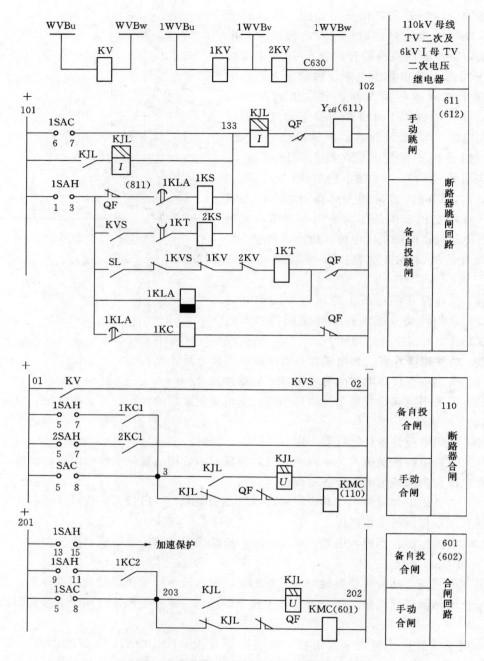

图 2-34 备用变压器自动投入装置回路

跳闸：一是厂用变压器电源侧断路器 811 跳闸，正电源经 1SAH 触点 1-3、QF（811）、信号继电线圈 1KS 至 611 断路器的跳闸线圈 Y_{off}（611）；二是 6kV Ⅰ母线因故失去电压，1～2kV 动断触点闭合起动 1KT，正电源经 KVS 动合触点，1KT 延时触点及 2KS 线圈至 Y_{off}（611）。SL 为 6kV Ⅰ母线 TV 机械联动接点，当 TV 推入正常运行位置时，此接点接通；1KVS 为 6kV Ⅰ 母线 TV 二次保险熔断继电器，当熔断器熔断时，1KVS 励磁动作，其动断触点断开，使 1KT 不能动作，以防 611 断路器误跳闸。

2. 备用变压器自动投入

611 断路器跳闸后，6kV Ⅰ 母线即脱离运行电源设备；同时，在 1KLA 失磁后尚未复归的时间内，611 断路器的联动触点使 1KC 动作。1KC 动作后，动合触点 1KC1 闭合，正电源经 1SAH 触点 5～7 接至 110 断路器辅助合闸线圈 KMC（110）使 110 断路器自动合闸；同时，触点 1KC2 接通，又使正电源经 1SAH 触点 9～11 接至 601 断路器的辅助合闸线圈。KMC（601），601 断路器自动合闸。110、601 断路器合闸后，6kV Ⅰ 母线改由启备变供电。合闸后，如果 6kV Ⅰ 母线存在故障，则正电源经 1SAH 触点 13－15 加速 601 断路器保护动作，保护动作使 601 断路器跳闸后，因 1KLA 已经复归，1KC 不能励磁动作，所以 601 断路器不再合闸。612 断路器另装有一套与 611 断路器相同的备自投装置，自投过程相同。在运行中，若 611、612 断路器同时跳闸，则 110、601、602 断路器均自动合闸，启备变压器自动投向 6kV Ⅰ 母线和 6kV Ⅱ 母线供电。

2.3.5 常规变压器保护装置介绍

PST671U 数字式变压器保护装置可实现全套变压器的电气量保护，各保护功能由软件实现。装置包括多种原理的差动保护，并含有全套后备保护功能模块库，可根据需要灵活配置，功能调整方便。主保护有纵联差动保护、差动速断保护、比率差动保护；后备保护有低电压闭锁过流保护、充电过流保护、零序过流保护。

1. 主变差动保护

差动保护即是主变的主保护之一，是归属于电气量保护，以各侧的电流为参数，用于保护变压器内部、套管及引出线上的各类故障，保护范围为三侧电流互感器之间，差动保护动作后跳开三侧断路器，一般配有专门的差动保护装置。PST－671U 变压器保护比例制动见图 2－35，差动速断动作框图见图 2－36。

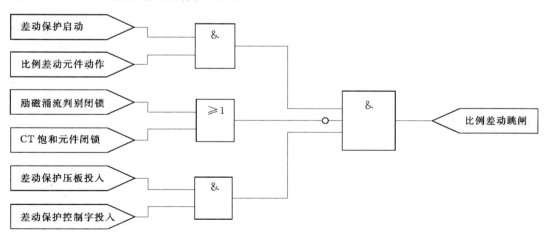

图 2－35　比例制动框图

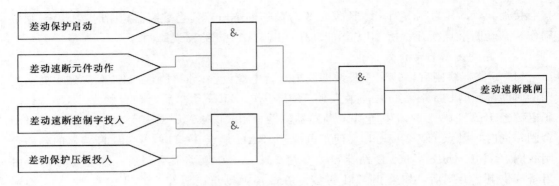

图 2-36　差动速断动作框图

2. 主变后备保护

主变后备保护是当差动保护和重瓦斯保护不动作或者三侧断路器拒动时，用于切除故障的备用保护，对差动保护而言作为近后备保护，对相邻元件保护（下级出线保护）为远后备保护。主要分为高后备、中后备、低后备。其属于电气量保护，实现方式有：零序方向过流（图 2-37），间隙过流（图 2-38）、间隙零序过压保护（图 2-39）等。

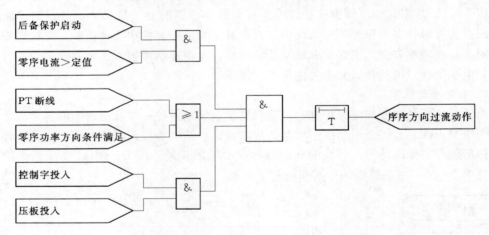

图 2-37　零序方向过流保护动作框图

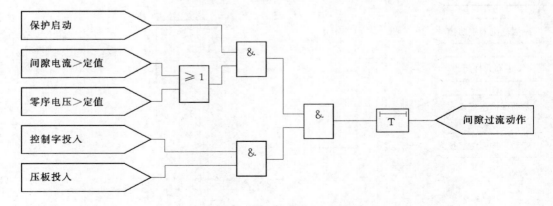

图 2-38　间隙过流保护逻辑框图

72

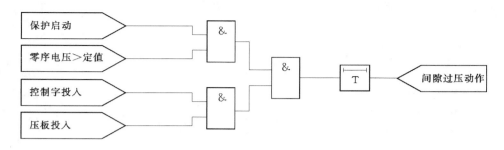

图 2-39　间隙零序过压逻辑框图

（1）高后备保护。高后备保护具体包括复压闭锁方向过流保护、接地零序保护、非接地间隙零序保护，其中主变 110kV 侧中性点接地开关正常情况在运行位置时，投接地零序保护，而不投间隙保护；而未安排中性点接地的变电站，投间隙保护，不投零序保护。另外高后备保护还配置了三个功能即过负荷发信号、启动主变风冷、过载闭锁有载调压。

（2）复压闭锁方向过流保护。复合电压即为低电压和负序电压方向即为指向变压器或是母线，动作框图见图 2-40。

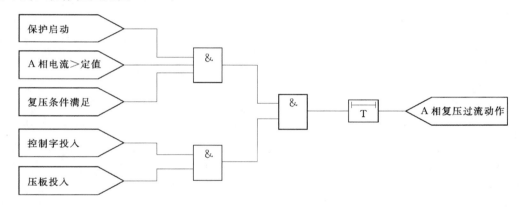

图 2-40　复压闭锁 A 相过流保护动作框图

3. 中、低后备保护

中、低后备保护主要包括复压闭锁方向过流保护，作为主变中、低压侧的近后备保护，作为 35kV、10kV 母线及出线的远后备保护。

4. 主变非电量保护

主变的非电量保护主要有载重瓦斯保护、本体重瓦斯保护、轻瓦斯保护、冷控失电、油温高、油位异常、压力释放等，其中重瓦斯保护跳三侧断路器，其余不跳闸，仅发信。通常非电量保护装置中除了具备以上保护功能外，还包括了三侧断路器的控制回路及110kV 母线电压切换回路功能。

5. PST-671U 菜单栏介绍

PST-671U 系列数字式变压器保护提供统一的人机交互界面，完成定值管理、事件录波管理、输入监视、硬件测试、通信测试和装置设置等功能。采用 640×480 彩色液晶显示器实现多窗口显示界面，输入设备使用触摸屏或鼠标。人机界面使用上拉式菜单选择各种功能，菜单树见图2-41。

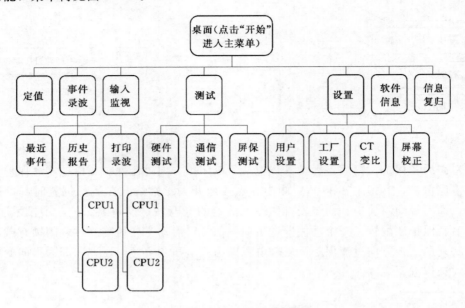

图2-41 PST-671U菜单栏

6. PST-671U系统数据一览表

PST-671U系统数据见表2-4。

表2-4 PST-671U系统数据

代码	符 号	含 义	处理对策
0	EV_POWER_ON	装置上电	若经常出现需检查电源
1	EV_RAM_ERR	RAM错误	维修硬件
2	EV_DOC_ERR	DOC电子盘错误	更换电子盘，重新下载配置
3	EV_FLASH_ERR	内存错误	维修硬件
4	EV_EER_EER	EEPROM错误	维修硬件
5	EV_SECT_ERR	无效定值区	重新固化相应定值区文件
6	EV_SET_ERR	定值校验错误	重新固化运行定值区文件或切换至有效定值区
7	EV_DI_ERR	开入异常	检查相应的DI模件
8	EV_DO_ERR	开出异常	检查影响的DO模件
9	EV_AD_ERR	AD错误	维修硬件
10	EV_AD_POW_LOW	内部电源偏低	维修硬件
11	EV_ZERO_SHIFT	零漂越限	维修硬件
12	EV_SUB_COM_ERR	子模件通信（SPI）异常	更换模件进行定位，维修硬件
13	EV_EXT_COM_ERR	扩展I/O通信（100M以太网）异常	检查光纤接口
14	EV_GPS_ERR	GPS信号异常	检查GPS信号输入
15	EV_HMI_COM_ERR	HMI通信（HDLC）异常	检查主控模件监控模件及目板
16	EV_AD_SYN_ERR	AD同步采样异常	检查扩展机箱AD同步信号

代码	符　号	含　义	处理对策
17	EV_WDG_RST	看门狗复位	若经常出线请联系平台开发人员
18	EV_CFG－ERR	配置错误	检查电子盘文件系统,重新下载相应配置
19	EV_INI_ERR	系统 INI 文件错误	检查电子盘文件系统,删除或 重新配置 edp01.ini 文件

7. PST－671U 录播数据分析

PST－671U 录播数据分析见图 2－42。

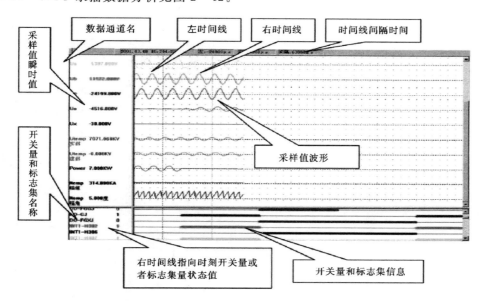

图 2－42　PST－671U 录播数据分析图

波形图方式中，还提供了左时间线（白色）及右时间线（红色）和相应的时间显示，为进一步分析提供了方便，左窗口面板将显示右时间线位置各通道的瞬时值。可以把时间线水平拖动到任意位置（具体拖动方法请参照上面），也可以使用"录波数据"菜单中的"时间定位"选项进行精确的定位，也可以右击右窗口面板使用快捷菜单中的"左时间线"，"右时间线"命令，［或者双击鼠标左键，此时左右时间线同时出现，重叠，颜色为（天蓝色）］将相应时间线放置到鼠标所处的位置。

在鼠标标志集或者开关量的名称缩写上面，程序主窗口的下方的状态栏会有相应的提示信息，显示名称的全称。波形图目前支持键盘操作，"向左""向右"键，控制右时间线的左右移动。"向上""向下"键，控制左时间线的左右移动。

波形图显示模板上有两个按钮"上一录波段""下一录波段"。当录波段数大于 1 的情况下此两按钮有效。"上一录波段"按钮使视窗中显示当前显示的录波段的上一个录波段。"下一录波段"按钮使视窗中显示当前显示的录波段的下一个录波段。

8. PST－671U 主变压器差动保护屏后端子排

屏后端子排示意见图 2－43。

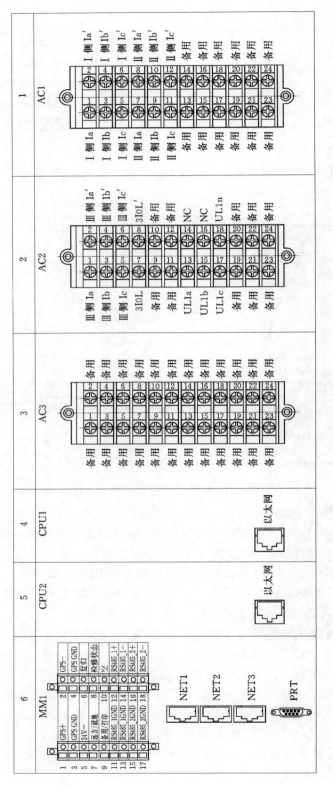

图 2-43 屏后端子排

PST-671U 保护背板端子说明如下：

（1）AC1 模件端子 1～6 为 I 侧 A、B、C 三相保护电流输入（高压侧）。

（2）AC1 模件端子 7～12 为 II 侧 A、B、C 三相保护电流输入。

（3）AC2 模件端子 1～6 为 III 侧 A、B、C 三相保护电流输入。

（4）AC2 模件端子 7～8 为低压侧零序电流输入。

（5）AC2 模件端子 13～16 为低压侧 A、B、C 三相电压输入。端子 16 为三相电压公共端，

（6）MMI 模件端子 1～2 为 GPS 对时输入的正负端，空接点和 RS485 方式可选。

（7）MMI 模件端子 3～4 为 GPS 对时输入的地端。

（8）MMI 模件端子 5 为复归，远方/就地，检修压板，备用/打印的 24V 负端。

（9）MMI 模件端子 6 为复归开入。

（10）MMI 模件端子 7 为远方就地压板开入。

（11）MMI 模件端子 8 为检修压板开入。

（12）MMI 模件端子 9 为备用/打印开入。

（13）MMI 模件端子 12、14 为 RS485 通信端口 1 的正负端。

（14）MMI 模件端子 11、13 为 RS485 通信端口 1 的地端。

（15）MMI 模件端子 16、18 为 RS485 通信端口 2 的正负端。

（16）MMI 模件端子 15、17 为 RS485 通信端口 2 的地端。

9. PST-671 硬件结构图

PST-671 硬件结构图见图 2-44。

2.3.6 PST-1200U 智能站变压器保护装置介绍

PST-1200U 系列变压器保护装置是以差动保护和后备保护为基本配置的成套变压器保护装置，适用于 220kV 电压等级大型电力变压器，是新一代全面支持智能变电站的保护装置。装置支持电子式互感器 IEC 61850-9-2 和常规互感器接入方式，支持 GOOSE 跳闸方式，装置支持电力行业通信标准《远动设备及系统　第 5 部分　传输规约　第 103 篇　继电保护设备信息　接口配套标准》（DL/T 667—1999）（IEC 60870-5-103）和新一代变电站通信标准 IEC 61850。

1. PST-1200U 人机界面结构图

PST-1200U 人机对话框见图 2-45。

2. PST-1200U 硬件结构图

PST-1200U 硬件接口图见图 2-46。

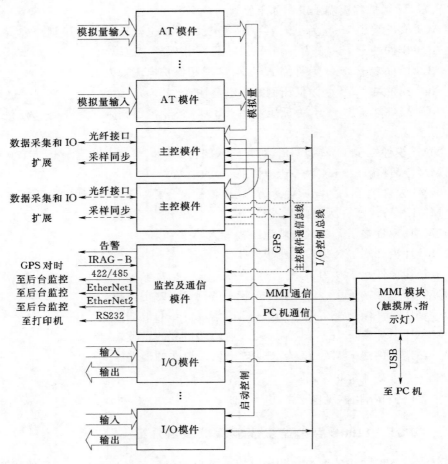

图 2 - 44　硬件结构图

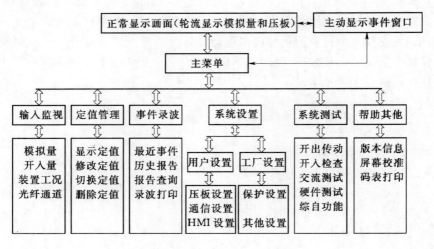

图 2 - 45　PST - 1200U 人机对话框

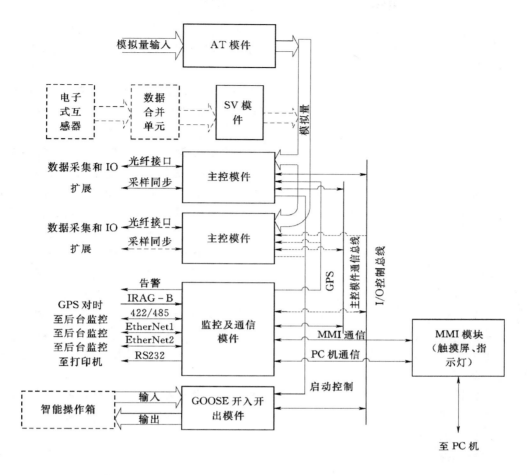

图 2 - 46   PST - 1200U 硬件接口图

2.4   母 线 保 护 二 次 图

2.4.1   母线保护原理

母线保护装置是正确迅速切除母线故障的重要设施,它的拒动和误动都将给电力系统带来严重危害。母线倒闸操作是电力系统最常见也是最典型的操作,因其连接元件多,操作工作量大,对运行人员的综合操作技能也提出了较高的要求。基于一次设备的客观实在性,运行人员对一次设备误操作所带来的危害都有一个直接的较全面的感性认识。但对母线差动保护在倒闸操作过程中进行的一些切换、投退操作则往往认识模糊。

通常讲的差动保护包含了母线差动保护、变压器差动保护、发电机差动保护和线路差动保护。实现差动保护的基本原则是一致的,即各侧或各元件的电流互感器,按差接法接线,正常运行以及保护范围以外故障时,差电流等于零,保护范围内故障时差电流等于故障电流，差动继电器的动作电流按躲开外部故障时产生的最大不平衡电流计算整定。

但也应该十分清楚，母线差动保护与变压器差动保护、发电机差动保护又有很大的不同，即母线的主结线方式会随母线的倒闸操作而改变运行方式，如双母线改为单母线运行，双母线并列运行改为双母线分段并列运行，母线元件（如线路、变压器、发电机等）可以从这一段母线倒换到另一段母线等。母线差动保护的范围会随母线倒闸操作的进行、母线运行方式的改变而变化（扩大或缩小），母线差动保护的对象也可以由于母线元件的倒换操作而改变（增加或减少）。

在进行倒闸操作时须将母线差动保护退出这种认识是错误的，之所以产生这种错误认识，是因一些运行人员曾看到过，甚至在母线倒闸操作时发生过母线差动保护误动，但其根本原因是对母线差动保护缺乏正确理解。母线倒闸操作如严格按照规定进行，即并、解列时的等电位操作，尽量减少操作隔离开关时的电位差，严禁母线电压互感器二次侧反充电，充分考虑母线差动保护非选择性开关的拉、合及低电压闭锁母线差动保护压板的切换等，是不会引起母线差动保护误动的。因此，在倒母线的过程中，母线差动保护的工作原理如不遭到破坏，一般应投入运行。根据历年统计资料看，因误操作引起母线短路事故，几率很高。尽管近几年为防止误操作在变电站、发电厂的一次、二次设备上安装了五防闭锁装置，但一些运行人员违规使用万能钥匙走错间隔、误合、误拉仍时有发生。这就使在母线倒闸操作时，保持母线差动保护投入有着极其重要的现实意义。投入母线差动保护倒母线，可以在万一发生误操作造成母线短路时，由保护装置动作，切除故障，从而避免事故的进一步扩大，防止设备严重损坏、系统失去稳定或发生人身伤亡事故。事实上，并不是母线倒闸操作容易引起母线差动保护误动，而是母线倒闸操作常常会使母线差动保护失去选择性而误切非故障母线。

母线倒闸操作后，是否要将母线差动保护的非选择性开关合入，实际工作中一些运行人员片面地认为，母线倒闸操作会使母线差动保护失去选择性，故在操作完成后，合入母线差动保护的非选择性开关。产生这一认识误区的根源在于工作人员不明白母线差动保护装置中设置这一非选择性开关的目的。母线保护有多种类型，不同类型的母线保护其实现保护的工作原理不一样。某些类型的母线保护由于其工作原理本身存在缺陷，在进行母线倒闸操作时会使装置失去对故障母线的选择性。因此，问题的关键是运行人员要弄清楚：哪种类型的母线保护在母线倒闸操作时会失去对故障母线的选择性以及怎样在适当的时候将装置的非选择性开关合入，在什么时候又该将装置的非选择性开关拉开，抑或是否应使该开关保持合入状态。这里仅就固定连接的母线差动保护和母联电流相位比较原理差动保护以及电流相位比较式母线保护作一简单说明。

（1）固定连接的母线差动保护。这种母线差动保护要求母线上的电源元件，必须按照事先规定好的固定连接方式运行，母线故障时，母线差动保护的动作才有选择性。当母线保护采用此种类型时，进行电源元件的倒换，将使保护失去选择性。因此，倒换前合入母线差动保护非选择性开关，倒完后也不拉开。对负荷元件，则在倒换前合入非选择性开关，倒换后拉开非选择性开关，同时负荷元件的跳闸压板也作相应的切换。

（2）母联电流相位比较原理的母线差动保护。这种保护无固定连接的要求。只要母差保护的跳闸压板位置与元件母线隔离开关所接母线位置相对应即可。因此，倒换操作前将非选择性开关合入，倒换后再拉开，并对母线差动保护跳闸压板及重合闸放电压板，切换到倒换后所对应的母线位置即可。这种保护存在的缺点是 2 组母线分列运行时，母线将失去选择故障母线组的能力。

（3）电流相位比较式母线差动保护。这种保护只反应电流间的相位，具有较高的灵敏度。倒闸过程中，需合入非选择性开关，倒闸后将被操作元件的跳闸压板及重合闸放电压板切换至与所接母线对应的比相出口回路就可以了。

如果片面地认为倒闸操作就使保护失去选择性，并没有适时地合入或拉开保护的非选择性开关，相反地会使母线差动保护不能按设计的工作原理工作，从而真正失去选择性。更具体地讲，倒母线时，母线差动保护的非选择性开关合理的操作顺序是：①双母线改为单母线运行前，先合入非选择性开关，后取母联断路器直流控制回路熔断器；②单母线改为双母线运行后，先投入母联断路器直流控制回路熔断器，后拉母线差动保护非选择性开关。这样，就能保证在任何情况下，由母线差动保护装置动作切除故障。

（4）母联断路器代路时，母线差动保护是否作切换操作。一些运行人员错误地认为母联断路器自然是母差保护的范围，母差保护动作母联断路器也该跳开，母联断路器代路时，由母联断路器送电的备用母线，实际上已是线路的一部分。线路上发生故障理应由线路断路器跳闸切除，而此时母联断路器代路实际上就只能起到线路断路器的作用。但如果此时母差保护不作任何切换，则备用母线故障母线保护也将动作。显然这种代路方式母线保护动作不必要，也不合理。

这时，正确的切换操作是把母联断路器所代线路及其母线划至母线差动保护范围之外。无论哪种原理的母线差动保护，均要操作母联断路器的母线差动保护电流试验盒（或连片），同时使被代线路本身的母线差动保护电流互感器 TA 从运行的母线差动保护电流回路上甩开，短接好。通过以上步骤可保证母联断路器代路时，母线差动保护安全、合理运行。

（5）做相关试验时，母线元件隔离开关拉开后，是否影响母线差动保护的正常工作。运行人员本应该非常清楚，母线差动保护的动作与否取决于加入差动继电器的差电流大小，只要达到了动作值，母线差动保护就会动作切除母线元件。虽然停电母线元件的隔离开关拉开了，但因母线差动保护的所有电流互感器二次回路是并在一起的，即使一次设备已停电，其二次回路也要按运行设备对待，不得将母线差动电流回路随便接地、短路或误引入外接电源。运行人员要特别重视如下环节：

1）运行中的母线差动保护的电流互感器二次电路被短接后，不管这种短接与母线差动保护的总差回路脱离或相连、均已破坏母线差动保护的工作原理，在正常或发生穿越性故障时，均将引起二次差电流的不平衡，并可能产生误动。

2）母线元件设备做一次回路短路试验，如电流互感器 TA 的一次通电试验，工作前应将母线差动保护停用，或将与试验回路有关的母线差动保护的电流互感器 TA 从运行的母线差动保护电流回路上甩开，短接好。

应该指出，母线差动保护在母线倒闸操作过程中的切换、投退要与该母线采用的母线保护的类型，保护的技术特性、母线的结线方式及倒闸前后母线运行方式的变换，甚至要与电网的运行方式具体结合起来。运行人员在进行倒闸操作时，要十分明确：操作是否破坏了固定连接的要求、是否会使保护失去选择性；操作完毕后，母线方式是否改变、母线保护是否具有自适应性等。通过以上程序可确保倒闸操作过程中及其操作完成后母线及其保护的安全合理运行。

2.4.2　微机型母线保护的特点

母线保护是电力系统继电保护的重要组成部分。母线是电力系统的重要设备，在整个输配电中起着非常重要的作用。母线故障是电力系统中非常严重的故障，它直接影响母线上所连接的所有设备的安全可靠运行，导致大面积事故停电或设备的严重损坏，对于整个电力系统的危害极大。随着电力系统技术的不断发展，电网电压等级不断升高，对母线保护的快速性、灵敏性、可靠性、选择性的要求也越来越高。

微机型母线保护与常规母差保护相比，不要求连接于母线上各个支路中电流互感器变比完全一致，也不需要装设中间变流器。而是通过保护软件以各支路最大变化为基准进行折算，使得计算差流时各变比均一致并在保护判据及显示差流时以最大变比为基准。

2.4.3　母差复式比率差动保护原理

BP‐2B 母线保护装置就是按复式比率差动原理构成的母差保护。复式比率差动原理的保护之所以能够提高内部故障时的灵敏度，是因为引入了复合的制动电流 I_r，一方面在外部故障时，I_r 随着短路电流的增大而增大，I_r 远远大于 I_d，能有效地防止差动保护误动；另一方面在内部故障时由于 $I_d \approx I_r$，$|I_d - I_r| \approx 0$ 保护无制动量，即让复合制动电流在理论上为零，使差动保护能不带制动量灵敏动作。这样既有区外故障时保护的高可靠性，又有区内故障时保护的灵敏性。见图 2‐47，动作框图见图 2‐48。

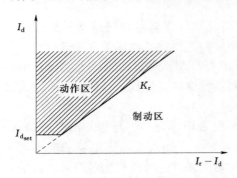

图 2‐47　复式比率差动保护动作区域

2.4.4　断路器失灵保护

断路器失灵保护是指故障电气设备的继电保护动作发出跳闸命令，而断路器拒动时，利用故障设备的保护动作信息与拒动断路器的电流信息构成对断路器失灵的判别，能够以较短的时限切除同一厂站内其他有关的断路器，将停电范围限制在最小，从而保证整个电网的稳定运行，避免造成发电机、变压器等故障设备的严重烧损和电网的崩溃瓦解事故。

针对于母线保护装置来说，断路器失灵分为支路失灵（见图 2‐49）与母线失灵（见图2‐50），图 2‐51 为断路器失灵逻辑框图。

2.4.5　母联（分段）死区保护

当故障发生在母联（分段）开关与母联（分段）流互之间时，母联（分段）开关分段流互仍有电流，母联死区保护经母线差动复合电压闭锁后切除相关母线。

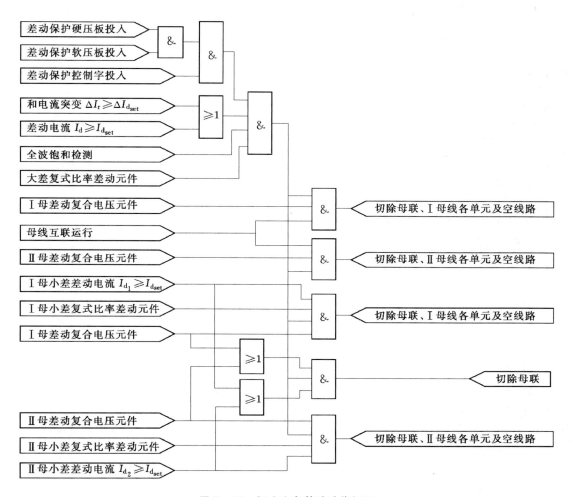

差动保护硬压板投入

差动保护软压板投入

差动保护控制字投入

和电流突变 $\Delta I_r \geqslant \Delta I_{d_{set}}$

差动电流 $I_d \geqslant I_{d_{set}}$

全波饱和检测

大差复式比率差动元件

Ⅰ母差动复合电压元件

母线互联运行

Ⅱ母差动复合电压元件

Ⅰ母小差差动电流 $I_{d_1} \geqslant I_{d_{set}}$

Ⅰ母小差复式比率差动元件

Ⅰ母差动复合电压元件

Ⅱ母差动复合电压元件

Ⅱ母小差复式比率差动元件

Ⅱ母小差差动电流 $I_{d_2} \geqslant I_{d_{set}}$

切除母联、Ⅰ母线各单元及空线路

切除母联、Ⅱ母线各单元及空线路

切除母联、Ⅰ母线各单元及空线路

切除母联

切除母联、Ⅱ母线各单元及空线路

图 2-48 复式比率差动动作框图

83

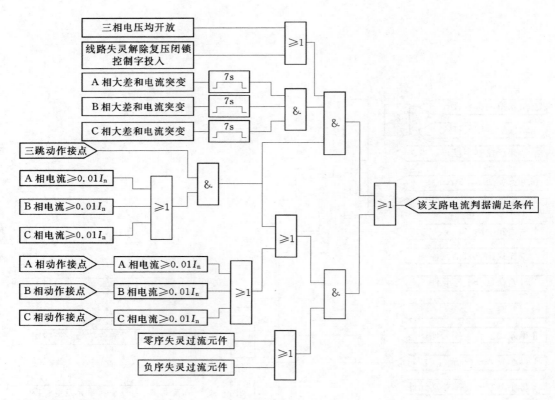

图 2 - 49　支路失灵判据

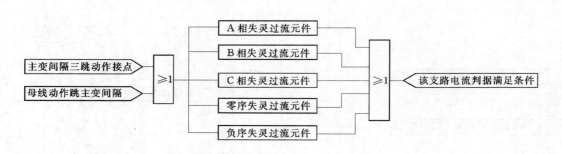

图 2 - 50　母线失灵判据

　　母线并列运行（联络开关合位）发生母联死区故障，母线差动保护动作切除一段母线及母联开装置检测母联开关处于分位后经 150ms 延时确认分裂状态，母联电流不计入小差电流，由差动切除母联死区故障。母线分裂运行时母联（分段）开关与母联（分段）流互之间发生故障，由于母联开关分位已确故障母线差动保护满足动作条件，直接切除故障母线，避免了故障切除范围的扩大。图 2 - 52 为母联死区故障逻辑框图。

2.4.6　常规 BP - 2B 保护装置屏后端子排

　　BP - 2B 保护背后端子排见图 2 - 53。

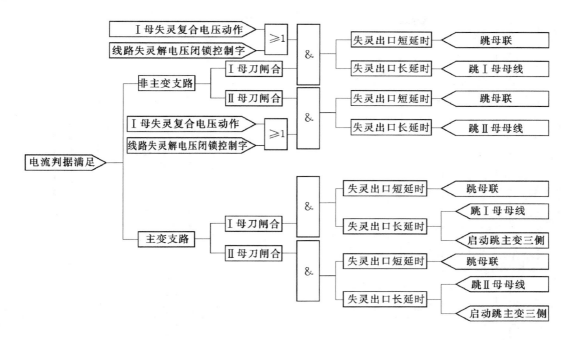

图 2-51　断路器失灵逻辑框图

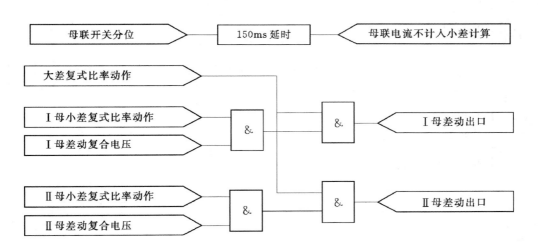

图 2-52　母联死区动作框图

2.4.7　母联（分段）失灵保护

当保护向母联（分段）开关发出跳令后，经整定延时若大差电流元件不返回，母联（分段）流互中仍然有电流，则母联（分段）失灵保护应经母线差动复合电压闭锁后切除相关母线各支路。只有母联（分段）开关作为联络开关时，才启动母联（分段）失灵保护。母联失灵动作逻辑框图见图 2-54。

P1

1	COM1	信号1公共端
2	XJ11	动作1
3	XJ21	闭锁1
4	XJ31	告警1
5	ZZYC1	装置异常1
6	COM2	信号2公共端
7	XJ12	动作2
8	XJ22	闭锁2
9	XJ32	告警2
10	ZZYC2	装置异常2
11	COM3	信号1公共端
12	XJ13	动作3
13	XJ23	闭锁3
14	XJ33	告警3
15		
16		

P2

1	电源＋	重置电源
2	电源－	
3	接地	
4	KI1	
5	KI2	
6	KI3	
7	KI4	备用开入重导
8	KI5	
9	KI6	
10	KI7	
11	KI8	
12		
13		
14		
15		
16	-KM	

P3

1	CJ1+
2	CJ1-
3	CJ2+
4	CJ2-
5	CJ3+
6	CJ3-
7	CJ4+
8	CJ4-
9	CJ5+
10	CJ5-
11	CJ6+
12	CJ6-
13	CJ7+
14	CJ7-
15	CJ8+
16	CJ8-

P4

1	KI9
2	KI10
3	KI11
4	KI12
5	KI13
6	KI14
7	KI15
8	KI16
9	KI17
10	KI18
11	KI19
12	KI20
13	KI21
14	KI22
15	KI23
16	COM

P5 T R T R

P6 T R T R

P7 / P8

	P8	P7
1	AIn1+	AIn1-
2	AIn2+	AIn2-
3	AIn3+	AIn3-
4	AIn4+	AIn4-
5	AIn5+	AIn5-
6	AIn6+	AIn6-
7	AIn7+	AIn7-
8	AIn8+	AIn8-
9	AIn9+	AIn9-
10	AIn10+	AIn10-
11	AIn11+	AIn11-
12	AIn12+	AIn12-

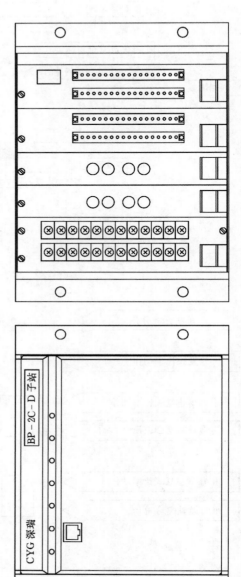

图2-53 BP-2B保护背后端子排

BP-2C-D子站

CYG深瑞

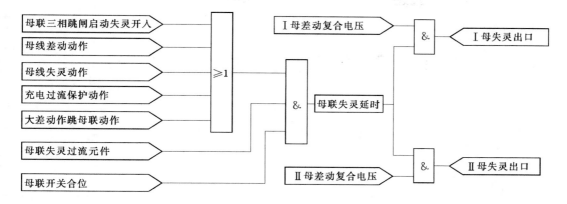

图 2-54 母联失灵动作逻辑框图

第3章　智能变电站主要二次设备

3.1　保护、测控装置

3.1.1　概述

　　智能变电站分为系统层和设备层。系统层实现数字化变电站站控层的功能；设备层主要由高压设备、智能组件和智能设备构成，实现数字化变电站过程层和间隔层的功能。智能组件是智能变电站一次、二次设备融合的产物。保护测控装置作为智能组件的一部分面向间隔层。智能设备采用 IEC 61850 标准建立对象模型；在进行装置程序设计时，可以利用 IEC 61850 模块化思想和面向对象技术，采用 PLC 可编程组态技术生成装置程序；网络通信的可靠性通过选择高可靠性的网络拓扑及冗余技术来保证。论述了装置建模、功能块（FB）和逻辑节点（LN）的设计、网络结构和关键技术、配置工具和配置过程、虚端子、装置的测试等技术。

　　跳闸分为单跳，三跳和永跳。永跳是在单跳重合闸失败后或相间故障时所产生的跳闸，主要存在 220kV 以上等级的线路。因为 220kV 以下等级的线路都是三相重合闸。对于 35kV 及以下线路（包括东北 66kV），均为三跳三合（如果有重合闸）110kV 线路比较特殊，可选择三跳三合（不存在单跳单合），也可选择单跳单合、三跳三合并存的保护的。220kV 及以上等级的线路允许两相短时间运行，出现单相故障后跳单相、合单相的保护。因为 90% 左右的故障都是单相瞬时性的，因此此类保护很实用。

　　有关永跳有如下两个要点：

　　（1）220kV 及以上等级的线路保护不只有一端有保护，它是纵联保护。

　　（2）重合闸一次充电，可以实现单跳合一次单相，随后三跳再合一次三相简单例如 A 单相故障，跳 A，合 A，转为相间永久故障，三跳，三合，永跳（时间配合很重要）。有几种情况直接永跳，即重合闸压板不投、重合闸没有充满电、母差跳闸、相间永跳选项打钩等。

　　断路器偷跳是指断路器在没有操作、没有继电保护及安全自动装置动作的情况下的跳闸。由于机械的无故动作，或者二次控制回路由于寿命过久，或者其他电子干扰等种种原因，导致非人为控制或者非故障的跳闸，而使运行中的处于合位的断路器跳开，切断正常运行的线路，导致线路停电，造成经济损失。

　　断路器偷跳，是设备自身存在的缺陷，当产生偷跳行为后，线路继电保护装置应能正确判断非故障跳闸或人为手动跳闸，并迅速的启动断路器重合闸，使线路立即恢复供电，减少经济损失。

　　110kV 及以下的微机保护装置一般采用三跳的方式，即某相故障将线路的三相都算跳掉。220kV 及以上微机保护装置不能采用三跳的方式需配测根据三相基本操作。

3.1.2 保护、测控装置的区别

ECVT 不能直接与保护测控通信，而需要通过合并单元将 ECVT 的信息合并同步后才可与保护测控通信。

合并单元与间隔层装置之间连接通过接口插件 1136（早期采用 1126）来完成，早期全部通过交换机来完成，后期随着国网保护采样采用点对点（直采），测控录波等采用组网的提出，所以 SMV 通信出现组网与点对点共存的局面（南网对此尚无要求，因此 SMV 在南网依然有采用组网的方式）。

保护测控直接采用数字采样，因此 AD 转换不在保护完成，如为 ECVT 方式，AD 转换在远方采集模块完成；保护测控如为常规采样方式，AD 转换在常规合并单元完成。

3.2 电子式互感器 EVCT

3.2.1 概述

随着计算机技术和电力设备二次系统测量、保护装置的数字化发展，电力系统对测量、保护、控制和数据传输智能化、自动化及电网安全、可靠和高质量运行的要求越来越高，具有测量、保护、监控、传输等组合功能的智能化、小型化、模块化、机电一体化电力设备，对电网安全、可靠和高质量运行具有重要意义。这已成为国内外著名电力设备生产企业进行产品研发的主流。

传统的电磁式电流电压互感器难以直接完成计算机技术对电流、电压完整信息进行数字化处理的要求，难以实现电网对电量参数变化的在线监测。阻碍了电力系统自动化向更高水平发展，因此寻求一种能与数字化网络配套使用的新型电流电压互感器成为电网安全高效运行的迫切需要。

电子式电流电压互感器，二次输出为小电压信号，无需二次转换，可方便地与数字式仪表、微机保护控制设备接口，实现计量、控制、测量、保护和数据传输的功能，且消除了传统电磁式电流互感器二次开路、电压互感器二次短路给电力系统设备和人身安全带来的故障隐患。

作为传统电磁式互感器理想的换代产品，电子式互感器可广泛用于中压领域电力监测、控制、计量、保护系统、工矿企业、高层建筑、配、变电等场所，能有效降低变电站（配电所）的建设成本和运行维护成本，提高电网运行质量、安全可靠性和自动化水平，因其几乎不消耗能量、无铁芯（或仅含小铁芯），且减少了许多有害物质的使用而使其成为节能和环保产品。电子式电流、电压互感器在发达国家已被广泛采用，国内也有越来越多的产品投入使用。

3.2.2 电子式互感器分类

1. 按原理分类

（1）有源电子式互感器。有源电子式互感器利用电磁感应等原理感应被测信号，

对于电流互感器采用 Rogowski 线圈，对于电压互感器采用电阻、电容或电感分压等方式。有源电子式互感器的高压平台传感头部分，具有需电源供电的电子电路，在一次平台上完成模拟量的数值采样（即远端模块），利用光纤传输将数字信号传送到二次的保护、测控和计量系统。有源电子式互感器又可分为封闭式气体绝缘组合电器（GIS）式和独立式 GIS 式。电子式互感器一般为电流、电压组合式，其采集模块安装在 GIS 的接地外壳上，由于绝缘由 GIS 解决，远端采集模块在低电位上，可直接采用变电站220V/110V 直流电源供电。独立式电子式互感器的采集单元安装在绝缘瓷柱上，根据绝缘要求，采集单元的供电电源可采用激光、小电流互感器、分压器、光电池供电等多种方式。实际工程应用一般采取激光供电或激光与小电流互感器协同配合供电，即线路有流时，由小电流互感器供电，无流时由激光供电。对于独立式电子式互感器为了降低成本、减少占地面积一般采用组合式，即将电流互感器、电压互感器安装在同一个复合绝缘子上。远端模块同时采集电流、电压信号，可合用电源供电回路。有源电子式互感器见图 3－1、图 3－2。

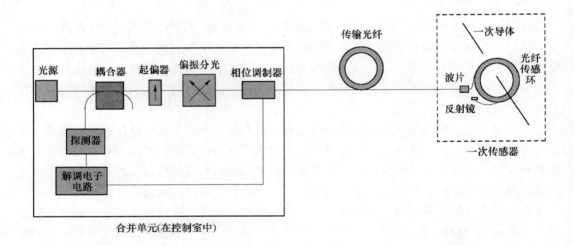

图 3－1　有源电子式互感器（一）

（2）无源电子式互感器。无源电子式互感器又称为光学互感器。无源电子式电流互感器利用法拉第（Faraday）磁光效应感应。被测信号传感头部分分为块状玻璃和全光纤 2种方式。无源电子式电压互感器利用 Pockels 电光效应或基于逆压电效应感应被测信号，现在研究的光学电压互感器大多是基于 Pockels 电光效应。无源电子式互感器传感头部分不需要复杂的供电装置，整个系统的线性度比较好。无源电子式互感器利用光纤传输，一次电流、电压的传感信号至主控室或保护小室进行调制和解调，输出数字信号至 MU 供保护、测控、计量使用。无源电子式互感器的传感头部分是较复杂的光学系统容易受到多种环境因素的影响例如温度、震动等，影响其实用化的进程。无源电子式互感器见图 3－3、图 3－4。

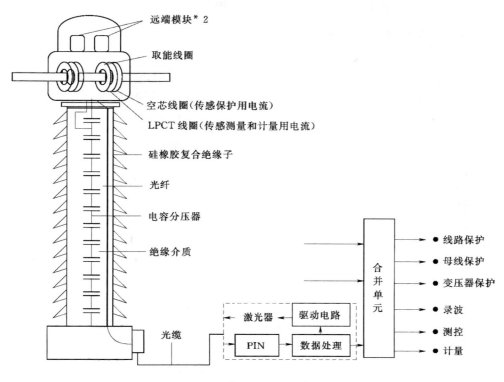

图 3-2　有源电子式互感器（二）

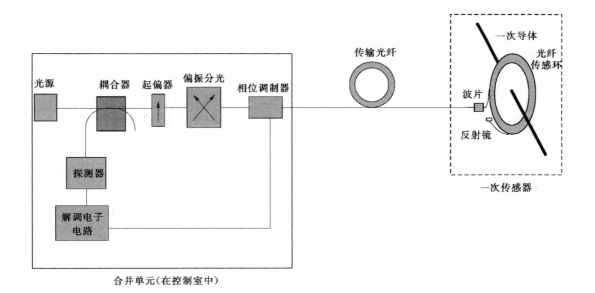

图 3-3　无源电子式互感器（一）

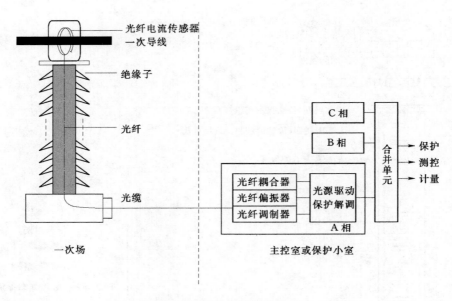

图 3-4 无源电子式互感器 (二)

(3) 详细分类。电子互感器分类表见表 3-1。

表 3-1 电子互感器分类表

分 类			原 理		备 注
电子式互感器	有源式	电流互感器 (ECT)	法拉利电磁感应	罗氏 (Rogowski) 线圈	线性度好，无饱和现象，传感保护用电流 (5TPE)
				低功率线圈 (LPCT)	精度高 (0.5 级)，传感测量、计量用电流
		电压互感器 EVT	电容分压/电阻分压/电感分压		0.2/3P 精度
	无源式	电流互感器 OCT	Faraday 旋光效应 Sagnac 效应	全光纤式 FOCT	(1) 全光纤结构简单，抗震能力强。 (2) 光纤熔接连接可靠，长期稳定性好。 (3) 工艺成熟，一致性好
				磁光玻璃式	(1) 分立元件结构复杂抗振能力强。 (2) 光学胶粘连，长期稳定性差。 (3) 分立元件加工困难，一致性难保证
		电压互感器 OVT	Pockels 电光效应型		目前已有样品，尚未推广应用
			逆压电效应型		

(4) 有源式互感器与无源式互感器的比较。有源电子式互感器的关键技术在于电源供电技术、远端电子模块的可靠性、采集单元的可维护性。基于传统互感器的运行经验可不考虑 Rogowski 线圈和分压器 (电阻、电容或电感) 故障的维护。GIS 式电子式互感器直接接入变电站直流电源，不需要额外供电，采集单元安装在与大地紧密相连的接地壳上。

这种方式抗干扰能力强、更换维护方便，采集单元异常处理不需要一次系统停电。而对于独立式电子式互感器，在高压平台上的电源及远端模块长期工作在高低温频繁交替的恶劣环境中，其使用寿命远不如安装在主控室或保护小室的保护测控装置，还需要积累实际工程经验；另外，当电源或远端模块发生异常，需要维护或更换时需要一次系统停电处理。无源式电子式互感器的关键技术在于光学传感材料的稳定性、传感头的组装技术、微弱信号调制解调、温度对精度的影响、震动对精度的影响、长期运行的稳定性。无源电子式互感器的电子电路部分均安装在主控室或保护小室，运行条件优越，更换维护方便。有源或无源电子式互感器的应用，均大大降低了占地面积，减少了传统互感器的二次电缆连线，是互感器的发展方向。无源电子式互感器可靠性高、维护方便，是独立安装的互感器的理想解决方案。

2. 按结构分类

电子式互感器按结构分为：GIS 互感器、独立式互感器、浇铸式互感器（中低压互感器）、直流互感器。

3. 小结

国家电网公司在从开始推行电子式互感器一段时间后发现：电子式互感器在现场运行可能会存在不稳定的情况。2011 年，国网发布的《国家电网公司 2011 年新建变电站设计补充规定》（〔2011〕58 号）中，虽然没有明确说明不让使用电子式互感器，但是由于电子式互感器的一切不确定因素，导致了 2012 年开始国网几乎所有变电站都采用常规互感器，然后在合并单元上面完成 A/D 转换。

但是从 2013 年年底国网新一代智能站开始试点，从新一代智能站特点上可知电子式互感器被采用了，所以智能站推行电子式互感器将成为一种趋势。

3.2.3 电子式互感器与常规互感器比较

（1）共同点。

1）功能相同：实时无畸变地准确传变一次电流及一次电压。

2）基本技术要求相同。

3）电流准确度 0.2S/5P20（TPY）。

4）电压准确度 0.2/3P。

5）绝缘水平。

6）动热稳定电流。

（2）不同点。

1）实现方式不同。

2）数据输出不同。

3）常规互感器：模拟量 1A/5A、100V/57.7V。

4）电子式互感器：数字量。

ECT：测量 2D41H（十进制数值为 11585）。保护 01CFH（十进制数值为 463）。

EVT：测量/保护 2D41H。

5）负载功率、电磁兼容、温度特性等。

（3）优点。与传统电磁式互感器相比，电子式电流电压互感器具有以下优点：

1）集测量和保护于一身，能快速、完整、准确地将一次信息传送给计算机进行数据处理或与数字化仪表等测量、保护装置相连接，实现计量、测量、保护、控制、状态监测。

2）不含铁芯（或含小铁芯），不会饱和，电流互感器二次开路时不会产生高电压，电压互感器二次短路时不会产生大电流，也不会产生铁磁谐振，保证了人身及设备的安全。

3）二次输出为小电流、小电压信号，可方便地与数字式仪表、微机测控保护设备接口，无需进行二次转换（将 5A、1A 或 100V、57.7V 转换为小电压），简化了系统结构，减少了误差源，提高了整个系统的稳定性和准确度。

4）频响范围宽、测量范围大、线性度好，在有效量程内，电流互感器准确级达到 0.2S/5P 级，仅需 2～3 个规格就可以覆盖电流互感器 20～5000A 的全部量程，电压互感器测量准确级可达到 0.2/3P 级。

5）电压互感器可同时作为带电显示装置实现一次电压数字化在线监测，并可作为支持绝缘子使用。

6）体积小、重量轻，能有效地节省空间，功耗极小，节电效果十分显著，且具有环保产品的特征。

7）安装使用简单方便，运行无需维护，使用寿命大于 30 年。

3.3 合 并 单 元

3.3.1 概述

合并单元（Merging Unit，简称 MU）是针对电子式互感器，为智能电子设备提供一组时间同步（相关）的电流和电压采样值，在《互感器 第 8 部分 电子式电流互感器》（GB/T 20840.8—2007）中首次定义。其主要功能是通过一台合并单元（MU）汇集，或合并多个电子式互感器的数据，获取电力系统电流和电压瞬时值，并以确定的数据品质传输到电力系统电气测量和继电保护设备。其每个数据通道可以承载一台或多台的电子式电流互感器或电子式电压互感器的采样值数据。

较为常见的是组合来自一个设备间隔（一套包括互感器在内的三相开关设备的总称）的各电流和电压，按《变电站通信网络和系统 第 9.2 部分：特定通信服务映射（SC-SM）映射到 ISO - IEC 8802 - 3 的采样值》（DL/T 860.92—2006）标准规定的规则进行传输。

在另外一些情况下，合并单元除了组合各电流和电压外，还可能同时组合了相应的开关设备状态量和控制量。

在多相或组合单元时，多个数据通道可以通过一个实体接口从电子式互感器的二次转换器传输到合并单元。二次转换器也可从电磁式电压互感器或电流互感器获取信号，并可汇集到合并单元。

针对电子互感器，较为典型的合并单元及其系统架构见图 3-5，但并不局限于此。

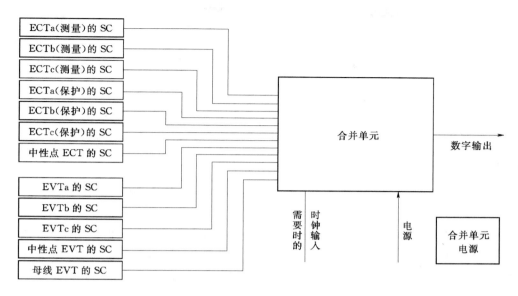

图 3-5 合并单元及其系统构架图

3.3.2 合并单元的分类

从特性上分母线合并单元和间隔合并单元，从接收形态来说分为数字量合并单元、模拟量合并单元以及混合输入合并单元。

母线合并单元用于母线间隔，母线间隔接受所有母线电压信号，同时根据合并单元上的开入开出板上采集的母联和屏柜上把手的位置，完成电压并列的逻辑，将得到的电压值除了上送给保护测控装置外，还要发送给线路合并单元。

间隔合并单元用于线路间隔、主变间隔和母联间隔。线路间隔合并单元接受线路上的三相保护电流、三相测量电流，同时接受母线合并单元过来的母线电压，根据合并单元上的开入开出板上采集的隔离刀闸位置，根据母线合并单元过来的电压完成电压切换的逻辑，上送 A 相母线电压作为检同期用。

（1）数字量输入的合并单元。图 3-6 中，合并单元是电子式电流、电压互感器的接口装置。直接从 ECT/EVT 接收过来的数字量信号，进行合并打时标再输出标准规范的（9-1/9-2/FT3）给保护测控等装置。

图 3-6 数字量输入的合并单元

（2）模拟量输入的合并单元。由于电子式互感器的不可靠，导致之后很多智能站为常规互感器直接把标准的二次额定电流 1A/5A 跟二次额定电压 57.7V 通过电缆的形式直接给合并单元，进入合并单元后先进行 A/D 转换再进行合并后打时标再输出标准的（9-1/9-2/FT3）给保护测控等装置。模拟量输入的合并单元见图 3-7。

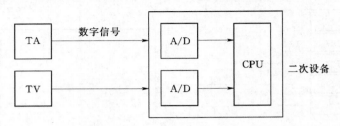

图 3-7　模拟量输入的合并单元

（3）混合输入的合并单元。对于智能变电站采用常规互感器的级联合并单元，母线合并单元接收母线过来的电压信号进行合并输出（数字量）给保护外同时还要给各个间隔合并单元。同时间隔合并单元要接收各个间隔的三相保护、测量电流（模拟量）同时要接收母线过来的电压信号（数字量）进行合并输出。

3.3.3　合并单元数据输出接口标准

（1）IEC 60044-8 传输标准。其传输速度为 2.5Mb/s，采用曼彻斯特编码串行点对点光纤传输。其优点是收发实时性高，传输时延固定，从而使得实现差动保护时，各侧同步可以完全不依赖于外部时钟源，缺点是光纤链路较复杂。

（2）IEC 61850-9-2 网络传输方式。优点是数据共享方便，易于实现互操作，缺点是网络数据流量大，且网络收发机制导致实时性受限，传输延时不确定，无法准确采用再采样技术，故数据同步须依赖于外部时钟源，不利于母差、变压器等保护的数据处理。

（3）IEC 61850-9-2 点对点传输方式。继承了 IEC 60044-8 标准的数据等间隔发送和固定传输时延等优点，利于差动保护实现且不依赖于外部时钟源。

3.3.4　合并单元数据同步

常规互感器同步的实现见图 3-8，电子式互感器同步的实现见图 3-9。

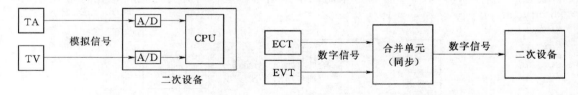

图 3-8　常规互感器同步的实现　　　　图 3-9　电子式互感器同步的实现

1. 同步方法

（1）IEC 60044-8。基于采样值传输延时是确定的，采用插值同步法。

（2）IEC 61850-9-1/2。基于以太网的采样值传输延时无法确定，只能采用同步时钟法；（同步时钟不等于对时时钟，可以不依赖于 GPS）。

2. 同步采样

（1）同步采样带来的问题。

1）常规互感器与电子式互感器会并存，如电压、电流之间，变压器不同的电压等级之间的三相电流、电压采样必须同步。

2）变压器差动保护从不同电压等级的多个间隔获取数据存在同步问题。

3）母线差动保护从多个间隔获取数据存在同步问题。

4）线路纵差保护线路两端数据采样存在同步问题。

（2）解决同步的两种方案

1）基于 GPS 秒脉冲同步的同步采样特点：同步方法简单，秒脉冲丢失时存在危险。

2）二次设备通过再采样技术（插值算法）实现同步的特点：采样率要求高，硬件软件要求高，不依赖于 GPS 和秒脉冲传输系统。

（3）各个采样值标准的比较。

1）IEC 60044 - 8。①优点：不依赖于外部同步时钟，用数据同步处理，可靠性高。②缺点：物理接口为专用接口；数据点对点传输，接线较复杂。

2）IEC 61850 - 9 - 1/2。①优点：物理接口为标准以太网接口；可以组网传输，利于数据共享。②缺点：传输延时不确定，无法记录数据到达时间，从而无法采用再采样技术；依赖外部时钟，时钟丢失时影响二次设备功能；间隔数多的大型变电站，数据会超出网络的传输能力。

3.4 智 能 终 端

3.4.1 概述

智能终端作为过程层中的重要设备，实现了对断路器间隔的完全控制（断路器间隔包括断路器、接地隔离开关和隔离开关）。由于 IEC 61850 - 8 - 1 标准中的 GOOSE 也是通过组网方式来进行传输，不可避免地对交换机也产生了较大的依赖，虽然可以通过双网的模式降低交换机带来的风险程度，但不能从根本上解决问题。在《智能变电站继电保护技术规范》（Q/GDW 441—2010）中，同样对 GOOSE 提出了点对点的运行模式，明确指出继电保护设备与本间隔智能终端之间通信应采用 GOOSE 点对点通信方式；继电保护之间的闭锁信息、失灵启动等信息宜采用 GOOSE 网络传输方式。点对点的 GOOSE 应用模式同样也解决了可靠性和数据共享两方面的问题。

智能终端的 GOOSE 应用较传统操作箱在安全性方面有了较大幅度提高。一方面，由于采用光纤进行信号传输，所以抗电磁干扰性能有较大提升；另一方面，由于采用了数字信号通信的逻辑连接方式，可以实现在线物理连线断链检测，以及在线智能告警。

随着数字化变电站的推广和建设，虽然智能终端的技术也日趋成熟，但对于二次设备生产厂家而言，仍有一些问题需要解决。如智能终端的就地安装运行环境问题，虽然终端设备安装在智能控制柜中，但户外温度、湿度和沙尘等环境因素都会给设备运行带来考验，目前已有智能终端在户外运行近 2 年的经验，但还有待长期考验。再如遥信和遥控数量扩、删问题。对于不同电压等级的间隔对遥信和遥控的数量有着不同的需求。如果智能终端支持可模块化扩充和删减，则无论从经济性和安全性方面都会带来较大的好处。

3.4.2 智能终端存在方式

目前，智能终端主要有两种存在方式：与 GIS 开关相结合的智能汇控柜，智能操作箱。

1. 智能汇控柜

开发了保护控制一体化开关柜、通过对原 GIS 开关的汇控柜做智能化改造，把保护、测控和 GIS 控制功能整合在一起，构成智能开关功能。其功能主要有：智能开关等设备的过渡产品；GOOSE 接口；完成断路器、隔离开关、接地开关等位置信息的采集；完成断路器、隔离开关、接地开关等的分合控制；采集主变挡位、温度等信息；采集在线监测的信息；断路器操作回路。

智能汇控柜图见图 3-10。

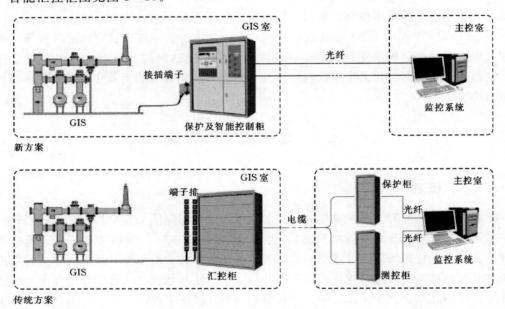

图 3-10 智能汇控柜图

智能汇控柜的优势如下：

（1）节约了电缆等设备投资以及相应的施工投资。数字化变电站建设的一个主要现实目标是为了减少变电站内控制电缆的数量，一方面由于原材料的涨价，电缆成本越来越高；另一方面，光缆电磁兼容性能远好于电缆，能显著提高变电站内信号传输的可靠性。同时，变模拟信号为数字信号能大大增加传输的带宽和信息量。

（2）节约了保护小室及主控室等的占地面积和投资。应用智能化 GIS 控制柜使得保护控制下放成为可能，从而能够显著减少保护小室和主控室的占地面积，这对一些需要尽量减少变电站土地的城市变电站和地下变电站来说有明显的效益。

（3）GIS 智能控制柜优化了二次回路和结构。原来由于一次和二次的专业细分，使得原传统汇控柜内的许多功能与保护控制二次中的功能相重复，如防跳、压力闭锁、三相不一致等。基于一次、二次整合的 GIS 智能控制柜能够有效地取消和简化冗余回路，提高了整个二次回路的可靠性。

（4）智能控制装置提高了系统的交互性。引入智能控制装置以后，友好的中文液晶人机界面以及丰富的自检和就地操作报告功能，使得运行维护人员无论在就地还是远方都能及时了解 GIS 的运行情况。

（5）联调在出厂前完成，现场调试工作量减少。传统方案中，一次设备和二次设备的电缆连接和调试只能到现场后完成，调试周期比较长，新方案中一次、二次设备联调在厂内完成，到现场后调试工作量极小，能够显著地缩短投运周期。

（6）一次、二次联合设计，减轻了设计院的负担。原来一次和二次设备分别由双方厂家分别出图，中间的电缆连接由设计院完成，应用一次、二次结合的新方案后，由两个厂家联合出图并对图纸的正确性负责。

（7）基于通信和组态软件的联锁功能比传统硬接点联锁方便。智能控制装置能够采集到间隔内所有刀闸位置，且间隔间也有光缆连接，所以可以方便地实现基于软件和通信的联锁，能显著减少机构辅助接点数量，提高系统的可靠性。

（8）缩小了与互感器的电气距离，减轻了互感器的负载。新方案下互感器与保护控制设备的电气距离大大缩短，使得互感器的容量选择更为容易，也为小功率互感器（LPCT）的应用创造了条件。

2. 智能操作箱

智能操作箱的优势如下：

（1）节约了电缆以及一次设备的投资以及相应的施工投资；原有常规的一次设备通过与就地安装智能终端之间很短的电缆连接升级成智能化一次设备，减少了一次设备的智能化改造费用。

（2）节约了保护小室及主控室等的占地面积和投资；就地化安装，从而能够显著减少保护小室和主控室的占地面积。

智能操作箱见图 3-11。

3.4.3 智能开关

1. 智能开关设备

智能开关设备的定义在 IEC 62063：1999 为具有较高性能的开关设备和控制设备，配有电子设备、传感器和执行器，不仅具有开关设备的基本功能，还具有附加功能，尤其在监测和诊断方面。其主要功能如下：

（1）在线监测功能：电、磁、温度、开关机械、机构动作。

（2）智能控制功能：最佳开断、定相位合闸、定相位分闸、顺序控制。

（3）数字化的接口：位置信息、其他状态信息、分合闸命令。

（4）电子操动：变机械储能为电容储能、变机械传动为变频器通过电机直接驱动、机械运动部件减少到一个，可靠性提高。

图 3-11　智能操作箱

智能设备技术的特征见图 3-12。

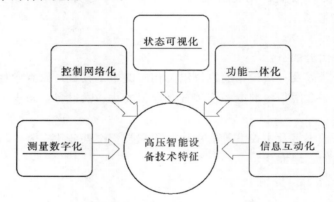

图 3-12　智能设备技术的特征

2. 智能化开关的概念

智能化开关是配有电子设备、数字通信接口、传感器和执行器，不但具有分合闸基本功能，而且在监测和诊断方面具有附加功能的开关设备。开关设备（包括断路器和隔离开关）的智能化是过程层数字化的重要组成部分。

智能化开关在线监测功能主要监测：断路器灭弧室的局放和介损；机构动作特性，断路器触头和隔离开关的行程、速度；控制回路断线；弹簧储能时间；开关工作时间、开关动作次数、切断电流；开关柜内温度、触头接触部位的温度；分合闸线圈的电流、电压。

在线监测的主要目的是状态检修。实施在线监测必须考虑可靠性、稳定性和经济性。

3.4.4 智能变电站智能保护配置

1. 继电保护

智能变电站继电保护要求具有可靠性、选择性、灵敏性、速动性等，主要采取如下原则：

(1) 直采直跳原则。

(2) 220kV 及以上电压等级双重化原则：相互独立、一一对应。

(3) 非电量就地电缆直接跳闸。

(4) 接入不同网络的数据接口独立原则。

(5) 简化压板设置原则。

(6) 优化集成及取消功能重复元件原则。

(7) 一体化设计原则。

2. 继电保护实施方案

(1) 3/2 接线型式变压器保护单套技术实施方案见图 3-13。

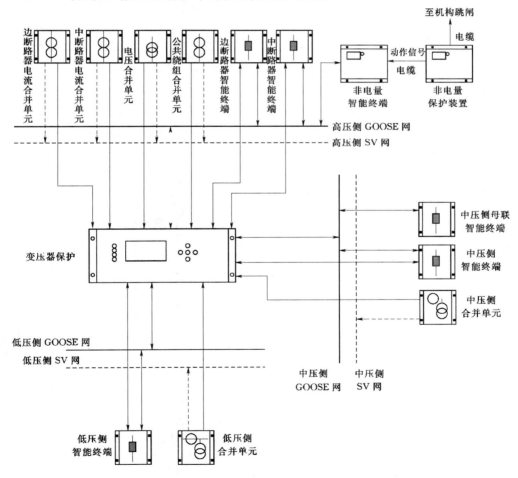

图 3-13 3/2 接线型式变压器保护单套技术实施方案

（2）3/2 接线型式线路保护单套技术实施方案见图 3-14。

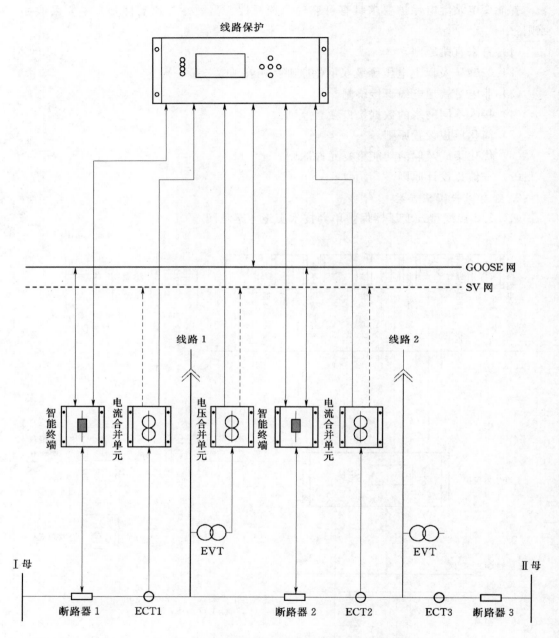

图 3-14 3/2 接线型式线路保护单套技术实施方案

（3）3/2 接线型式中断路器保护单套技术实施方案见图 3-15。

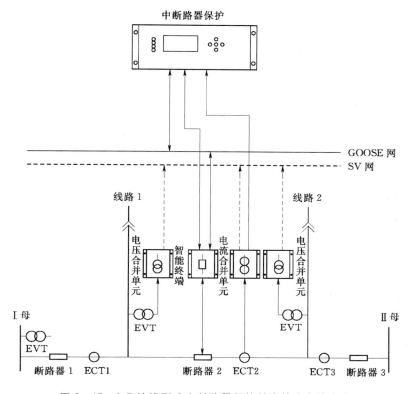

图 3-15 3/2 接线型式中断路器保护单套技术实施方案

3.5 交　换　机

3.5.1　概述

关于 VLAN（Virtual Local Area Network，虚拟局域网）的配置是对连接到交换机端口的网络用户的逻辑分段，不受网络用户的物理位置限制而根据用户需求进行网络分段。一个 VLAN 可以在一个交换机或者跨交换机实现。VLAN 可以根据网络用户的位置、作用、部门或者根据网络用户所使用的应用程序和协议来进行分组。基于交换机的虚拟局域网能够为局域网解决冲突域、广播域、带宽问题。

VLAN 相当于 OSI 参考模型的第二层的广播域，能够将广播风暴控制在一个 VLAN 内部，划分 VLAN 后，由于广播域的缩小，网络中广播包消耗带宽所占的比例大大降低，网络的性能得到显著的提高。不同的 VLAN 之间的数据传输是通过第三层（网络层）的路由来实现的，因此使用 VLAN 技术，结合数据链路层和网络层的交换设备可搭建安全可靠的网络。网络管理员通过控制交换机的每一个端口来控制网络用户对网络资源的访问，同时 VLAN 和第三层、第四层的交换结合使用能够为网络提供较好的安全措施。

另外，VLAN 具有灵活性和可扩张性等特点，方便于网络维护和管理，这两个特点正是现代局域网设计必须实现的两个基本目标，在局域网中有效利用虚拟局域网技术能够提高网络运行效率。

3.5.2 VLAN 在智能变电站 SV 网和 GOOSE 网的应用

智能变电站的 SV 网和 GOOSE 网为了数据隔离和流量控制，采用 VLAN 来管理交换机，首先要求设计者必须熟悉变电站的网络结构，如哪些装置单网，哪些装置双网，哪些装置点对点；熟悉全站过程层交换机的 IED 设备；对全站的设备有全局的思考和远景的设计，掌握本站采用的交换机划分方法及相关 VLAN 报文进出规则。

VLAN 设计时，SV 9-2 组网模式下，以进交换机的每个合并单元 MU 考虑打开 PVID 功能，接受端允许相应的 VID 通过即可对流量有很好的控制；GOOSE 组网模式一般要求按间隔划分，别的间隔只能收到母差跳闸这样的公共信号，不收其他间隔信号，当然特别情况如相邻线闭锁除外。双网设计时 A 网对应的 PVID 和 VID 小于 B 网。

全站 VLAN 设计完成后，装置组网上电，检查是否有 GOOSE，SMV 断链；如果有采用逐级回查的办法，从接受侧装置开始，通过抓报文的办法，逐级每台交换机向源头查，直到发送侧装置。

下面就几个常用的交换机 VALN 的配置来列举。

1. RuggedComVLAN 设置

设置步骤如下：

（1）用随机附带的串口线连接电脑和 RuggedCom 交换机。在电脑上运行超级终端或其他兼容的软件，设置波特率 57600，8，N，1，None，见图 3-16。

（2）用户与密码都是 admin，进去之后进"Virtual LANS"，见图 3-17。

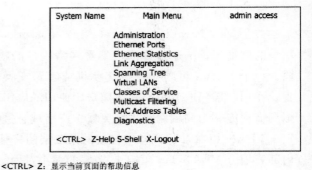

图 3-16　RuggedComVLAN 设置步骤　　　　　图 3-17　RuggedComVLAN 设置步骤

（3）采用 IE 浏览器，默认 192.168.0.1，见图 3-18。

（4）进入"Virtual LANS"，VLAN 的全局设置，见图 3-19。

图 3 - 18   登录界面

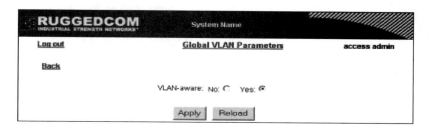

图 3 - 19   VLAN 设置

如果需要采用 VLAN，必须设置 "VLAN – aware" 为 Yes；如果网络上不采用 VLAN，将 "VLAN – aware" 设置成 No。交换机默认值 "VLAN – aware" 为 Yes。设置完成点击 "Appl" 按钮。

1）定义 VLAN 组，见图 3 - 20。

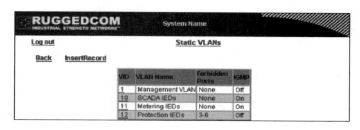

图 3 - 20   定义 VLAN 组

在交换机上添加所需要用到的 VLAN。一个网络中的不同交换机上只有 VLAN ID （VID）相同的 VLAN 之间才能相互通信（无路由情况下）。

如果交换机与交换机之间连接的端口（Trunk Port）不打开 GVRP 功能，需要在交换机上加上网络上所有 VLAN 的定义。否则按传入规则（Ingress Rule）交换机会将带未知 VLAN 的数据帧丢掉。

2）定义 VLAN 组的属性，见图 3-21。

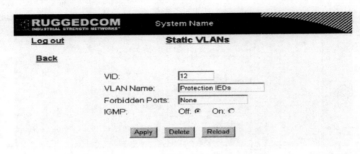

图 3-21　定义 VLAN 组的属性

需要注意的是 "Forbidden Ports"，如果希望某个 Trunk Port 不传出某个 VLAN 的报文，需要把这个 Trunk Port 的端口号加进该 VLAN 的 Forbidden Ports 列表。

3）将端口分配至 VLAN 组中，见图 3-22。

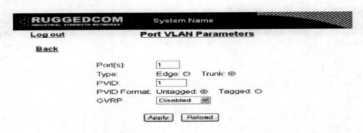

图 3-22　将端口分配至 VLAN 组

对于交换机之间的级联端口，端口类型应定义为 Trunk；若端口连接终端设备时，应定义为 Edge。如果某个端口连接的装置需要收到多个 VLAN 的报文，需要将该端口定义为 Trunk，这种情况下 PVID 定义了传入的数据帧关联的 VLAN（如果没有 VID，会加上该 PVID；如果有，保持原来的 VID）；"PVID Format" 定义是的传出规则。GVRP 定义的是交换机之间 VLAN 定义的动态学习，可以按要求选 Disabled 或 Enabled。

2. HirschmannVLAN 设置

安装 Hirschmann 工具盘的 HiDiscovery 软件，该软件用来扫描修改交换机的管理 IP。通过光电转换器连接到交换机的任意口获取 IP，见图 3-23。建议连接到第一口，并保留下来做调试口，因为交换机是作为一个设备接入到 VLAN 1 的，保留第一口的设置，以后即可从登录管理。

图 3-23　获取 IP

（1）WEB 登录到交换机（用户名：admin，密码：private），进入"switching→VLAN→PORT"，按照指定端口的 PVID，GVRP 功能要全部选中，见图 3 - 24。

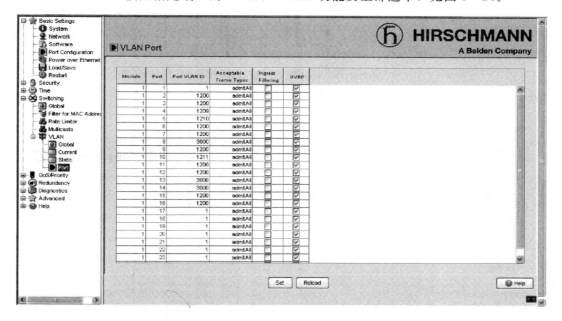

图 3 - 24　选定功能

（2）进入"switching→VLAN→Static"，见图 3 - 25，先点击"Create entry"创建

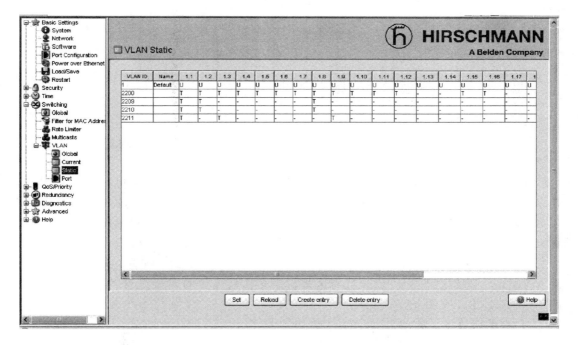

图 3 - 25　VLAN 端口表示

VLAN，然后指定某个端口是否属于该 VLAN。注意-和 F 表示该端口不属于某一VLAN；U 表示 VLAN 端口在转发数据包时不带 tag 标签；T 表示 VLAN 端口在转发数据包时带 tag 标签。

在工程应用中，用到是 T 和-，因为若 A、B 网报文都不带 VLAN 标签，保护装置会报网络风暴，所以不能选择 U 方式，F 和-对应用来说功能一样。

（3）设置完成后点击当前界面的"Set"，再转到图 3-26，点击"Save"保存；重启交换机再保存一次。

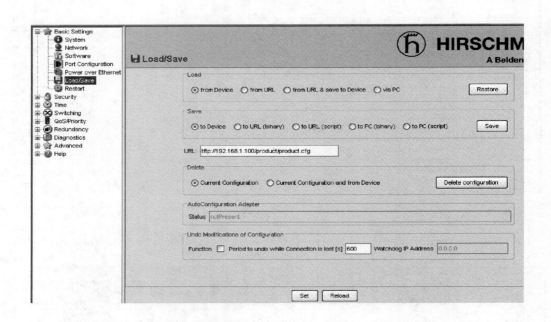

图 3-26　保存设置

3. MOXAVLAN 设置

目前 MOXA 交换机只有 V1.2.8 的版本才能与公司的 GOOSE 功能配合，即连上交换机后，查看 Frimware Version 项即可。

访问 MOXA 交换机有 3 种方式：RS-232 串口控制台，远程控制台和 Web 浏览器。串口控制台连接方法就是用串口线将 EDS-726 连接到 PC 机的 COM 口，可以在不知道其 IP 地址的情况下使用。而远程控制台和 Web 浏览器方式可用于在局域网或 Internet 中访问 MOXA。

（1）用超级终端连接交换机。将自己的超级终端设置成：115200-8-N-1，模式选择 VT100，一般默认 VT100，设置完成后，用交换机自带的调试线与 MOXA 的 CONSOLE 网口连接，见图 3-27。

1）连接成功后，输入 1，回车，见图 3-28。

2）在"Account"行回车，选择用户名，一般为 admin，用小键盘的"↓"将光标移至"Password"行，初始密码为空，回车，见图 3-29。

```
Session Options - uapc                                                    [X]

Category
  ⊟-Connection                  Serial Options
    |--Logon Scripts
    |--Serial          ■       Port:        [COM2        ▼]    ┌Flow Control──────┐
  ⊟-Terminal                                                  │ □DTR/DSR         │
    ⊟-Emulation                Baud rate:   [115200      ▼]   │                  │
      |--Modes                                                │ □RTS/CTS         │
      |--Emacs                 Data bits:   [8           ▼]   │                  │
      |--Mapped Keys                                          │ □XON/XOFF        │
      |--Advanced              Parity:      [None        ▼]   └──────────────────┘
    ⊟-Appearance
      |--Window                Stop bits:   [1           ▼]
    |--Log File
  ⊟-Printing                   ┌──────────────────────────────────────────────┐
    |--Advanced                │ Serial break   [100    ⬍] milliseconds        │
                               └──────────────────────────────────────────────┘
```

```
  ⊟-Connection                  Emulation
    |--Logon Scripts
    |--Serial          ┌Emulation────────────────────────────────────────────┐
  ⊟-Terminal           │ Terminal [VT100      ▼]    □ANSI Color               │
    ⊟-Emulation        │                                                      │
      |--Modes         │ □Select an alternate keyboard emulation              │
```

图 3-27 超级终端设置

```
│ MOXA EtherDevice Switch  PT-7728
│ Console terminal type (1: ansi/vt100, 2: vt52) (: 1)
│
```

图 3-28 连接成功示意图

```
Model :                PT-7728
Name :                 Managed Redundant Switch 09033
Location :             Switch Location

Firmware Version :     V1.3
Serial No :            09033
IP :                   192.168.127.253
MAC Address :          00-90-E8-1B-B4-95

+--------------------------------------------------+
| Account  : [admin]                               |
| Password :                                       |
+--------------------------------------------------+
```

图 3-29 选择示意图

3）登录成功，界面见图 3-28，可以通过移动光标来改相应的设置，一般只需改 VLAN 相关，即图 3-30 中的第六项。

4）在"VLAN port setting"下面改每个口的 VLAN 状态，见图 3-31。

图 3-29 中，交换机的每一个 port 都有好几个属性，交换机的默认管理 VLAN 是 1，

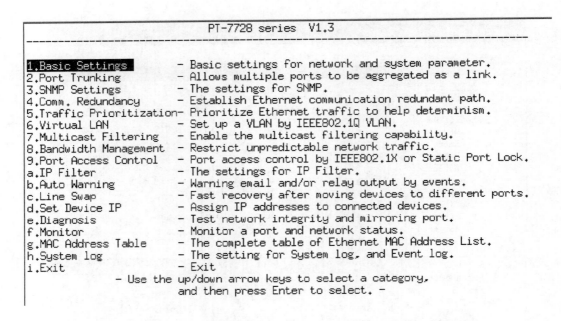

图 3-30 登录成功设置示意图

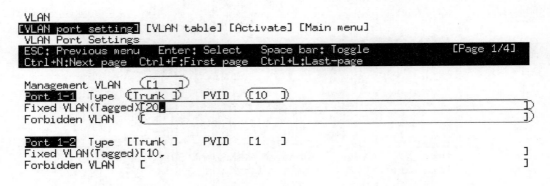

图 3-31 更改 VLAN 状态

只有 VLAN 为 1 的口才能通过网络进行访问管理，无需改动。所以设置 A \ B 网 VLAN 时要避开 1，现在一般 A 网设置 10，B 网设置 20，也可以根据情况整定。

装置的 GOOSE 报文采用带标记的报文，因此每个光口都要选为 Trunk 类型。假如现在有个站，A 网 VLAN 为 10，B 网 VLAN 为 20，那么 A 网进行如图 3-32 设置即可，B 网类似 A 网。

图 3-30 中，前面的 1-X、2-X 接口都是百兆的光口，4-1、4-2 接口是千兆光口，一般用做级联用，设置一模一样，只是速率不同。如图 3-30 设置好以后，可以到 VLAN TABLE 下面看设置的结果是否正确，如是，直接 Activate 即可。

（2）用网络连接。串口调试并不方便，有时需要用到网络调试，网络支持两种方式：一种是 dos 框直接 telnet IP，一种直接在浏览器输入 IP 地址即可，登录方式与串口基本

```
VLAN
[VLAN port setting] [VLAN table] [Activate] [Main menu]
VLAN Port Settings
 ESC: Previous menu    Enter: Select    Space bar: Toggle          [Page 3/4]
 Ctrl+N:Next page   Ctrl+P:Previous page    Ctrl+F:First page   Ctrl+L:Last page


 Port 2-3  Type  [Trunk ]    PVID   [10  ]
 Fixed VLAN(Tagged)[                                                          ]
 Forbidden VLAN    [                                                          ]

 Port 2-4  Type  [Trunk ]    PVID   [10  ]
 Fixed VLAN(Tagged)[                                                          ]
 Forbidden VLAN    [                                                          ]

 Port 2-5  Type  [Trunk ]    PVID   [10  ]
 Fixed VLAN(Tagged)[                                                          ]
 Forbidden VLAN    [                                                          ]

 Port 2-6  Type  [Trunk ]    PVID   [10  ]
 Fixed VLAN(Tagged)[                                                          ]
 Forbidden VLAN    [                                                          ]


VLAN
[VLAN port setting] [VLAN table] [Activate] [Main menu]
VLAN Port Settings
 ESC: Previous menu    Enter: Select    Space bar: Toggle          [Page 4/4]
 Ctrl+P:Pre-page   Ctrl+F:First-page   Ctrl+L:Last-page


 Port 4-1  Type  [Trunk ]    PVID   [10  ]
 Fixed VLAN(Tagged)[                                                          ]
 Forbidden VLAN    [                                                          ]

 Port 4-2  Type  [Trunk ]    PVID   [10  ]
 Fixed VLAN(Tagged)[                                                          ]
 Forbidden VLAN    [                                                          ]
```

图 3 - 32　A 网设置示意图

一致，登录成功后功能选项一样，只是界面不同。MOXA 交换机网络管理的默认 IP 地址是 192.168.127.253/255.255.0.0，只要将计算机 IP 设置为一个网段登录即可。

4. 西门子 VLAN 设置

首先要对交换机设置 IP，因为西门子交换机本身并不存在默认 IP，所以必须通过其调试软件来设置 IP。软件的安装很简单，但该软件不支持 Windows 7 系统。

（1）打开"Primary Setup Tool"，见图 3 - 33，将计算机网卡与交换机的第一口（可以是任意口）通过光电转换器连接。注意，此时该交换机不可与其他交换机级联。

（2）点击左上角的放大镜，即"Browse"，会弹出进度条，然后在左侧的白框里面会出现已连接的交换机，见图 3 - 34。

（3）点击 Ind，设置 IP 地址。设置好 IP 地址之后，点击 MAC 地址，就会在菜单中出现下载安装等图标。点击确定见图 3 - 35。

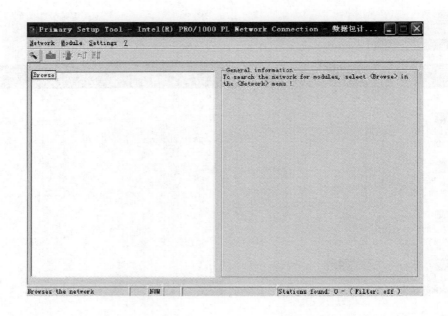

图 3 - 33　Primary Setup Tool 示意图

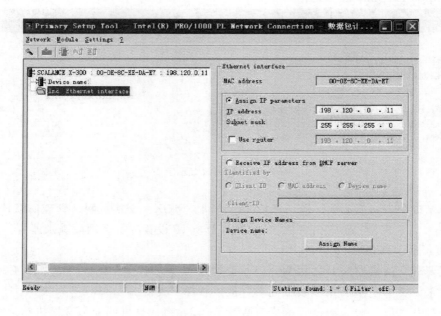

图 3 - 34　交 换 机

　　（4）安装成功后，交换机的 IP 地址已经改好，不需要重启交换机，将计算机的 IP 改为同一网段，然后点击图 3 - 33 中左上角第三个图标，该软件会自动调用 IE 浏览器，登录交换机见图 3 - 36。

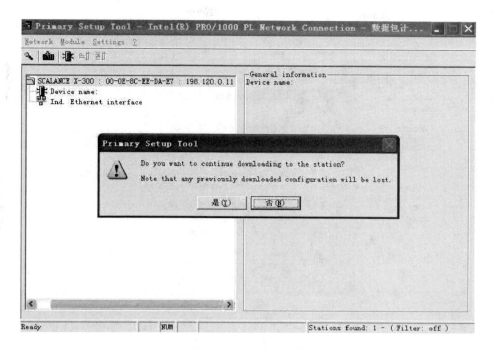

图 3 - 35　下载并安装

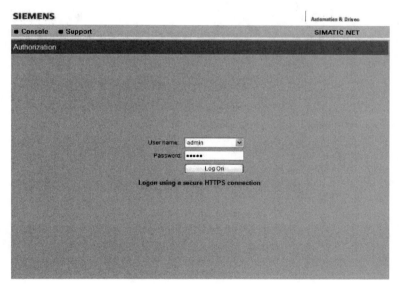

图 3 - 36　登录界面

（5）初始密码是 admin，点击"Log On"。登录成功后见图 3 - 37，上面是该交换机的光口状态，与交换机实际相对应。注意，该交换机只有一个灯，只有收发都正确才会亮。左侧是对交换机的配置项，只应注意 Swich/VLAN。VLAN 下面的"Port"就是对端口设置静态 VLAN 号的地方，GVRP 是动态 VLAN，在这里并不需要。

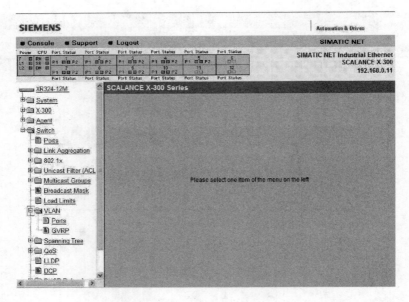

图 3-37 交换机状态

（6）鼠标点击 VLAN，右侧弹出该交换机的 VLAN 情况见图 3-38。

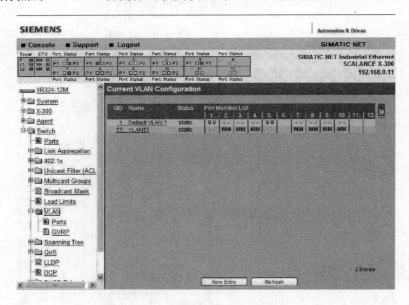

图 3-38 交换机 VLAN 状态

（7）由图 3-38 可见，交换机被划了两个 VLAN 号，其中一个是 1，是交换机默认的；另一个是 11，是手动设置的。U 的意思是接收到 VLAN 标签的报文后，转发出去的时候摘掉标签；M 的意思是接收到 VLAN 标签的报文后，转发出去的时候保持标签。所以对于需要做 AB 网划分以及交换机级联的情况则必须设置为 M。如果还需要添加一个 VLAN，那么就在上图的下面点击 "New Entry"，弹出图 3-39 界面。

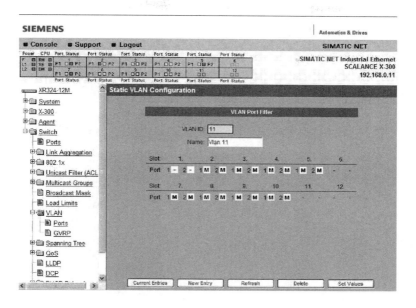

图 3 - 39　点击"New Entry"弹出界面

　　（8）在"VLAN ID"里面填入需要的 ID 号，这里应填 11。"Name"可以随意设置，用鼠标左键点击每个端口的白色方块，即可在 U、M、F 之间切换。改好之后点击"Set Values"即可保存。但是 VLAN 并未划分好，此时只是给该交换机赋予了某个或者某几个 VLAN 号，且将该 VLAN 号与某些端口相对应，但是仍需要在该端口上绑定该 VLAN 号，点击"Ports"，见图 3 - 40。

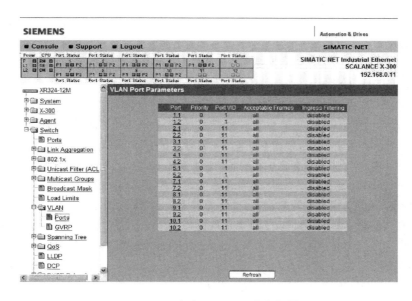

图 3 - 40　点击"Ports"弹出界面

(9) 由图 3 - 38 可以看到虽然在之前一步已经将 VLAN 设为 11 与第五口相对应，但在第五模块的 "PortVID" 依然是 1，点击 "Port" 列的 5.1，见图 3 - 41。

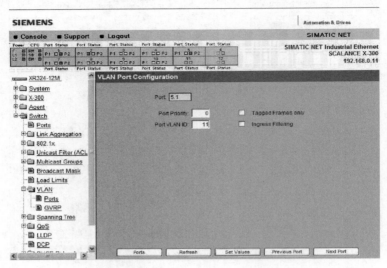

图 3 - 41　更改 "Port VLAN ID" 设置

将 "Port VLAN ID" 改为 11，然后点击下面的 "Set Values"，然后可以点击 "Next Port" 或者左侧的 "Ports" 来继续设置其他端口，设置完毕后，VLAN 就划分好了。需要注意的是：

1) 一定注意保留一个调试接口的 VLAN 为 1 不变，例如在上述设置一直保持第一接口 VLAN 为 1，因为一旦设置好其他 VLAN 之后，计算机将无法再与交换机的该口相连，所以需要保留一个作为调试口。

2) 一旦需要恢复出厂设置，需要长时间按住交换机前面的复归按钮，大概 20s，直到交换机开始重启。

3) 该交换机的每个模块实际上是两个端口，实际上是属于第五个模块的两个口。

5. PCS9882 VLAN 设置

现有的交换机有两个系列：单电源模块的 PCS9882X 系列和双电源模块的 PCS9882XD 系列，单、双电源系列交换机硬件不同，程序不能通用。现有 PCS9882X 系列的软件版本对应 R1.00 系列程序和 R2.00 系列程序，二者硬件相同，仅软件功能差别。PCS9882XD 系列的软件版本对应 R3.00 系列程序。

(1) PCS9882 交换机 VLAN 设置常见的注意事项如下：

1) 交换机 VLAN 和 PVID 要分开理解。PVID 作用只是在交换机从外部接收到 Untagged 数据帧（不带 VLAN 标签的报文）的时候给该报文添加 TAG 标记。报文在交换机内部转发时按该报文中 VLAN TAG 部分的 VID 值转发，转发过程与该端口的 PVID 已经没有任何关系。

2) PCS9882 交换机所有端口 VLAN 永远都属于 1（即 1 为交换机内部 VLAN），外部使用 VLAN 标签时应避开 1；所有端口的 PVID 出厂默认为 1，可根据要求修改。而且当 PVID 端口设置成不为 1 时，此端口 IE 设置界面不再开放。

116

3) 各种报文在交换机内转发时根据 VLAN 标签中的 VLAN ID 值控制"出交换机"端口的范围，只在该标签值的 VLAN 所包含的端口范围内转发，即 PCS9882 交换机设置界面中各 VLAN ID 在"PortBitmap"项中所选中的那些端口范围。

4) 如果想让"出交换机"的报文成为 Untagged 数据帧，可以通过设置界面中各 VLAN ID 在"UntagBitmap"项中选择端口（注意此项中选中的端口表示 Untag，即出口去除 VLAN 标签）来控制交换机端口出口报文是否带 VLAN 标签。

5) IEEE802.1Q 协议中 VLAN 报文格式是在源 mac 地址和目的 mac 地址后面加上 4bytes 的 VLAN 信息，其中包含 12bit 的 VID 值；普通计算机的网卡不能识别，即收到后默认将 VLAN 标签去掉，所以要经过设置才能通过抓包工具抓带 VLAN tag 的报文，见图 3－42。

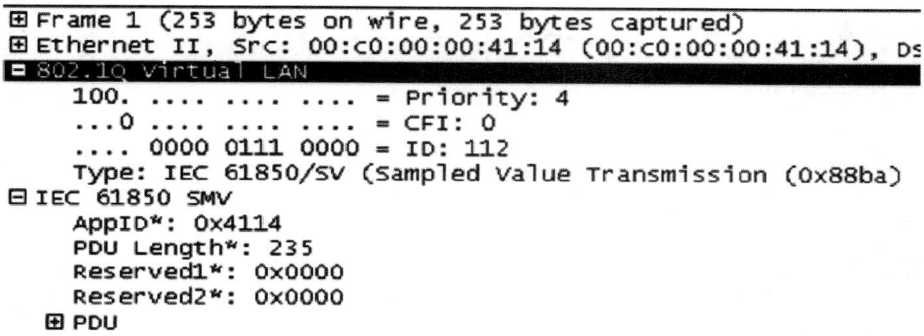

```
⊞ Frame 1 (253 bytes on wire, 253 bytes captured)
⊞ Ethernet II, Src: 00:c0:00:00:41:14 (00:c0:00:00:41:14), Ds
⊟ 802.1Q Virtual LAN
     100. .... .... .... = Priority: 4
     ...0 .... .... .... = CFI: 0
     .... 0000 0111 0000 = ID: 112
     Type: IEC 61850/SV (Sampled Value Transmission (0x88ba)
⊟ IEC 61850 SMV
     AppID*: 0x4114
     PDU Length*: 235
     Reserved1*: 0x0000
     Reserved2*: 0x0000
⊞ PDU
```

图 3－42　报文

6) 关于"Preserve none 1Q vlan tag frame"标志。当"Preserve none 1Q vlan tag frame"为 YES 时，上述对出口报文的标签控制设置失效。当"Preserve none 1Q vlan tag frame"为 YES 时，表示保留进入的非 1Q 帧的 vlan 标签原状（即不带标签），此时，如果流入的报文不带标签，不管在交换机中怎样转发，流出的报文均不带标签。数字化站中主要想对不带标签的报文加标签之后转发，此值需要设置成 NO。两种系列的交换机设置方式为：①单电源模块的 PCS9882X 系列，设置没有开放在 IE 的界面，需要进入 FTP 模式：用户名 bcm，密码 PCS－9881。找到 PCS9882X，把"Setreg vlan＿ctrl5 presv＿non1q＝1"改为 0（目前出厂默认设置"Setreg vlan＿ctrl5 presv＿non1q＝1"）。②双电源模块的 PCS9882XD 系列设置开放在 IE 的界面，设置见图 3－43（目前出厂默认设置"Preserve none 1Q vlan tag frame"值为 YES）。

7) 使用 PCS9882 作为 SV 交换机的 VLAN 设置例子：淮北祁南矿数字化站使用 PCS9882B 作为 SV 交换机，主要把 MU 采样的数据组 SV 单网给测控、备自投、故障录波器和网络分析仪用。本站的交换机分布在主控室和 110kV GIS 室，VLAN 的设计原则是每一个合并单元 MU 通过 PCS9882B 端口分配一个 PVID。测控、备自投接收相应 MU 的数据，故障录波器 PCS996S 和中元网络分析仪各分 3 个端口接收 MU 的数据。主控室和 110kVGIS 室交换机的级联使用千兆 G1 口级联。110kVGIS 室 SV 交换机 VLAN 划分见表 3－2。

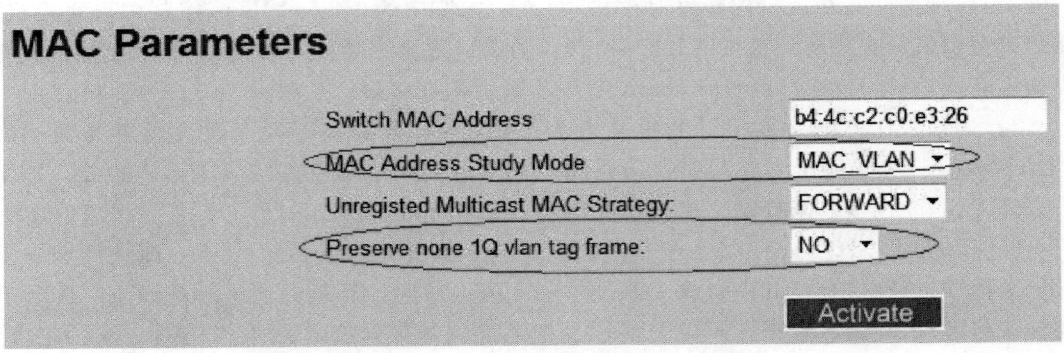

MAC Parameters

Switch MAC Address	b4:4c:c2:c0:e3:26
MAC Address Study Mode	MAC_VLAN ▾
Unregisted Multicast MAC Strategy:	FORWARD ▾
Preserve none 1Q vlan tag frame:	NO ▾

Activate

图 3-43　设置界面

表 3-2　　　　　　　　　　110kV GIS 室 SV 交换机 VLAN 划分

PCS9882B 交换机端口	PVID	VLAN
1—1 号变高 A 套 PCS222EB	11—该 MU 报文加 TAG	
2—1 号变高 B 套 PCS222EB	12—该 MU 报文加 TAG	
3—2 号变高 A 套 PCS222EB	13—该 MU 报文加 TAG	
4—2 号变高 B 套 PCS222EB	14—该 MU 报文加 TAG	
5—110kV 1 号进线 PCS222EB	15—该 MU 报文加 TAG	
6—110kV 2 号进线 PCS222EB	16—该 MU 报文加 TAG	
7—110kV 分段 PCS222EB	17—该 MU 报文加 TAG	
8—110kV PT PCS221D	18—该 MU 报文加 TAG	
9—110kV 备自投 PCS9651	1—交换机默认 PVID 值	15、16、18—接收 3 个 MU 的数据
10—1 号变 A 套 PCS221G	19—该 MU 报文加 TAG	
11—1 号变 B 套 PCS221G	20—该 MU 报文加 TAG	
12—2 号变 A 套 PCS221G	21—该 MU 报文加 TAG	
13—2 号变 B 套 PCS221G	22—该 MU 报文加 TAG	
14—故障录波器 PCS996S2	1—交换机默认 PVID 值	11、12、15、17、19、20—接收 6 个 MU 的数据
15—故障录波器 PCS996S3	1—交换机默认 PVID 值	13、14、16、18、21、22—接收 6 个 MU 的数据
16—中元网络分析仪 2	1—交换机默认 PVID 值	11、12、15、17、19、20—接收 6 个 MU 的数据
17—中元网络分析仪 3	1—交换机默认 PVID 值	13、14、16、18、21、22—接收 6 个 MU 的数据
G1—级联主控室 SV 交换机	1—交换机默认 PVID 值	11、13、15、16、18—该 5 个 MU 数据传输到主控室室 SV 交换机上
18、19、20、21、22、23、24、G2、G3、G4—作为备用	1—交换机默认 PVID 值	

主控室室 SV 交换机 VLAN 划分见表 3-3。

表 3-3 主控室室 SV 交换机 VLAN 划分

PCS9882B 交换机端口	PVID	VLAN
1—公用测控 PCS9705B	1—交换机默认 PVID 值	18—接收 110kV PT PCS221D
2—故障录波器 PCS996S1	1—交换机默认 PVID 值	23、24、25、26—接收 4 个 MU 的数据
3—中元网络分析仪 1	1—交换机默认 PVID 值	23、24、25、26—接收 4 个 MU 的数据
4—110kV 1 号进线电度表	1—交换机默认 PVID 值	15—接收 110kV 1 号进线 PCS222EB
5—110kV 2 号进线电度表	1—交换机默认 PVID 值	16—接收 110kV 2 号进线 PCS222EB
6—1 号变高电度表	1—交换机默认 PVID 值	11—接收 1 号变高 A 套 PCS222EB
7—2 号变高电度表	1—交换机默认 PVID 值	13—接收 2 号变高 A 套 PCS222EB
8—1 号变低 A 套 PCS9681	23—该 MU 报文加 TAG	
9—1 号变低 B 套 PCS9681	24—该 MU 报文加 TAG	
10—2 号变低 A 套 PCS9681	25—该 MU 报文加 TAG	
11—2 号变低 B 套 PCS9681	26—该 MU 报文加 TAG	
13—10kV 备自投 PCS9651	1—交换机默认 PVID 值	23、25—接收 2 个 MU 的数据
G1—级联 110kVGIS 室 SV 交换机	1—交换机默认 PVID 值	11、13、15、16、18—从 110kVGIS 室 SV 交换机上接收该 5 个 MU 数据
12、14~24、G2、G3、G4—作为备用	1—交换机默认 PVID 值	

（2）PCS9882B 交换机具体设置方法如下：

采用 IE 界面登录，出厂默认 IP 为：192.168.0.82，用户名为 admin，1.0 系列程序密码为空，2.0 系列程序密码为 admin。

1）按本站 VLAN 划分在 110kV GIS 室 PCS9882B 交换机上的 PVID 设置成图3-44 界面。

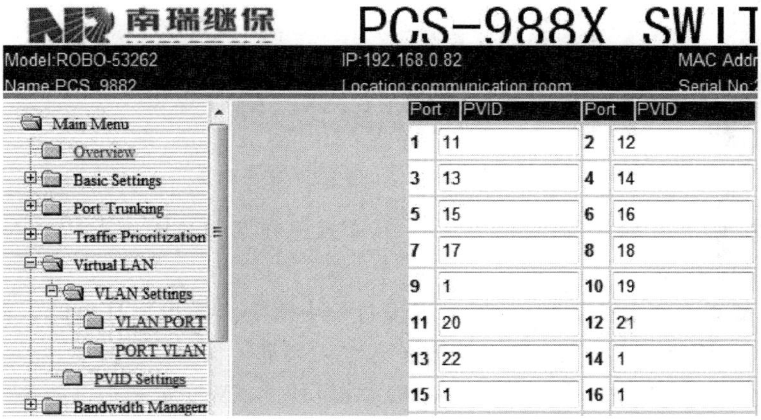

图 3-44 在 110kV GIS 室的 PVID 设置

2）按本站 VLAN 划分在主控室室 PCS9882B 交换机上的 PVID 设置成见图 3-45 界面。

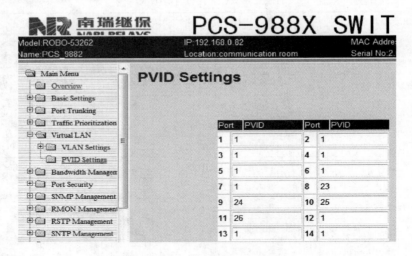

图 3-45 在主控室的 PVID 设置

交换机提供两种方式进行 VLAN 设置，"VLAN PORT"与"PORT VLAN"，两种方式设置结果完全相同，菜单"VLAN PORT"按照每个 VLAN 列出该 VLAN 中包含的所有端口号；菜单"PORT VLAN"按照每个端口列出该端口所属的所有 VLAN ID 号。

3）按本站 VLAN 划分 110kVGIS 室 PCS9882B 交换机在菜单"VLAN PORT"下设置示意见图 3-46 界面。

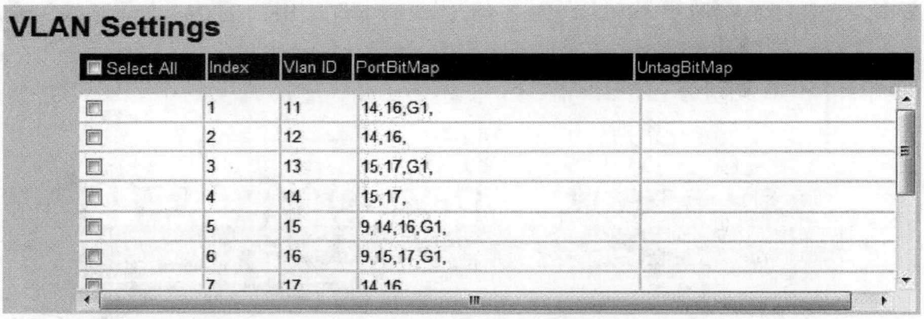

图 3-46 110kV GIS 室设置示意图

4）按本站 VLAN 划分主控室 PCS9882B 交换机在菜单"PORT VLAN"下设置示意见图 3-47 界面。

对于进入的报文不带 VLAN 标签，转发过程中需要交换机加标签的，需要修改"Setreg vlan_ctrl5 presv_non1q"值，修改方法如前所述。

新疆 110kV 旭日变数字化站使用 PCS9882BD 作为 SV 交换机，主要把 MU 采样的数据组 SV 单网给测控、备自投和网络分析仪用。本站有 4 台 PCS9882BD 交换机，本站 VLAN 的设计原则是每一个合并单元 MU 通过 PCS9882BD 端口分配一个 PVID；测控、

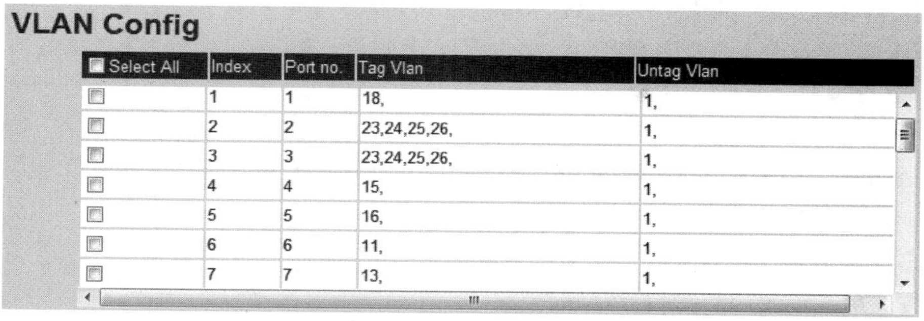

VLAN Config

Select All	Index	Port no.	Tag Vlan	Untag Vlan
☐	1	1	18,	1,
☐	2	2	23,24,25,26,	1,
☐	3	3	23,24,25,26,	1,
☐	4	4	15,	1,
☐	5	5	16,	1,
☐	6	6	11,	1,
☐	7	7	13,	1,

图 3 - 47   主控室设置示意图

备自投接收相应 MU 的数据，南思网络分析仪分 4 个端口接收 MU 的数据，每个端口最大可以接收 8 个 MU；4 个交换机不级联。

SV 交换机 1VLAN 划分见表 3 - 4。

表 3 - 4   SV 交换机 1VLAN 划分

PCS9882BD 交换机端口	PVID	VLAN
1—110kV 1 号进线 PCS221FA	11—该 MU 报文加 TAG	
2—110kV 1 号进线 PCS222EA	12—该 MU 报文加 TAG	
3—110kV 1 号进线 PCS9705A	1—交换机默认 PVID 值	11、12—接收 2 个 MU 数据
4—110kV 2 号进线 PCS221FA	13—该 MU 报文加 TAG	
5—110kV 2 号进线 PCS222EA	14—该 MU 报文加 TAG	
6—110kV 2 号进线 PCS9705A	1—交换机默认 PVID 值	13、14—接收 2 个 MU 数据
7—110kV 分段 PCS221FA	15—该 MU 报文加 TAG	
8—110kV 分段 PCS9705A	1—交换机默认 PVID 值	15—接收 110kV 分段 MU 数据
9—110kV1 母 PT oemu702	16—该 MU 报文加 TAG	
10—110kV2 母 PT oemu702	17—该 MU 报文加 TAG	
11—低频减载 PCS994	1—交换机默认 PVID 值	16、17—接收 2 个 MU 数据
12—110kV 公用测控 PCS9705B	1—交换机默认 PVID 值	16、17—接收 2 个 MU 数据
13—110kV 备自投 PCS9651	1—交换机默认 PVID 值	11、12、13、14—接收 4 个 MU 数据
14—备用	1—交换机默认 PVID 值	
15—备用	1—交换机默认 PVID 值	
16—南思网路分析仪	1—交换机默认 PVID 值	11、12、13、14、15、16、17—接收 7 个 MU 数据
G1—备用	1—交换机默认 PVID 值	
G2—备用	1—交换机默认 PVID 值	

（3）PCS9882BD 交换机具体设置方法如下：

1）采用 IE 界面登录，PCS9882BD 前面板 RJ45 网口 IP 为：192.169.0.82，而且此端口是 RJ45 网口和 RS232 串口混用的网口（与 PCS900 保护一样），串口波特率为 115200，与后面端口没有任何联系；后面 16 个端口的光口 IP 出厂默认为：192.168.0.82。

2）用 IE 界面登录 PCS9882BD，用户名和密码为 admin，其他设置的方法与单电源 PCS9882B 交换机一样。

3）对于进入的报文不带 VLAN 标签，转发过程中需要交换机加标签的，需要修改 "Preserve none 1Q vlan tag frame" 值，修改方法如前所述。

6. 静态组播配置

静态组播是通过静态配置，在局域网范围内实现组播数据的透明通道，将数据组播源的内容按照静态配置的组播树路径送抵接入层的业务接入控制点。

（1）优点。组播路由稳定，不论有无组播数据，组播路由一直存在；由于组播路由相对稳定，对组播源及组播范围的管理比较简单；没有动态组播路由建立的过程，在首次直播时，时延较小。

（2）缺点。由于组播数据经过每一台路由器上都要进行相关配置，配置任务较重；通过静态配置的方式在每一台路由器上指定组播数据得下一转发接口，有可能造成组播转发的次优路径；在网络拓扑或单播路由发生变化时，有可能需要对静态组播路径进行重新配置，工作量大，不易管理；在没有组播数据需要转发时，组播路由仍然存在，造成一定资源浪费。

此方法可代替划 VLAN 的办法，而且分配更优化，理解上更简单，但是工作量比较大；静态组播配置方法，类似于 GMRP，但不是动态注册，而是人为填写静态组播过滤表；每一个端口，所有组播报文都可以进入，只需要对输出端口做相应设置。

7. PCS9882 的设置

单电源交换机目前归档的 2.0 程序和双电源交换机 3.0 程序。PCS9882 的设置如下（图 3-48）。

图 3-48　PCS 9882 设置

（1）VLAN ID：目前都默认填 1。

（2）MAC：填写 SCD 中设置的组播地址。

（3）PorBitMap：填写这个组播地址所能送出的端口。

（4）对于未定义的组播，按图 3 - 49 设置将其在交换机中丢弃。

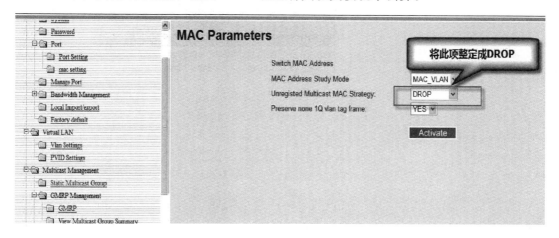

图 3 - 49　未定义组播设置

8. 罗杰康的设置

（1）找到 "Multicast Filtering" 菜单见图 3 - 50。

```
System Name                          Main Menu


                              Administration
                              Ethernet Ports
                              Ethernet Stats
                              Link Aggregation
                              Spanning Tree
                              Virtual LANs
                              Port Security
                              Classes of Service
                              Multicast Filtering
                              MAC Address Tables
                              Network Discovery
                              Diagnostics




     <CTRL>  Z-Help S-Shell X-Logout
```

图 3 - 50　"Multicast Filtering" 菜单

（2）其次在其子菜单下找到 "Configure Static Multicast Groups" 见图 3 - 51。

（3）最后在其菜单里具体添加相应的 MAC 地址见图 3 - 52。

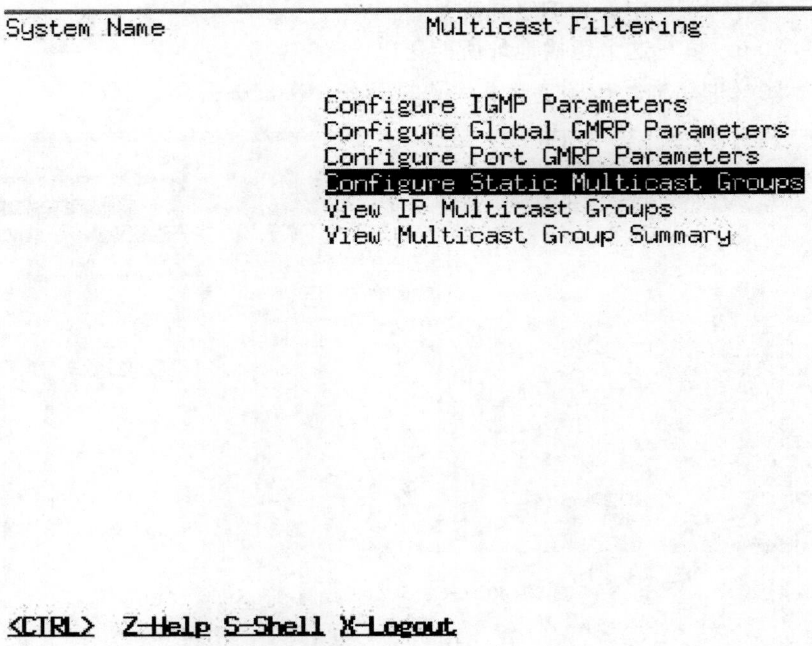

```
System Name                        Multicast Filtering


                    Configure IGMP Parameters
                    Configure Global GMRP Parameters
                    Configure Port GMRP Parameters
                    Configure Static Multicast Groups
                    View IP Multicast Groups
                    View Multicast Group Summary
```

<CTRL> Z-Help S-Shell X-Logout

图 3 - 51　子菜单选择

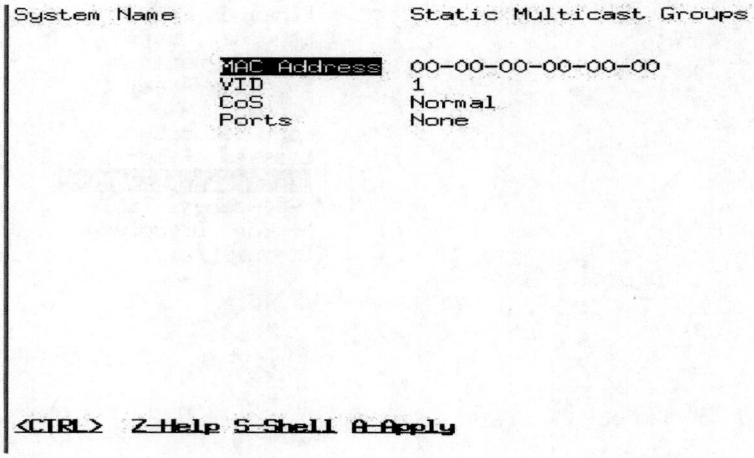

```
System Name                        Static Multicast Groups

                    MAC Address    00-00-00-00-00-00
                    VID            1
                    CoS            Normal
                    Ports          None
```

<CTRL> Z-Help S-Shell A-Apply

图 3 - 52　添加 MAC 地址

（4）完成全部的 MAC 地址添加后见图 3-53。

罗杰康没有对未定义的组播设置选项，因此需要开启 GMRP 功能，从而实现对未定

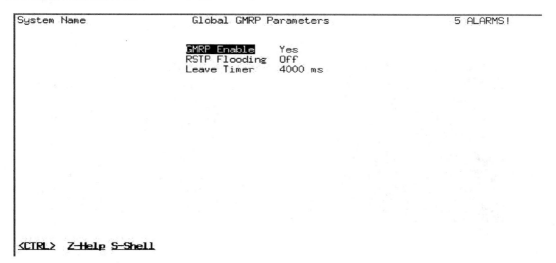

```
System Name                    Static Multicast Groups              5 ALARMS!

   MAC Address          VID   CoS      Ports
   01-0C-CD-01-00-01    3     Normal   13,19
   01-0C-CD-01-00-04    3     Normal   13
   01-0C-CD-01-00-07    3     Normal   13
   01-0C-CD-01-00-0A    3     Normal   13
   01-0C-CD-01-00-0D    3     Normal   13
   01-0C-CD-01-00-10    3     Normal   13
   01-0C-CD-01-00-13    3     Normal   19
   01-0C-CD-04-00-01    3     Normal   13
   01-0C-CD-04-00-02    3     Normal   13
   01-0C-CD-04-00-03    3     Normal   13
   01-0C-CD-04-00-04    3     Normal   13
   01-0C-CD-04-00-05    3     Normal   13
   01-0C-CD-04-00-06    3     Normal   13




<CTRL>  Z-Help S-Shell D-PgDn U-PgUp I-Insert L-Delete
```

图 3-53　添加全部的 MAC 地址

义组播功能的丢弃见图 3-54、图 3-55。

```
System Name                    Global GMRP Parameters               5 ALARMS!

                       GMRP Enable     Yes
                       RSTP Flooding   Off
                       Leave Timer     4000 ms













<CTRL>  Z-Help S-Shell
```

图 3-54　开启 GMRP 功能

9. 赫斯曼交换机的设置

赫斯曼交换机型号为 MAR-1120；软件程序版本为 Version07.1.04 及以上（目前出厂使用的为 07.01.01 需要升级），赫斯曼交换机的设置如下：

```
System Name                    Port GMRP Parameters                    5 ALARMS!

                               Port(s) GMRP
                               1       Adv&Learn
                               2       Adv&Learn
                               3       Adv&Learn
                               4       Adv&Learn
                               5       Adv&Learn
                               6       Adv&Learn
                               7       Adv&Learn
                               8       Adv&Learn
                               9       Disabled
                               11      Adv&Learn
                               13      Adv&Learn
                               14      Adv&Learn
                               15      Adv&Learn
                               16      Adv&Learn
                               17      Adv&Learn
                               18      Adv&Learn
                               19      Adv&Learn
                               20      Adv&Learn


<CTRL>  Z-Help  S-Shell  D-PgDn  U-PgUp
```

图 3-55 设置未定义组播

（1）登录配置界面。配置完交换机网管 IP 地址后，就可以通过配置电脑的 IE 浏览器登录交换机的 Web 配置界面。登录时只需要在 IE 浏览器的地址栏中输入目的交换机的 IP 地址并进行连接，进入交换机的 Web 界面。首先出现的是交换机的登录窗口，该窗口需要选择用户名并输入相应密码。admin 用户具有"读/写"权限，密码为 private，见图 3-56。

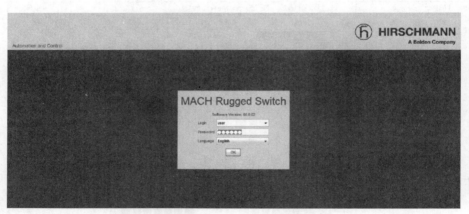

图 3-56 登录界面

（2）配置静态组播地址表。

1）进入"Switching——Filter for MAC Addresses"见图 3-57，右侧窗口中的原始的组播地址不需要做任何修改。

2）点击图 3-57 右下角"Create"按钮，如图 3-58 填写 VLAN ID（VLAN 号，需要前面已经存在）MAC 地址和选择相应流出的端口。

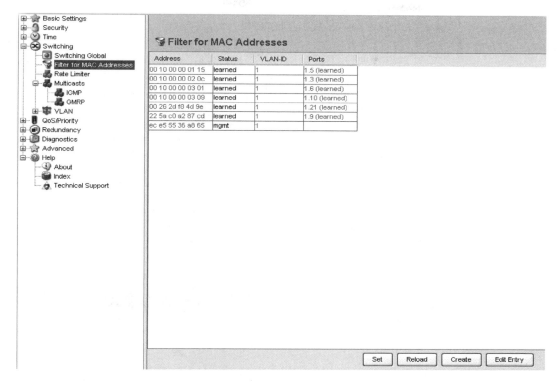

图 3 - 57　原始组播地址

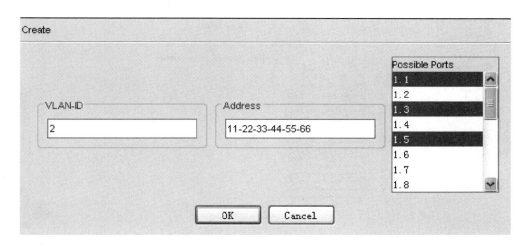

图 3 - 58　VLAN ID 地址填写

3）点击图 3 - 58 中"OK"后，在图 3 - 59 中的列表中将会增加一行 MAC 地址，分别将本交换机需要管理的组播地址全部填写进来即可。

（3）对于未定义的组播，设置将其在交换机中丢弃。进入"Switching—Multicasts—GMRP"，在"Operation"中选择"On"（开启 GMRP 功能），在"Multicasts"中选择"Discard"，实现对未定义的组播设置为丢弃，见图 3 - 60；点击"Set"按钮配置立即

Filter for MAC Addresses			
Address	Status	VLAN-ID	Ports
00 10 00 00 01 06	learned	1	1.4 (learned)
00 10 00 00 01 0d	learned	1	1.5 (learned)
00 10 00 00 01 0e	learned	1	1.8 (learned)
00 10 00 00 01 15	learned	1	1.3 (learned)
00 10 00 00 01 16	learned	1	1.3 (learned)
00 10 00 00 02 0c	learned	1	1.3 (learned)
00 10 00 00 03 01	learned	1	1.3 (learned)
00 10 00 00 03 03	learned	1	1.7 (learned)
00 10 00 00 03 09	learned	1	1.3 (learned)
00 26 2d f8 4d 9e	learned	1	1.21 (learned)
00 c0 00 00 41 01	learned	1	1.2 (learned)
00 c0 00 00 43 08	learned	1	1.6 (learned)
22 5a c0 a2 87 cd	learned	1	1.3 (learned)
ec e5 55 36 be 1a	mgmt	1	
01 0c cd 01 01 02	permanent	1	1.4 (multicast static)
01 0c cd 04 01 01	permanent	1	1.4 (multicast static)

图 3 - 59　MAC 地址填写

生效。

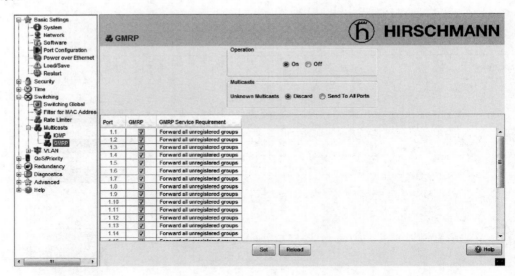

图 3 - 60　"Discard" 选择

（4）保存配置，保证交换机重启后配置依然生效。

选择"Basic Setting→Load/Save"，然后点击"Save"按钮保存交换机配置，见图 3 - 61。

目前赫斯曼单台交换机支持的最大静态组播条数为 100，使用时注意，尤其是中心交换机使用静态组播配置时需要提前做好规划，是否满足要求。

图 3 - 61　保存配置

3.5.3　GMRP（GARP Multicast Registration Protocol）

GARP 组播注册协议（GMRP）是通用属性注册协议（GARP）的一种应用，主要提供一种类似于 IGMP 探查技术的受限组播扩散功能。GMRP 和 GARP 都是由 IEEE 802.1P 定义的工业标准协议。GMRP 在交换侧实现非常复杂，在装置侧实现则比较简单。

一般的，装置的定值有一个 GMRP 使能的控制字，对于数字化站采用 VLAN 划分的站，建议关闭，对于采用 GMRP 的站一定要开启。

当定值开启后，将自动从 GOOSE 文本中 GOOSE RX，SMV RX 中获得装置所需的外部装置的组播地址，并定时向交换机发出 join in 报文，其中包含了装置所需的所有组播报文；如果装置没有 RX，如 MU 只有 TX，那么将不发送 join in 报文，发送间隔约 2s。

除了装置定时发送 join in 报文外，交换机也每 10s 进行一次 GMRP 查询，如果装置继续需要这些组播报文则继续发送 join in 报文，如果不需要则不需要回答，那么交换机将对此端口不再转发，从而保证了链路的正常维持。

1. 装置端 GMRP 配置说明

GMRP 中有一个元件使能压板，即 gmrp_ena，开启该软压板才能使能 GMRP 元件；GMRP 元件中针对 1136/4136 的每个端口有一个端口控制软压板，即 port_ena_x；元件软压板使能，同时端口软压板使能时，该端口发送该端口所需的 GMRP 的 join in 报文，完成 GMRP 功能。（端口软压板的使用，使每个 1136 端口发送的 GMRP 报文都不相同）。GMRP 参数配置见表 3 - 5。

表 3 - 5　　　　　　　　　　　　　GMRP 参数配置

参 数 信 息	属性	说　　　明
B0X. gmrp. gmrp _ ena	b	内部参数：用来使能 GMRP 元件功能 默认值：0，即不使能
B0X. gmrp. port _ ena _ x	1	内部参数：用来使能 gmrp 端口，只有在 gmrp _ ena 使能情况下有效 默认值：0；其中 x∈ [0，7]，7 对应最下面端口

2. PCS9882 的 GMRP 管理

用户可以在 GMRP 界面上管理 GMRP 功能的相关参数，见图 3-62。

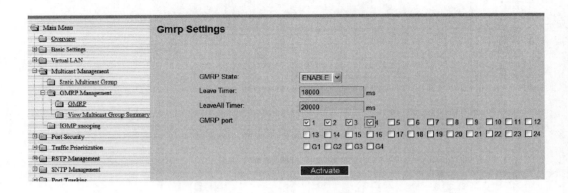

图 3-62   GMRP 设置界面

（1）GMRP State：开启（ENABLE）或关闭（DISABLE）GMRP 功能。出厂默认为关闭状态，仅当使用时再通过该选项开启。

（2）Leave Timer：GMRP 中的 Leave 时间间隔，推荐值为 18000ms，最小值 600ms，可根据需要设置。

（3）LeaveAll Timer：GMRP 中的 LeaveAll 时间间隔，推荐值为 20000ms，最小值为 10000ms，可根据需要设置，但该值必须大于 Leave Timer。

（4）GMRP Port：开启 GMRP 的端口，可以多选。

点击 Activate 按钮执行修改。如仅修改 GMRP State 以外的其他参数，需要将 GM-RP 功能关闭再重新开启或装置重新启动后参数才生效。

注意，使用 GMRP 时需要关注 "Basic Setting→Port→mac Setting" 界面中的 "Unregisted Multicast MAC Strategy" 选项，凡 GMRP 学习到的组播地址按照学习到的转发策略转发，未注册组播地址可以通过该选项控制向 CPU 口以外的所有口转发或不转发。

如在应用时需 GMRP 管理不同 VLAN 中的组播转发情况，则需将交换机的 MAC 地址学习模式设置为只按 MAC 学习，即更改 "Basic Setting→Port→mac Setting" 界面中的 "MAC Address Study Mode" 选项为 "MAC"。

如使用 GMRP 时同时应用静态组播管理，则交换机会向所有开启 GMRP 的端口注册该交换机的静态组播地址。

如使用 GMRP 时同时应用静态组播管理，则当静态组播表的配置发生变化时，需要将 GMRP 功能关闭再重新开启或装置重新启动。

用户可以在 View Multicast Group Summary 界面上查看已注册的组播表，见图3-63。

该界面同时显示 GMRP 学习到的动态组播表和静态组播管理配置的静态组播表。当 GMRP 不开启时此界面不显示。

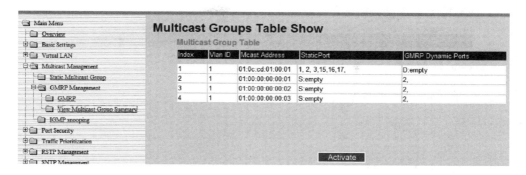

图 3 - 63　View Multicast Group Summary 界面

3.5.4　镜像配置

1. RuggedCom

（1）用 IE 浏览器登录交换机，交换机出厂默认 IP 为 192.168.0.1，用户名为 admin，密码为 admin，截图见图 3 - 64。

图 3 - 64　登录界面

（2）交换机登录进去后界面见图 3 - 65。

图 3 - 65　完成登录界面

（3）选择第二个菜单"Ethernet Ports"见图 3－66。

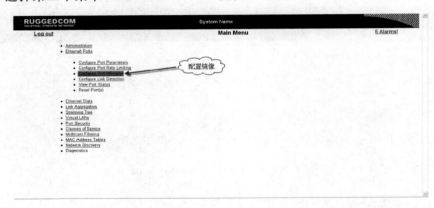

图 3－66　选择界面

（4）然后选择"Configure Port Mirroring"见图 3－67。

图 3－67　"Port Mirroring"填写

图 3－65 选项说明如下：

1）"Enabled"为功能总开关。

2）"Source Ports Egr"为出交换机的端口。

3）"Source Ports Ingr"为进交换机的端口。

4）"Target Port"为镜像端口，镜像端口只能有一个。

（5）下面举例子来简要说明镜像端口的使用。后台接端口 1，PCS－931 接端口 2，PCS－902 接端口 3，PCS－943 接端口 4，PCS－941 接端口 5，PCS－915 接端口 13，PCS－978 接端口 14，PCS－923 接端口 15，网络分析仪接端口 18。

首先将功能开启，即"Port Mirroring"的参数设置为 Enabled。

1）若需要镜像上述所有装置与后台之间的报文到网络分析仪，则设置如下：

Source Ports Egr：1

Source Ports Ingr：1

Target Port：18

2）若只需要镜像 PCS－931、PCS－902、PCS－943、PCS－941、PCS－915 与后台之间的所有报文到网络分析仪，则设置如下：

Source Ports Egr：2－5，13

Source Ports Ingr：2－5，13

Target Port：18

3）若只需要镜像 PCS‐931、PCS‐902、PCS‐943、PCS‐941、PCS‐915 发给后台的报文到网络分析仪，则设置如下：

Source Ports Egr：None

Source Ports Ingr：2‐5，13

Target Port：18

4）若只需要镜像后台发给 PCS‐931、PCS‐902、PCS‐943、PCS‐941、PCS‐915 的报文到网络分析仪，则设置如下：

Source Ports Egr：2‐5，13

Source Ports Ingr：None

Target Port：18

2. Hirschmann

（1）Hirschmann 交换机出厂默认 IP 为 0.0.0.0，需要用 HiDiscovery 软件（该软件在随机光盘里面有）连接交换机并设定交换机的 IP 地址，设置见图 3‐68。

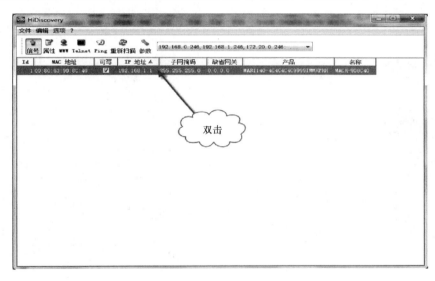

图 3‐68　IP 地址设定

（2）弹出属性对话框见图 3‐69。

（3）设定交换机 IP 地址及子网掩码，然后点击"保存为缺省"，再点击"OK"即可。

用 IE 浏览器登录交换机，用户名为 admin，密码为 privat，见图 3‐70。用户只有浏览权限。电脑必须安装 Java 虚拟机程序，该软件在随机光盘里面有，也可以到 Java 官网下载最新程序。

（4）登录交换机后选择"Diagnostics"下的"Port Mirroring N：1"，见图 3‐71。

图 3‐71 选项说明如下：

1）"Operation"为功能总开关。

2）"Source Port"为源端口。

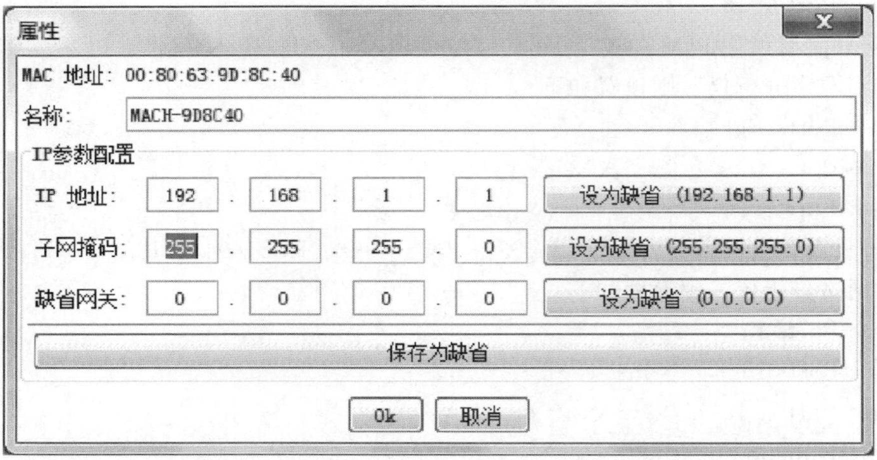

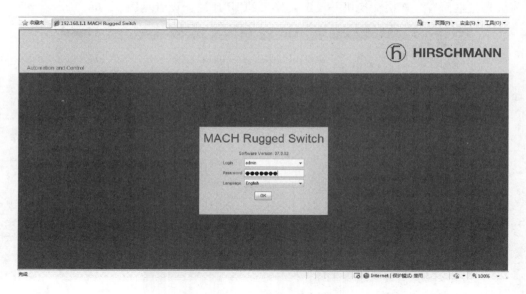

图 3-69　属性对话框

图 3-70　登录界面

3）"Destination Port 为"镜像端口，镜像端口只能有一个。

Hirschmann 交换机针对源端口不能把进交换机和出交换机的数据分开镜像，若需要把 1 口的数据镜像到 11 口，则"Source Port"处将 1 口 Enabled，"Destination Port"选择 11 即可，见图 3-71，这个时候进出 1 口的数据全部都发送到 11 口了，若要镜像端口 1、2、3、4、7、8 的数据到 11 口，则在"Source Port"将 1、2、3、4、7、8 口 Enabled，"Destination Port"选择 11 即可，针对 MAR1140 交换机，最多只支持 8 个口镜像到 1 个口，其他型号交换机未测试。修改完成后点击页面下部的 set，配置立刻生效，但是重启交换机后，修改的配置失效，若需要重启交换机后配置还生效，则需要进行下面一步。

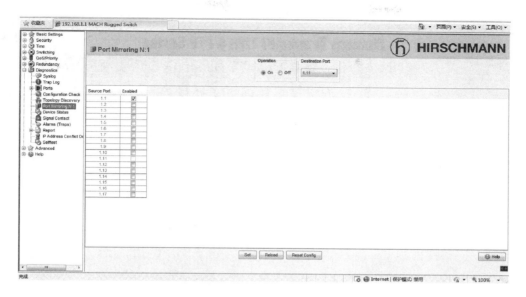

图 3-71　登录后选择

（5）点击"Basic Settings"下面的"Load/Save"，见图 3-72，选择"Save"下面的"to Device"，然后点击"Save"（图 3-72 中标号 1），再点击"set"（图 3-72 中标号 2），这样修改已经固化在交换机中，重启交换机后仍然生效。

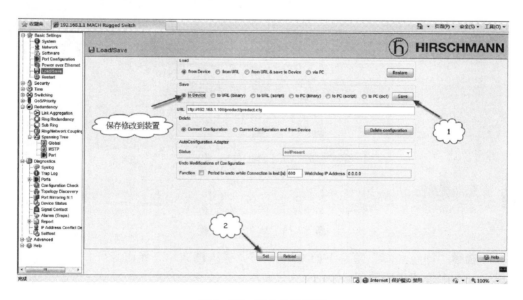

图 3-72　基本设置界面

3. MOXA

（1）用 IE 浏览器登录交换机，交换机出厂默认 IP 为 192.168.127.253，用户名为 admin，密码无，登录界面见图 3-73。

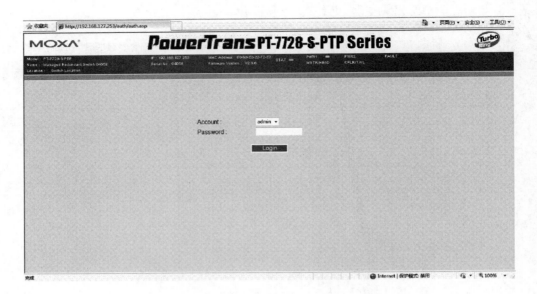

图 3-73　登录界面

（2）交换机登录进去后界面见图 3-74。

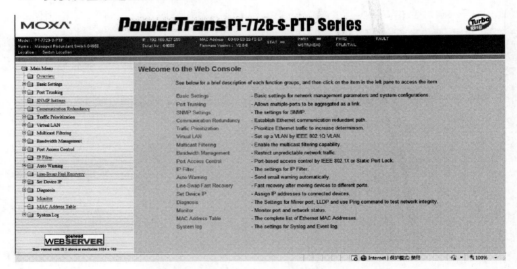

图 3-74　登录完成界面

（3）选择"Diagnosis"菜单下的"Mirror"，进入图 3-75 界面。

图 3-75 中选项说明如下：

1）"Monitored port"为源端口。

2）"Watch direction"为选择镜像方向，有 3 个选项，分别是："Input data stream"表示只镜像进交换机的数据："Output data stream"表示只镜像出交换机的数据；"Bi-directional"表示镜像双向的数据

3）"Mirror port"为镜像端口，镜像端口只能有一个。

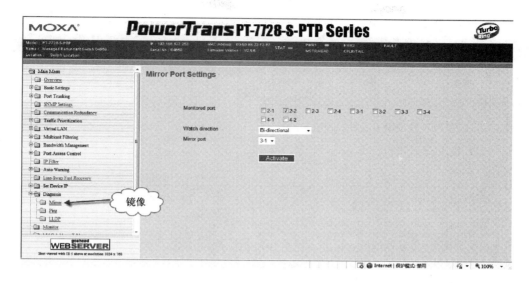

图 3-75 菜单选项

MOXA 镜像的操作与 RuggedCom 交换机操作基本一样，选择源端口，然后选择镜像方向，再选择镜像端口，再点击图 3-75"Activate"即可。

4. KYLAND

（1）用 IE 浏览器登录交换机，交换机出厂默认 IP 为 192.168.0.2，用户名为 admin，密码为 123，交换机登录进去后界面见图 3-76。

图 3-76 登录完成界面

（2）选择"设备高级配置"菜单下的"端口镜像配置"，进入后见图 3-77。

端口镜像模式有 3 个选项，分别是 RX、TX、RX&TX，表示只镜像收，只镜像发和镜像收发。将镜像功能开启，做好相应的配置后，选择页面最下面的"应用"让当前配置生效，但是重启装置后修改的配置失效。

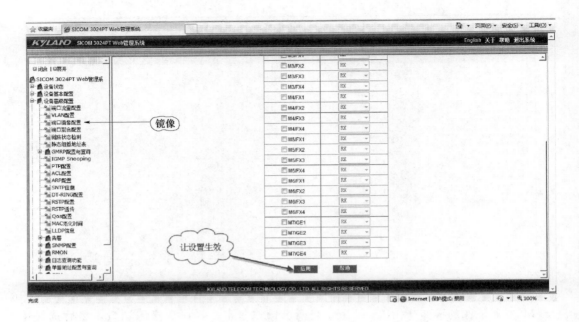

图 3-77 菜单设置

（3）点击主界面的"保存所有修改"让配置固化在交换机，见图 3-78。

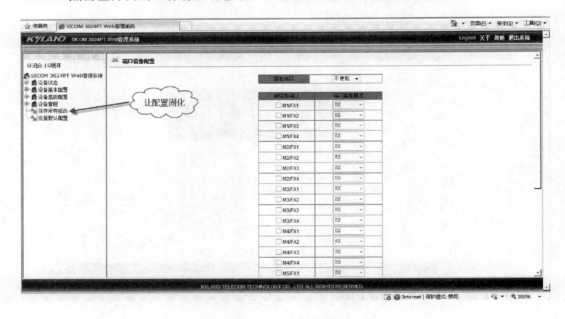

图 3-78 保存界面

5. PCS9882

（1）用 IE 浏览器登录交换机，交换机出厂默认 IP 为 192.168.0.82，用户名为 admin，密码为 admin，见图 3-79。

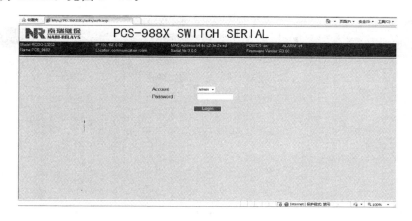

图 3-79 登录界面

（2）交换机登录进去后界面见图 3-80。

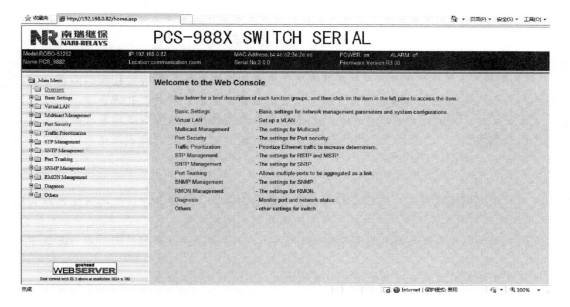

图 3-80 登录完成界面

（3）选择菜单"Diagnosis"下的"Mirror Settings"，见图 3-81。

图 3-81 中选项说明如下：

1）"Mirror Mode"为功能总开关，off 为功能关闭，L2 为功能开启。

2）"EgressBitMap"为出交换机的端口。

3）"IngressBitMap"为进交换机的端口。

4）"MPortBitMap"为镜像端口，镜像端口可以有多个。

图 3-81 的目的是将从 1、2、3 口进交换机的数据镜像到 20 口。

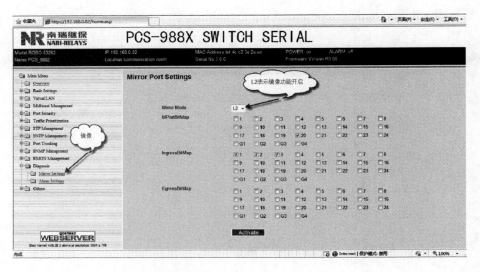

图 3 – 81　菜单选项

3.6　故 障 录 波 器

　　故障录波器用于电力系统，可在系统发生故障时，自动地、准确地记录故障前、后过程的各种电气量的变化情况，通过这些电气量的分析、比较，对分析处理事故、判断保护是否正确动作、提高电力系统安全运行水平均有着重要作用。故障录波器是提高电力系统安全运行的重要自动装置，当电力系统发生故障或振荡时，它能自动记录整个故障过程中各种电气量的变化。

　　1. 故障录波器的作用

　　(1) 根据所记录波形，可以正确地分析判断电力系统、线路和设备故障发生的确切地点、发展过程和故障类型，以便迅速排除故障和制定防止对策。

　　(2) 分析继电保护和高压断路器的动作情况，及时发现设备缺陷，揭示电力系统中存在的问题。

　　(3) 积累第一手材料，加强对电力系统规律的认识，不断提高电力系统运行水平。

　　2. 故障录波器的启动方式

　　启动方式的选择，应保证在系统发生任何类型故障时，故障录波器都能可靠启动。一般启动方式有：负序电压、低电压、过电流、零序电流、零序电压。

　　(1) 相电流突变和相电压突变。

　　相电流突变量起动采用

$$\Delta i(k) = \| i(k) - i(k-N) | - | i(k-N) - i(k-2N) \|$$

　　相电压突变量起动采用

$$\Delta u(k) = \| u(k) - u(k-N) | - | u(k-N) - u(k-2N) \|$$

式中　N——工频周期内的采样点数，采用分相判别，用计算出的相电流或相电压突变量与定值比较，连判三次满足突变量起动定值即被确认为起动；

$i(k)$——电流瞬时点。

（2）相电流、相电压越限及零序电流、零序电压越限起动。用计算出的各相电压、各相电流以及零序电压、零序电流（采用专用通道输入，而非采用对称分量法计算得到）同整定值比较以判断是否起动。

（3）频率越限与频率变化率起动。本装置采用硬件测频，用测得的频率与频率越限定值比较以判定是否起动。频率变化率采用

$$\mathrm{d}f/\mathrm{d}t = |f_2 - f_1|/\Delta T$$

式中 f_2——当前参考时刻测得的系统频率；

f_1——前一参考时刻测得的系统频率；

ΔT——相邻两参考时刻的间隔时间。

（4）振荡判断起动。线路同一相电流变化，0.5s 内最大值与最小值之差不大于 10％时起动振荡录波，并判断振荡是否平息。并利用负序电流及零序电流的变化 $\mathrm{d}I_2 + \mathrm{d}I_0$ 检测振荡中是否发生故障。

（5）开关量起动。通过配置可设定任何开关量作为起动条件、变位方式可选。

（6）正序、负序和零序电压启动判据。电力系统故障时，正序、负序和零序电压均可以看成故障分量，因此可以利用这些量变化启动录波，具体判断启动依据为

$$U_2(负序) \geqslant 3/1000 \times U_N$$
$$U_1(正序) \geqslant 90/1000 \times U_N$$
$$U_0(零序) \geqslant 2/1000 \times U_N$$

3.7　对　时　系　统

3.7.1　概述

电力系统是一个实时系统，每个时刻系统的状态量均在发生变化，为保证电网运行人员掌握电网实时运行情况，对运行数据进行分析计算，需要全网采用统一的时间基准。同时在电网存在异常或发生复杂故障情况下，监控系统和故障录波装置需要准确记录各保护动作事件发生的先后顺序，用于对故障反演和分析。虽然每个保护自动化装置均含有内部时钟，但由于各装置间的内部时钟晶振的差异，无法保证装置与装置间，装置与监控系统间的时间完全对应。这就要求采用统一的时钟源对站内所有装置进行对时。

3.7.2　时钟源介绍

常用时钟源包括：

（1）GPS（Global Positioning System）。GPS 卫星共由 24 颗卫星组成，卫星上带有原子时钟，GPS 系统每秒发送一次信号，其发送时间精度在 1μs 以内。时间信息包含年、月、日、时、分、秒以及 1PPS（标准秒）信号。地面待对时装置通过 GPS 信号接收器实现对时。

（2）伽利略定位系统（Galileo Positioning System）。

（3）中国北斗卫星导航系统。中国自主研制，采用双向交互机制，电网规范要求电力系统时钟装置须首先支持中国北斗卫星导航系统。目前共有 8 颗卫星。

3.7.3　二次设备时钟方式

1. 硬对时（脉冲对时）

主要有秒脉冲信号 PPS、分脉冲信号 PPM，以及时脉冲信号 PPH。对时脉冲式利用 GPS 所输出的脉冲时间信号进行时间同步校准，获取 UTC 同步时间的精度较高。传输信道包括电缆和光纤。

2. 软对时（串行口对时方式）

主钟通过串口以报文的形式发送时间信息，报文内容包括年、月、日、时、分、秒等。待对时装置通过串行口读取同步时钟每秒一次的串行输出的时间信息实现对时。串口又分为 RS-232 接口和 RS-422 接口方式。一般其精确度为毫秒级，输出距离从几十米到上百米。串口对时往往和脉冲对时配合使用，弥补脉冲对时只能对时到秒的缺点。

3. 编码对时（IRIG-B, Inter Range Instrumentation Group）

IRIG-B 为 IRIG 委员会的 B 标准，是专为时钟的传输制定的时钟码。它又被分为调制 IRIG-B 对时码和非调制 B 对时码。调制 B 对时码，其输出的帧格式是每秒输出一帧，每帧有 100 个代码，包含了秒段、分段、小时段和日期段等信号。非调制 B 对时码，是一种标准的 TTL 电平。变电站中通过 B 码发生器，可将 GPS 接收器输送的 RS232 数据及 1PPS 转换成 IRIG-B 码通过 IRIG-B 输出口及 RS232/RS422/RS485 串行接口输出，待对时装置根据 B 码解码器将 B 码转换成标准时间信息及 1PPS 脉冲信号。

根据传输介质的不同 B 码对时又分为光 B 码和电 B 码。其对时精度可以达微秒级。IRIG-B 编码对时见图 3-82。

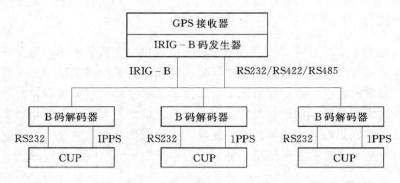

图 3-82　IRIG-B 编码对时

4. 网络对时（NTP, network time protocol）

NTP 是用来在整个网络内发布精确时间的协议，其本身的传输基于 UDP。采用客户端/服务器（client/server）工作方式。服务器通过接收 GPS 信号作为系统的时间基准，客户端通过定期访问服务器提供的时间服务获得准确的时间信息，并调整自己的系统时钟，达到网络时间同步的目的，见图 3-83。

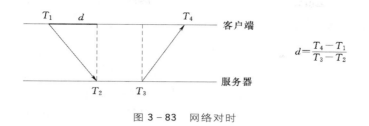

$$d = \frac{T_4 - T_1}{T_3 - T_2}$$

图 3-83　网络对时

3.7.4　智能变电站对时方式

目前站控层设备还不具备支持 IEEE 1588 的模块，且对时精度要求不高，仍采用 SNTP 方式对时。间隔层保护测控装置，故障录波，网络分析仪等仍采用 B 码对时。过程层合并单元组网数据和智能终端可以采用 IEEE1588 对时，也可以采用 B 码对时。智能变电站对时方式见图 3-84。

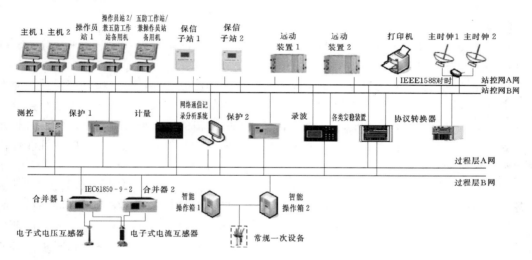

图 3-84　智能变电站对时方式

3.8　变电站数据同步技术

3.8.1　概述

单间隔保护装置接收到的电流电压数据需要同步。跨间隔保护装置接收到的不同通道采样数据也需要同步，如母差。

3.8.2　常规变电站数据同步

常规变电站数据采集为集中采样方式，在不考虑一次、二次电气量传变延时的情况下，继电保护等自动化装置只要根据自身的采样脉冲在某一时刻对相关 TA、TV 的二次电气量进行采样就能保证数据的同时性。常规变电站数据同步见图 3-85。

3.8.3 智能变电站采样同步

1. 问题的由来

基于 IEC 61850 设计的智能变电站定义了采样值服务通过 9-2 报文传输，继电保护等自动化设备的数据采集模块前移至合并单元，采用独立分散采样方式。由于各间隔互感器的采集处理环节相互独立，没有统一协调，且一次、二次电气量的传变附加了延时环节，导致各间隔互感器的二次数据间不具有同时性，无法直接用于保护自动化装置计算。

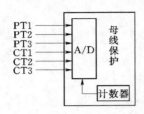

图 3-85 常规变电站数据同步

2. 涉及范围

常规互感器与电子式互感器并存时，如电压电流之间，变压器不同的电压等级之间的同步、同一间隔三相电流、电压采样之间同步，变压器差动保护、母线保护的跨间隔数据同步，线路纵差保护线路两端数据采样同步等。

3. 解决办法

针对智能变电站中采样值同步问题，目前主要解决办法由两种：插值再采样同步、基于外时钟同步方式同步。

（1）插值再采样。该方法的思路是放弃合并单元的协调采样，不依赖外部时钟，而严格要求其等间隔脉冲采样以及精确的传变延时，继电保护设备根据传变延时补偿和插值计算在同一时刻进行重采样，保证了各电子式互感器采样值的同步性。前提，严格要求合并单元等间隔脉冲采样，同时保证精确的传变延时。要求合并单元发送数据等间隔性和传输固定延时。

（2）外时钟同步。该方法思路是放弃对处理环节延时精确性的限制，采用统一时钟协调各互感器的采样脉冲，全部互感器在同一时刻采集数据并对数据标定，带有同一标号的各互感器二次数据，从而实现了数据同时性。首先将站内的所有合并单元对上时，这种信号可以是脉冲信号，IRIG-B 码信号，IEEE 1588 信号等。合并单元在接收到同步信号后稍作处理即发出采样脉冲，由于合并单元与外部时钟之间完成了同步，因此这时从电子互感器采集的数据是对应同一时刻的。母线保护通过比对包序号来判别同一时刻的数据。目前西泾变电站 110kV 线路部分采用的这种方式。

3.8.4 智能变电站采样同步测试

1. 基于直采的差值同步测试

各间隔合并单元按照自己的采样频率进行采样，将各自的延时记录在报文中，母线保护解析报文后，推算到母线保护装置时间系统下的各间隔采样值，再根据保护的采样频率进行插值计算，见图 3-86。

2. 智能站与传统站间采样数据同步

对线路纵差来说，当一侧使用了光纤电流互感器，而对侧采用常规的电磁型电流互感器时，需要验证差动保护在一侧采用数字输入一侧采用模拟输入时的数据同步问题。智能站与传统站间采样数据同步见图 3-87。

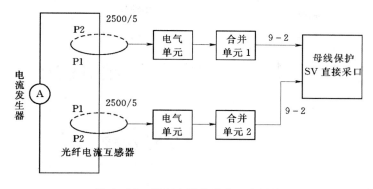

图 3-86　基于直采的差值同步测试

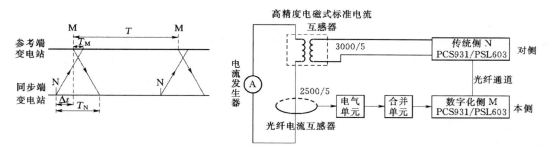

图 3-87　智能站与传统站间采样数据同步

3. 基于外时钟的采样同步测试

对于采用 SV 组网方式下数据传输，同步脉冲通过级联交换机至合并单元，通过比较主钟和合并单元的同步脉冲上升沿，见图 3-88。

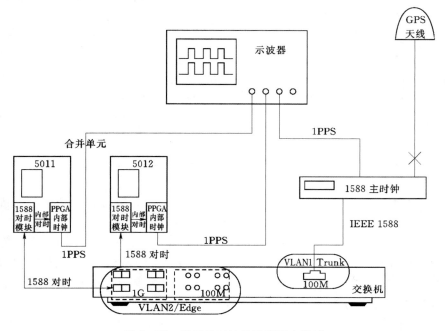

图 3-88　基于外时钟的采样同步测试

第4章 智能变电站通信

4.1 IEC 61850 规约

4.1.1 IEC 61850 规约介绍

IEC 61850 标准是电力系统自动化领域唯一的全球通用标准。通过该标准，实现了智能变电站的工程运作标准化。使得智能变电站的工程实施变得规范、统一和透明。不论是哪个系统集成商建立的智能变电站工程都可以通过 SCD（系统配置）文件了解整个变电站的结构和布局，对于智能变电站发展具有不可替代的作用。

1. 标准来源

IEC 61850 提出了一种公共的通信标准，通过对设备的一系列规范化，使其形成一个规范的输出，实现系统的无缝连接。

IEC 61850 标准是基于通用网络通信平台的变电站自动化系统唯一国际标准，它是由国际电工委员会第 57 技术委员会（IECTC57）的 3 个工作组 10、11、12（WG10/11/12）负责制定的。此标准参考和吸收了已有的许多相关标准，其中主要有：IEC870 - 5 - 101 远动通信协议标准；IEC870 - 5 - 103 继电保护信息接口标准；UCA2.0（Utility Communication Architecture2.0）（由美国电科院制定的变电站和馈线设备通信协议体系）；ISO/IEC 9506 制造商报文标准 MMS（Manufacturing Message Specification）。

同传统的 IEC 60870 - 5 - 103 标准相比，IEC 61850 不仅仅是一个单纯的通信规约，而且是数字化变电站自动化系统的标准，指导了变电站自动化的设计、开发、工程、维护等各个领域。该标准通过对变电站自动化系统中的对象统一建模，采用面向对象技术和独立于网络结构的抽象通信服务接口，增强了设备之间的互操作性，可以在不同厂家的设备之间实现无缝连接，从而大大提高变电站自动化技术水平和安全稳定运行水平，实现完全互操作。

IEC 61850 解决的主要问题有：网络通信；变电站内信息共享和互操作；变电站的集成与工程实施。

变电站通信体系 IEC 61850 将变电站通信体系分为 3 层：变电站层、间隔层、过程层。

在变电站层和间隔层之间的网络采用抽象通信服务接口映射到制造报文标准（MMS）、传输控制协议/网际协议（TCP/IP）以太网或光纤网。在间隔层和过程层之间的网络采用单点向多点的单向传输以太网。变电站内的智能电子设备（IED，测控单元和继电保护）均采用统一的协议，通过网络进行信息交换。

IEC 61850 的优点主要有：面向对象建模；抽象通信服务接口；面向实时的服务；配

置语言；整个电力系统统一建模。

IEC 61850 建模了大多数公共实际设备和设备组件。这些模型定义了公共数据格式、标识符、行为和控制，例如变电站和馈线设备（断路器、电压调节器和继电保护等）。自我描述能显著降低数据管理费用、简化数据维护、减少由于配置错误而引起的系统停机时间。IEC 61850 作为制定电力系统远动无缝通信系统基础能大幅度改善信息技术和自动化技术的设备数据集成，减少工程量、现场验收、运行、监视、诊断和维护等费用，节约大量时间，增加了自动化系统使用期间的灵活性。它解决了变电站自动化系统产品的互操作性和协议转换问题。采用该标准还可使变电站自动化设备具有自描述、自诊断和即插即用（Plug and Play）的特性，极大地方便了系统的集成，降低了变电站自动化系统的工程费用。在我国采用该标准系列将大大提高变电站自动化系统的技术水平和安全稳定运行水平，同时还节约开发验收维护的人力物力，实现完全的互操作性。

2. 标准特点

IEC 61850 标准是由国际电工委员会（International Electro technical Commission）第 57 技术委员会于 2004 年颁布的，应用于变电站通信网络和系统的国际标准。作为基于网络通信平台的变电站唯一的国际标准，IEC 61850 标准吸收了 IEC 60870 系列标准和 UCA 的经验，同时吸收了很多先进的技术，对保护和控制等自动化产品和变电站自动化系统（SAS）的设计产生深刻的影响。它将不仅应用在变电站内，而且将运用于变电站与调度中心之间以及各级调度中心之间。国内外各大电力公司、研究机构都在积极调整产品研发方向，力图和新的国际标准接轨，以适应未来的发展方向。

IEC 61850 系列标准共 10 大类、14 个标准，IEC 61850 的特点主要特点如下：

（1）定义了变电站的信息分层结构。变电站通信网络和系统协议 IEC 61850 标准草案提出了变电站内信息分层的概念，将变电站的通信体系分为 3 个层次，即变电站层、间隔层和过程层，并且定义了层和层之间的通信接口。

（2）采用了面向对象的数据建模技术。IEC 61850 标准采用面向对象的建模技术，定义了基于客户端/服务器结构数据模型。每个 IED 包含一个或多个服务器，每个服务器本身又包含一个或多个逻辑设备。逻辑设备包含逻辑节点，逻辑节点包含数据对象。数据对象则是由数据属性构成的公用数据类的命名实例。从通信而言，IED 同时也扮演客户的角色。任何一个客户可通过抽象通信服务接口（ACSI）和服务器通信可访问数据对象。

（3）数据自描述。该标准定义了采用设备名、逻辑节点名、实例编号和数据类名建立对象名的命名规则；采用面向对象的方法，定义了对象之间的通信服务，如获取和设定对象值的通信服务，取得对象名列表的通信服务，获得数据对象值列表的服务等。面向对象的数据自描述在数据源就对数据本身进行自我描述，传输到接收方的数据都带有自我说明，不需要再对数据进行工程物理量对应、标度转换等工作。由于数据本身带有说明，所以传输时可以不受预先定义限制，简化了对数据的管理和维护工作。

（4）网络独立性。IEC 61850 标准总结了变电站内信息传输所必需的通信服务，设计了独立于所采用网络和应用层协议的抽象通信服务接口（ASCI）。在 IEC 61850 - 7 - 2

中，建立了标准兼容服务器所必须提供的通信服务的模型，包括服务器模型、逻辑设备模型、逻辑节点模型、数据模型和数据集模型。客户通过 ACSI，由专用通信服务映射（SCSM）映射到所采用的具体协议栈，例如制造报文规范（MMS）等。IEC 61850 标准使用 ACSI 和 SCSM 技术，解决了标准的稳定性与未来网络技术发展之间的矛盾，即当网络技术发展时只要改动 SCSM，而不需要修改 ACSI。

3. 标准优势

IEC 61850 标准主要优势如下：

（1）它对变电站内 IED（智能电子设备）间的通信进行分类和分析，定义了变电站装置间和变电站对外通信的 10 种类型，针对这 10 种通信需求进行分类和甄别。

（2）针对不同的通信，不同的优化方式。引入 GOOSE（面向通用对象的变电站事件）、SMV（采样测量值）和 MMS（制造报文规范）等不同通信方式的通信方式，满足变电站内装置间的通信需求。

（3）建立装置的数字化模型，理顺功能、IED、LD（逻辑设备）、LN（逻辑节点）概念的关系和隶属。统一功能和装置实现直接的规范。

（4）建立统一的 SCD（变电站系统配置描述文件），使得各个变电站尽管在电压等级、供电范围、一次接线方式等不尽相同的情况下，依然能够建立起一个统一格式、统一实现方式、各个厂商通用的变电站配置。

首次提出过程层概念和解决方案，使得电子式互感器的得以推广和应用。

4.1.2　IEC 61850 规约层次关系

1. IEC61850 规约内容的层次关系

IEC 61850 规约文本总共有 10 个部分，每个部分的名称和关系见图 4-1。

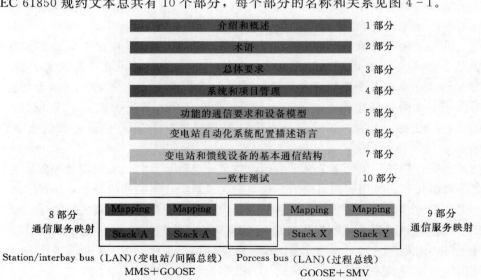

图 4-1　IEC 61850 规约 10 个部分的名称和关系图

IEC 61850 是新一代的变电站自动化系统国际标准。国际电工委员会（IEC）TC57 工作组制定的《变电站通信网络和系统》系列标准，是基于网络通信平台的变电站自动化系统唯一的国际标准。DL/T 860 系列标准采用 IEC 61850 系列标准。

应用 IEC 61850 标准的好处如下：

（1）时限通信无缝连接，弱化各厂商设备型号。

（2）加强设备数字化应用，提高自动化性能。

（3）自定义规范化，可使用变电站特殊要求。

（4）集成化规模增大，增强无人值守站可靠性

（5）减少电缆使用量，节约一次、二次设备成本。

其中，第六部分规定了用于变电站智能电子设备配置的描述语言，该语言称作为变电站配置描述语言（SCL），适用于描述按照 DL/T 860.5 和 DL/T 860.7x 标准实现的智能电子设备配置和通信系统，规范描述变电站自动化系统和变电站（开关场）间关系。SCL 句法元素由五部分构成：信息头、变电站描述（电压等级、间隔层、电力设备、结点等）、智能电子设备描述（访问点、服务器、逻辑设备、逻辑结点、实例化数据 DOI 等）、通信系统、数据类型模板。

建立通信模型要求定义众多对象（如数据对象、数据集、报告控制、登录控制）以及对象提供的服务（取数、设定、报告、创建、删除）。这些在本系列标准中第 7 - X 部分中用明确接口来定义。为利用通信技术的长处，IEC 61850 系列标准中，不定义新的开放式系统互联 OSI 协议栈，仅在本系列标准的第 8 部分和第 9 部分分别规定了在现有协议栈上的标准映射。第八部分规定了 ACSI（抽象通信服务接口，DL/T 860.72）的对象和服务到 MMS 符合《工业自动化系统制造报文规范》（GB/T 16720—2005）和 ISO/IEC 8802 - 3 帧之间的映射。

第十部分一致性要求调查和确定它们的有效性是系统和设备验收的重要部分。为了系统和设备的互操作性，本标准系列第十部分规定了变电站自动化系统设备的一致性测试方法，给出了建立测试条件和系统测试的导则。

2. 数字化变电站的层次关系

数字化变电站层次和服务关系图见图 4 - 2。

图 4 - 2 中 10 个数字连接具体是：

（1）间隔层装置与变电站监控系统之间交换事件和状态数据——MMS。

（2）间隔层装置与远方保护交换数据——私有规约，未来发展也可用以太网方式借用 GOOSE 或 SMV。

（3）间隔内装置间交换数据——GOOSE。

（4）过程层与间隔层交换采样数据——SMV。

（5）过程层与间隔层交换控制和状态数据——GOOSE。

（6）间隔层装置与变电站监控系统之间交换控制数据——MMS。

（7）监控层与保护主站通信——MMS。

（8）间隔间交换快速数据——GOOSE。

（9）变电站层间交换数据——MMS。

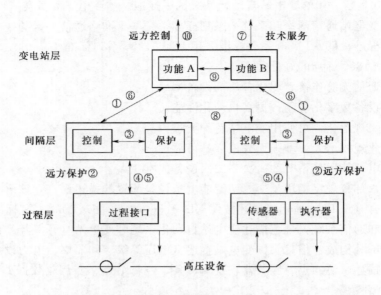

图 4 - 2 数字化变电站层次和服务关系图

（10）变电站与控制中心交换数据——不在标准范围，也有用户希望采用 61850。

3. IEC 61850 模型的层次关系

物理设备映射到 IED，然后将各个功能分解到 LN，组织成一个或者多个 LD。每个功能的保护数据映射到 DO，并且根据功能约束（FC）进行拆分并映射到若干个 DA（图 4 - 3）。

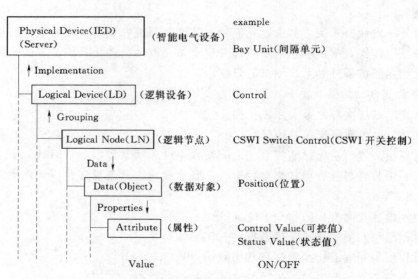

图 4 - 3 ICD 模型的基本层次示意图

4.1.3 IEC 61850 规约服务

从装置研发角度来看，IEC 61850 标准的服务实现主要分为 3 个部分：MMS 服务、GOOSE 服务、SMV 服务。其中，MMS 服务用于装置和后台之间的数据交互，GOOSE 服务用于装置之间的通讯，SMV 服务用于采样值传输，3 个服务之间的关系见图 4 - 4。在装置和后台之间涉及到双边应用关联，在 GOOSE 报文和传输采样值中涉及多路广播报文的服务。双边应用关联传送服务请求和响应（传输无确认和确认的一些服务）服务，多路广播应用关联（仅在一个方向）传送无确认服务。目前，PCS 系列装置 IEC 61850 模块支持上述所有服务。

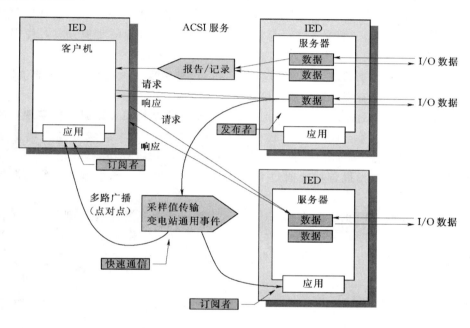

图 4 - 4 MMS、GOOSE 和 SMV 3 个服务的关系图

如果把 IEC 61850 标准的服务细化分，主要有：报告（事件状态上送）、日志历史记录上送、快速事件传送、采样值传送、遥控、遥调、定值读写服务、录波、保护故障报告、时间同步、文件传输、取代，以及模型的读取服务。从用户使用角度来看，IEC 61850 标准的实现主要分为客户端（后台）、服务器端（装置）、配置工具 3 个部分。配置文件是联系三者的纽带。

1. MMS 服务

MMS（Manufactoring Message Specification）即制造报文标准，是 ISO/IEC 9506 标准所定义的一套用于工业控制系统的通信协议。

MMS 是由 ISO TC184 开发和维护的网络环境下计算机或 IED 之间交换实时数据和监控信息的一套独立的国际报文标准。它独立于应用和设备的开发者。MMS 特点介绍如下：

（1）定义了交换报文的格式。结构化层次化的数据表示方法，可以表示任意复杂的数据结构。ASN.1 编码可以适用于任意计算机环境。

（2）定义了针对数据对象的服务和行为。为用户提供了一个独立于所完成功能的通用通信环境。

（3）信号上送。开入、事件、报警等信号类数据的上送功能通过 BRCB（有缓冲报告控制块）来实现，映射到 MMS 的读写和报告服务。通过有缓冲报告控制块，可以实现遥信和开入的变化上送、周期上送、总召、事件缓存。由于采用了多可视的实现方案，事件可以同时送到多个后台。

（4）测量上送。遥测、保护测量类数据的上送功能通过 URCB（无缓冲报告控制块）来实现，映射到 MMS 的读写和报告服务。通过无缓冲报告控制块，可以实现遥测的变化上送（比较死区和零漂）、周期上送、总召。由于采用了多可视的实现方案，使得事件可以同时送到多个后台。

（5）定值。定值功能通过定制控制块（SGCB）来实现，映射到 MMS 的读写服务。通过定制控制块，可以实现选择定值区进行召唤、修改、定制区切换。

（6）控制。遥控、遥调等控制功能通过 IEC61850 的控制相关数据结构实现，映射到 MMS 的读写和报告服务。IEC61850 提供多种控制类型，PCS 系列装置实现了增强型 SBOw 功能和直控功能，支持检同期、检无压、闭锁逻辑检查等功能。

（7）故障报告。故障报告功能通过 RDRE 逻辑节点实现，映射到 MMS 的报告和文件操作服务。

录波文件产生时，RDRE 下的 RcdMade 和 FltNum 通过报告上送到后台，后台召唤故障报告的方式为：IED 名称 _ LD 名称 _ 故障序号 _ *. HDR（CFG、DAT）。

统一规范的故障报告采用 XML 格式存放在 HDR 文件中，内容见图 4-5。

FaultReport

		time	name	phase	value
FaultStartTime		2007-06-06 10:18:20:201			
TripInfo (6)					
	1	0ms	主保护起动		1
	2	10ms	距离一段	ABC	1
	3	100ms	距离一段	ABC	0
	4	300ms	重合闸动作	ABC	1
	5	400ms	重合闸动作	ABC	0
	6	7000ms	主保护起动	ABC	0
FaultInfo (3)		name	value		
	1	故障选相	AB		
	2	故障测距	10.6kM		
	3	故障电流	5.6kA		
DataFileSize		312000			
FaultKeepingTime		102ms			

图 4-5 统一规范的故障报告

2. GOOSE 服务

（1）GOOSE 介绍。IEC 61850 标准中定义的面向通用对象的变电站事件（GOOSE）以快速的以太网多播报文传输为基础，代替了传统的智能电子设备（IED）之间硬接线的通信方式，为逻辑节点间的通信提供了快速且高效可靠的方法。GOOSE 服务支持由数据集组成的公共数据的交换，主要用于保护跳闸、断路器位置，联锁信息等实时性要求高的数据传输。GOOSE 服务的信息交换基于发布/订阅机制基础上，同一 GOOSE 网中的任一 IED 设备，即可以作为订阅端接收数据，也可以作为发布端为其他 IED 设备提供数据。这样可以使 IED 设备之间通信数据的增加或更改变得更加容易实现。

（2）GOOSE 功能。PCS 系列装置使用独立的高性能 DSP 板卡来实现 GOOSE 功能，具有很高的实时性和可靠性。板卡自带的两个百兆全双工光纤以太网接口，可以分别对应不同的 VLAN 网络。GOOSE 双网配置提高了系统的可靠性和稳定性。

（3）GOOSE 收发机制。为了保证 GOOSE 服务的实时性和可靠性，GOOSE 报文采用与基本编码规则（BER）相关的 ASN.1 语法编码后，不经过 TCP/IP 协议，直接在以太网链路层上传输，并采用特殊的收发机制。

GOOSE 报文发送采用心跳报文和变位报文快速重发相结合的机制。在 GOOSE 数据集中的数据没有变化的情况下，发送时间间隔为 T_0 的心跳报文，报文中的状态号（stnum）不变，顺序号（sqnum）递增。当 GOOSE 数据集中的数据发生变化情况下，发送一帧变位报文后，以时间间隔 T_1，T_2，T_3 进行变位报文快速重发。数据变位后的报文中状态号（stnum）增加，顺序号（sqnum）从零开始。

GOOSE 接收可以根据 GOOSE 报文中的允许生存时间 TATL（time allow to live）来检测链路中断。GOOSE 数据接收机制可以分为单帧接收和双帧接收两种。智能操作箱使用双帧接收机制，收到两帧 GOOSE 数据相同的报文后更新数据。其他保护和测控装置使用单帧接收机制，接收到变位报文（stnum 变化）以后，立刻更新数据。当接收报文中状态号（stnum）不变的情况下，使用双帧报文确认来更新数据。

（4）GOOSE 报警功能。GOOSE 对收发过程中产生的异常情况进行报警，主要分为：GOOSE A 网/B 网断链报警，GOOSE 配置不一致报警，GOOSE A 网/B 网网络风暴报警。

1）GOOSE A 网/B 网断链报警：在两倍的报文允许生存时间 TATL（time allow to live）内没有收到正确的 GOOSE 报文，就产生 GOOSE A 网/B 网断链报警。

2）GOOSE 配置不一致报警：GOOSE 发布方和订阅方中 GOOSE 控制块的配置版本号等属性必须一致，否则产生 GOOSE 配置不一致报警。

3）GOOSE A 网/B 网网络风暴报警：当 GOOSE 网络中产生网络风暴，网络端口流量超过正常范围，出现异常报文时，会产生 GOOSE A 网/B 网网络风暴报警。

（5）GOOSE 检修功能。当装置的检修状态置 1 时，装置发送的 GOOSE 报文中带有测试（test）标志，接收端就可以通过报文的 test 标志获得发送端的置检修状态。当发送端和接收端置检修状态一致时，装置对接收到的 GOOSE 数据进行正常处理。当发送端和接收端置检修状态不一致时，装置可以对接收到的 GOOSE 数据做相应处理，以保证检修的装置不会影响到正常运行状态的装置，提高了 GOOSE 检修的灵活性和可靠性。

3. SMV 服务

采样值的传输所交换的信息是基于发布/订户机制。在发送侧发布方将值写入发送缓冲区；在接收侧订户从当地缓冲区读值。在值上加上时标，订户可以校验值是否及时刷新。通信系统负责刷新订户的当地缓冲区。

在一个发布方和一个或多个订户之间有两种交换采样值方法：一种方法采用 MULTICAST - APPLICATION - ASSOCIATION（多路广播应用关联控制块 MSVCB）；另一种方法采用 TWO - PARTY - APPLICATION - ASSOCIATION 双边应用关联即单路传播采样值控制块 USVCB。按规定的采样率对输入进行采样，由内部或者通过网络实现采样的同步，采样存入传输缓冲区。

网络嵌入式调度程序将缓冲区的内容通过网络向订户发送。采样率为映射特定参数。采样值存入订户的接收缓冲区。一组新的采样值到达了接收缓冲区就通知应用功能。多点传送采样值服务的映射见表 4-1。

表 4-1 多点传送采样值服务的映射

MSVCB 类服务	服 务 内 容
SendMSVMessage	MSV 信息的传送直接映射到数据链路层
GetMSVCBValue	映射到 MMS 读服务
SetMSVCBValue	映射到 MMS 写服务

SMV 和 GOOSE 常用的重要概念如下：

（1）以太网地址。用于采样值传输时，需配置 ISO/IEC 8802 - 3 多点传送的目标地址，采用唯一的 ISO/IEC 8802 - 3 源地址。建议的多点传送地址示例见表 4-2。

表 4-2 建议的多点传送地址示例

项　目	建议的取值范围	
服务	开始地址（十六进制）	结束地址（十六进制）
GOOSE	01 - 0C - CD - 01 - 00 - 00	01 - 0C - CD - 01 - 01 - FF
GSSE	01 - 0C - CD - 02 - 00 - 00	01 - 0C - CD - 02 - 01 - FF
MSV	01 - 0C - CD - 04 - 00 - 00	01 - 0C - CD - 04 - 01 - FF

（2）优先级标记。允许应用带有一组优先级限制，高优先级帧应设置其优先级为 4～7，低优先级帧则为 1～3。

（3）虚拟局域网（VLAN）。VLAN 是一个在物理网络上根据用途，工作组、应用等来逻辑划分的局域网络，是一个广播域，与用户的物理位置没有关系。一个 VLAN 中的成员看不到另一个 VLAN 中的成员。同一个 VLAN 中的所有成员共同拥有一个 VLAN ID，组成一个虚拟局域网络；同一个 VLAN 中的成员均能收到同一个 VLAN 中的其他成员发来的广播包，但收不到其他 VLAN 中成员发来的广播包；不同 VLAN 成员之间不可直接通信，需要通过路由支持才能通信，而同一 VLAN 中的成员通过 VLAN 交换机可以直接通信，不需路由支持。

（4）以太网类型。以太网类型采样值见表 4-3。

表 4-3　　　　　　　　　　　　以太网类型采样值

应　　　用	以太网类型码取值（十六进制）	APPID 类型
IEC 61850-8-1 GOOSE	88-B8	0 0
IEC 61850-8-1 GSE 管理	88-B9	0 0
IEC 61850-9-1 采样值	88-BA	0 1
IEC 61850-9-2 采样值	88-BA	0 1

（5）ASN1 编码。通常有 3 个部分构成：标签值（一个字节）、长度（一个或者两个字节）、内容。bit string 内容部分，除了字符串内容外，需要填充为 8 位的整数倍，第一个字节为填充的 bit 数目，后续为 bit 真正内容。

（6）时间。有两个时间概念需要区分，第一个 MMS UTC 时间，也就是 TIMES-TAMP（时间标签）类型，值的格式应包括 3 部分：距离格林尼治标准时间 1970 年 1 月 1 日午夜的秒数（s）、秒的小数部分（f）和质量标记（q）。第二个 MMS Btime6（天的时间），类型应是 8 位组串，该类型的值包含 4 个 8 位位组，值分为两个部分：第一部分表示从当天午夜之后的毫秒数（日期不在该数值中）；第二部分包含时间和日期，以从 1984 年 1 月 1 日之后的相对天数来表示。

4.1.4　IEC 61850 规约带来的变电站二次系统物理结构的变化

（1）基本取消了硬接线，所有的开入、模拟量的采集均就地完成，转换为数字量后通过标准规约从网络传输。

（2）所有的开出控制通过网络通信完成。

（3）继电保护的联闭锁一级控制的联闭锁由网络通信（GOOSE 报文）完成，取消了传统的二次继电器逻辑接。

（4）数据的共享通过网络交换完成。

4.2　二次设备重新定位

4.2.1　智能站系统中三层简介

智能站系统图见图 4-6。二次设备和一次设备功能的重新定位，实现一次设备智能化。

（1）集中式保护硬件见图 4-7。

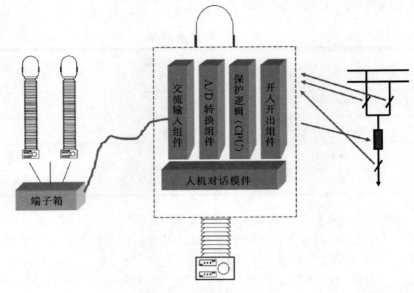

（a）传统微机保护

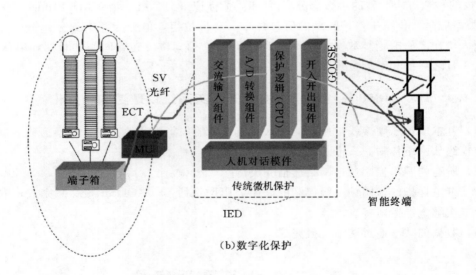

（b）数字化保护

图 4-6　智能站系统图

（2）智能变电站网络结构见图 4-8。其主要特点有：三层两网；逻辑结构与物理结构；站控层与过程层网络独立；信息分类：站控层/间隔层为 MMS、GOOSE，过程层为 SV、GOOSE。

1）常见网络拓扑见图 4-9。

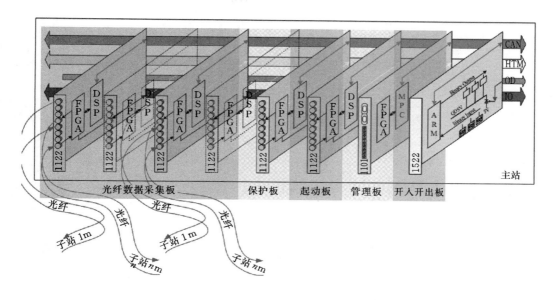

图 4-7 集中式保护硬件图

图 4-9 为星形网络拓扑，网络中信息传输路径应不超过 4 级交换机级联。

2）过程层网络结构见图 4-10。过程层特点有：

一般按电压等级分别组网，交换机集中或按间隔；220kV 及以上变电站双重化星型；110kV 变电站推荐单星型；内桥或线变组可不组网；主变不单独组网，接入各侧过程层网络，低侧可接入中侧。

3）站控层网络结构见图 4-11。站控层/间隔层采取：220kV 及以上变电站双重化星型；110kV 及以下变电站宜单星型。

（3）测控装置如下：

1）具有数字化接口，满足数字式采样的要求。

2）网络通信功能，支持过程层 GOOSE。

3）按 DL/T 860 建模。

4）支持通过 GOOSE 报文时限间隔层联闭锁。

5）接入不同网络的数据接口独立原则。

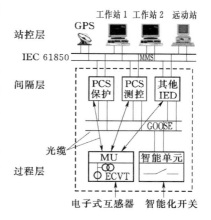

图 4-8 智能变电站结构图

4.2.2 电子式互感器发展背景

1. 电子式互感器优点

传统的电磁式互感器存在很多缺陷，如绝缘薄弱、体积笨重、动态范围小、存在铁芯饱和等问题。电子式互感器与常规互感器相比具有很多优点，见表 4-4。

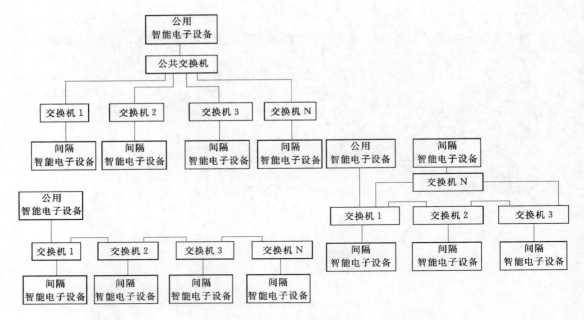

图 4 - 9 常见网络拓扑图

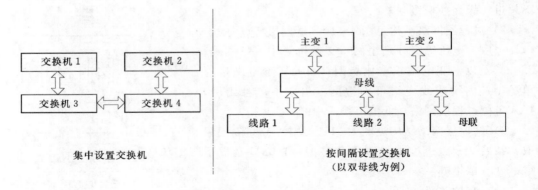

集中设置交换机

按间隔设置交换机
（以双母线为例）

图 4 - 10 过程层网络结构图

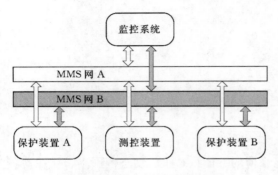

图 4 - 11 站控层网络结构图

表 4 - 4   电子式互感器对比常规互感器

比较项目	常规互感器	电子式互感器
绝缘	复杂	绝缘简单
体积及重量	大、重	体积小、重量轻
TA 动态范围	范围小、有磁饱和	范围宽、无磁饱和
TV 谐振	易产生铁磁谐振	TV 无谐振现象
TA 二次输出	不能开路	可以开路
输出形式	模拟量输出	数字量输出

2. 电子式感器发展

（1）智能电网的发展需要电子式互感器。智能电网是电力系统的发展趋势，目前已在逐步实施。智能电网要求变电站全站信息数字化、通信平台网络化、信息共享标准化。电子式互感器以其优良的性能，采用光纤点对点或组网的方式传输数据，很好地适应了智能电网的发展需求。

互感器演变示意图见图4-12。

（a）GIS电子式互感器（66～500kV）

（b）AIS电子式互感器（66～500kV）

（c）直流电子式互感器（50～800kV）

（d）光学互感器（66～500kV）

图4-12 互感器演变示意图

（2）电子式互感器。

1）有源电子式互感器——AIS见图4-13、图4-14。

电子式互感器的分类见表4-5。

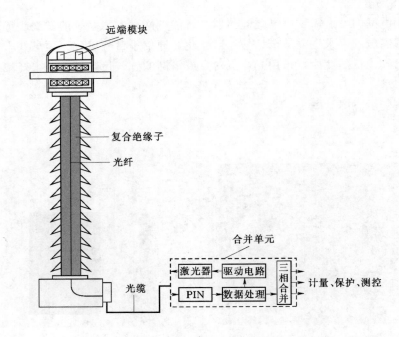

图 4 - 13 有源电子互感器——AIS（一）

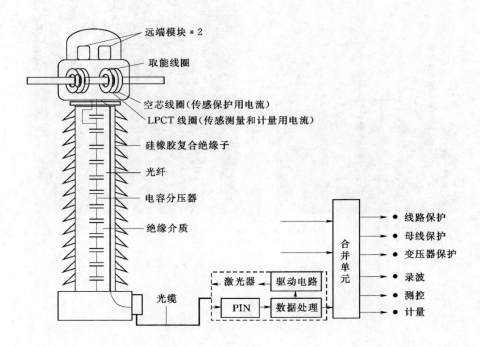

图 4 - 14 有源电子式互感器——AIS（二）

表 4 – 5　　　　　　　　　　　　　　　电子式互感器的分类

分　　类		原　　理		备　　注
电子式互感器	有源式	电流互感器（ECT）	法拉利电磁感应	罗氏（Rogowski）线圈	线性度好，无饱和现象，传感保护用电流（5TPE）
				低功率线圈（LPCT）	精度高（0.25 级），传感测量、计量用电流
		电压互感器（EVT）	电容分压/电阻分压/电感分压		0.2/3P 精度
	无源式	电流互感器（OCT）	Faraday 旋光效应，Sagnac 效应	全光纤式 FOCT	（1）全光纤结构简单，抗振能力强。 （2）光纤熔接连接可靠，长期稳定性好。 （3）工艺成熟，一致性好
				磁光玻璃式	（1）分立元件，结构复杂，抗振能力差。 （2）光学胶粘接，长期稳定性差。 （3）分立元件加工困难，一致性难保证
		电压互感器（OVT）	Pockels 电光效应型		目前已有样品，尚未推广应用
			逆压电效应型		

有源电子式互感器结构见图 4 – 15。

AIS 电子式电流电压组合互感器

（a）有源电子式互感器——AIS

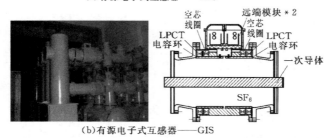

（b）有源电子式互感器——GIS

（c）三相共箱结构 GIS 电子式电流电压互感器

图 4 – 15　有源电子式互感器结构示意图

2）无源（光学）电流互感器见图4-16。

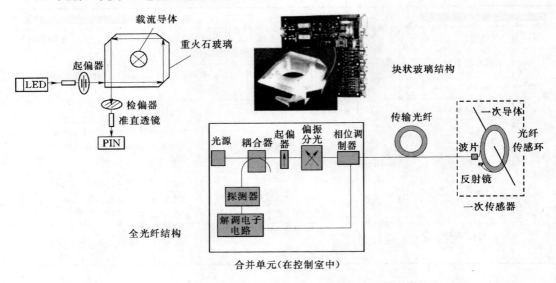

图4-16 无源（光学）电流互感器

4.2.3 电子式互感器与常规互感器比较

（1）电子式互感器与常规互感器的共同点。

1）功能相同：实时无畸变地准确传变一次电流及一次电压。

2）基本技术要求相同：电流准确度0.2S/5P20（TPY）；电压准确度0.2/3P；绝缘水平；动热稳定电流等。

（2）电子式互感器与常规互感器的不同点。

1）实现方式不同。

2）数据输出不同。常规互感器：模拟量1A/5A，$100V/\sqrt{3}V$。电子式互感器：数字量。

（3）负载功率、电磁兼容、温度特性不同等。

4.2.4 ECVT技术水平及应用现状

1. 有源电子式互感器

（1）技术难度较低，相对较为成熟。

（2）能够满足基本应用需求。测量精度（0.2S、0.2）；暂态特性（5TPE、3P）；温度特性（-40~50℃）；绝缘性能、电磁兼容性能等。

（3）长期运行的稳定性、能否应用于计量有待验证。

2. 无源（光学）电子式互感器

（1）技术难度大。

（2）块状玻璃结构OCT稳定性问题较难解决。

（3）全光纤OCT温度稳定性较好，但有一定的不确定性。测量精度为0.2；暂态特性为5TPE；温度特性（-40~50℃）；绝缘性能、电磁兼容性能等。

（4）长期运行的稳定性有待验证。

（5）光学电压互感器国内目前还没有使用化产品。

3．有关问题探讨

（1）电子式互感器技术目前是否具备推广应用条件，常规互感器＋就地采集。

（2）电子式互感器既要满足计量应用需求（0.2S/3P，全温度范围、长期运行），还要满足保护应用需求（频率特性、暂态特性、采样率等）。

（3）规范电子式互感器的测试，加强现场测试。

（4）规范电子式互感器的生产。

4.2.5　电子式互感器的试验方法

电子式互感器的主要特点是数字输出。误差和极性试验主要针对电子式互感器校验，需同步采集电子式互感器的输出信号及标准互感器的输出信号，准确度满足要求不小于0.05％。记录计算电子式互感器的比差、角度、复合误差、瞬态误差。电子式电流互感器试验图见图 4－17。

1．电子式电流互感器的误差和极性测试

（1）试验设备：升流器、标准电流互感器（0.02 级）、5A/4V 标准转换器、合并单元、电子式互感器校验仪。

（2）试验回路，见图 4－18。误差和极性测试的合格数据见表 4－6，误差限值见表 4－7。

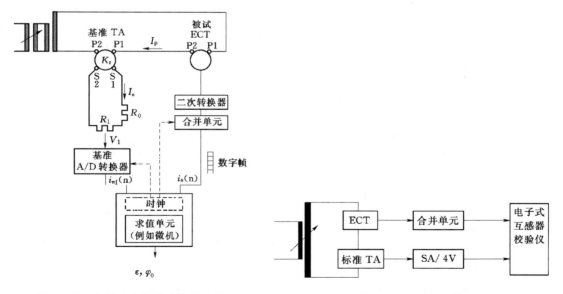

图 4－17　电子式电流互感器试验图　　　　　图 4－18　试验回路

表 4－6　　　　　　电子式电流互感器的误差和极性测试的合格判据

准确级	在下列额定电流的百分数时，电流误差/%					在下列额定电流的百分数时，相位误差/(°)				
	1%	5%	20%	100%	120%	1%	5%	20%	100%	120%
0.2S	±0.75	±0.35	±0.2	±0.2	±0.2	±30	±15	±10	±10	±10

表 4 - 7			测量用电流互感器误差限值		
准确级	在额定一次电流下，电流误差/%	在额定一次电流下，相位误差		在额定准确限值一次电流下，复合误差/%	在准确限值条件下，最大峰值瞬时误差/%
		(°)	crad		
5TPE	±1	±60	±1.8	5	10
5P	±1	±60	±1.8	5	—

2. 电子式电压互感器的误差和极性测试

（1）试验设备：升压器、标准互感器（0.05 级）、感应分压器、合并单元、电子式互感器校验仪。

（2）试验回路，见图 4 - 19。合格数据见表 4 - 8。

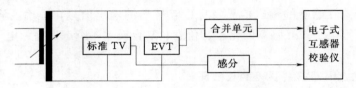

图 4 - 19　EVT 误差和极性测试接线图

表 4 - 8						电子式电压互感器的误差和极性测试的合格判据					
准确级	在下列额定电压百分数时，电压误差/%						在下列额定电压百分数时，相位误差/(°)				
	2%	5%	80%	100%	120%	150%	2%	5%	80%	100%	120%	150%
0.2/3P	±6	±3	±0.2	±0.2	±0.2	±3	±240	±120	±10	±10	±10	±120

3. 电子式互感器配置原则

电子式互感器配置原则见表 4 - 9。

表 4 - 9		传感器、远端模块及合并单元的通常配置			
		电流传感器	电压传感器	远端模块	合并单元
110kV AIS ECVT	线路、测保、母联	单配	单配	单配	单配
	主变	双配	单配	双配	双配
110kV GIS ECVT	线路、测保、母联	单配	单配	单配	单配
	主变	单配	单配	双配	双配
220kV AIS ECVT	线路、测保、母联、主变	双配	单配	双配	双配
220kV GIS ECVT	线路、测保、母联、主变	双配	双配	双配	双配

4.2.6　各种接线型式下电子式互感器的配置

（1）3/2 接线型式：母线配置单相 EVT，线路侧配置三相 EVT；断路器配置三相 ECT；高抗首尾两端配置 ECT，见图 4 - 20。

（2）单断路器接线型式：母线配置三相 EVT；母联间隔配置三相 ECT；出线（或主

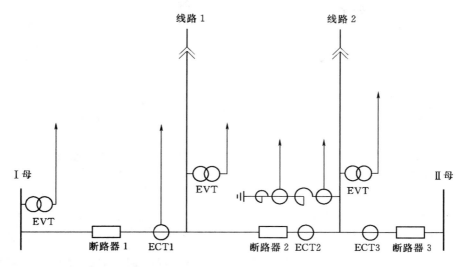

图 4-20 3/2 接线型式

变）间隔配置三相 ECVT，见图 4-21。

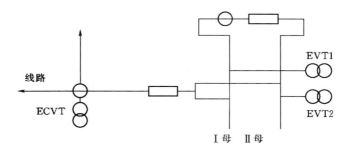

图 4-21 单断路器接线型式

（3）变压器间隔互感器配置。

1）变压器各侧互感器类型及相关特性宜一致。

2）主变压器各侧采用电子式电流互感器时，宜取管电流互感器；主变压器低压侧套管电流互感器。

需注意，各侧电子式互感器和常规互感器并存的情况，以及中性点或间隙配置方式建议。

4.3 智能变电站报文分析

4.3.1 MMS 报文分析

MMS 是一种应用层协议，实现了出自不同制造商的设备之间具有互操作性，使系统集成变得简单、方便。EMS 和 SCADA 等电力控制中心之间的通信协议采用面向对象建模技术，其底层直接映射到 MMS 上。IEC 61850 作为 IECTC57 制订的关于变电站自动化系统计算机通信网络和系统的标准，采用分层、面向对象建模等多种新技术，其底层也直接映射到 MMS 上。

4.3.1.1 通信初始化

1. ACSI 中的通信初始化

在 ACSI 中，通信初始化服务主要包括：关联、放弃、释放、读逻辑设备目录、读逻辑节点目录、读数据目录、读所有数据值、写报告控制块值、读文件等。

2. MMS 中的通信初始化

ACSI 中的通信初始化过程映射到 MMS 中，主要包含建立 TCP 连接、释放 TCP 连接、初始化请求、读模型、读控制块、写控制块等。

（1）建立 TCP 连接。建立 TCP 连接，分三次握手。

1）第一步：客户端向服务器端发起同步请求，服务器侧端口固定为 102，客户端端口由 socket 随机产生，见图 4-22。

```
⊟ Transmission Control Protocol, Src Port: 36295 (36295), Dst
     Source port: 36295 (36295)
     Destination port: iso-tsap (102)
     Sequence number: 0     (relative sequence number)
     Header length: 32 bytes
  ⊟ Flags: 0x0002 (SYN)
        0... .... = Congestion Window Reduced (CWR): Not set
        .0.. .... = ECN-Echo: Not set
        ..0. .... = Urgent: Not set
        ...0 .... = Acknowledgment: Not set
        .... 0... = Push: Not set
        .... .0.. = Reset: Not set
        .... ..1. = Syn: Set
        .... ...0 = Fin: Not set
     Window size: 49640
     Checksum: 0x0000 [Checksum offloaded]
  ⊞ Options: (12 bytes)
```

图 4-22　第一步

2）第二步：服务器端向客户端响应，同时也向客户端发起同步请求，见图 4-23。

3）第三步：客户端予以确认，见图 4-24。

（2）释放 TCP 连接。释放 TCP 连接，分四次挥手。由于 TCP 通信为全双工通信，发起关闭连接的一方只能关闭己方的发送通道，而接收通道还允许继续接收对侧的数据，除非对侧也发起关闭连接。第一步发起方向对侧端发起结束请求；第二步接收方向发起方做确认响应；第三步接收方也向发起方发起关闭连接请求；第四步发起方对收到的结束请求予以确认响应，四步过后即完成 TCP 关闭连接。

（3）初始化请求。在 TCP 连接建立之后，客户端将向服务器端发起初始化请求，服务器端在收到请求后，将予以初始化响应，见图 4-25。

1）初始化请求内容分析为：初始化请求主要用于通知服务器端，客户端所支持的服务类型，服务类型后括号中的数字为服务的编码，例如支持身份识别、文件服务（打开、

```
□ Transmission Control Protocol, Src Port: iso-tsap (102), Dst
       Source port: iso-tsap (102)
       Destination port: 36295 (36295)
       Sequence number: 0     (relative sequence number)
       Acknowledgement number: 1     (relative ack number)
       Header length: 32 bytes
    □ Flags: 0x0012 (SYN, ACK)
          0... .... = Congestion Window Reduced (CWR): Not set
          .0.. .... = ECN-Echo: Not set
          ..0. .... = Urgent: Not set
          ...1 .... = Acknowledgment: Set
          .... 0... = Push: Not set
          .... .0.. = Reset: Not set
          .... ..1. = Syn: Set
          .... ...0 = Fin: Not set
       Window size: 5840
       Checksum: 0x40a6 [correct]
    ⊞ Options: (12 bytes)
```

图 4-23   第二步

```
□ Transmission Control Protocol, Src Port: 36295 (36295), Dst
       Source port: 36295 (36295)
       Destination port: iso-tsap (102)
       Sequence number: 1     (relative sequence number)
       Acknowledgement number: 1     (relative ack number)
       Header length: 20 bytes
    □ Flags: 0x0010 (ACK)
          0... .... = Congestion Window Reduced (CWR): Not set
          .0.. .... = ECN-Echo: Not set
          ..0. .... = Urgent: Not set
          ...1 .... = Acknowledgment: Set
          .... 0... = Push: Not set
          .... .0.. = Reset: Not set
          .... ..0. = Syn: Not set
          .... ...0 = Fin: Not set
       Window size: 49640
       Checksum: 0x0000 [Checksum offloaded]
```

图 4-24   第三步

```
14 2010-03-26 16:04:30.730260 198.120.0.184  198.120.0.93   MMS    Initiate Request
15 2010-03-26 16:04:30.748198 198.120.0.93   198.120.0.184  MMS    Initiate Response
```

图 4-25   初始化请求

读、关闭共同配合完成)、报告服务,见图 4-26。

2)初始化响应内容分析为:初始化响应主要用于服务器端,为服务器端收到初始化请求后,通知服务器端所支持的类型,例如状态现报告服务、身份识别、读模型服务(读名称列表、读变量访问属性、读有名变量列表属性、读域名属性服务等)、读服务、写服

```
■ ISO/IEC 9506 MMS
    Initiate Request (8)
    Proposed MMS PDU Size:  32000
    Proposed Outstanding Requests Calling:   30
    Proposed Outstanding Requests Called:   250
    Proposed Data Nesting Level:  5
  ⊟ Initiate Request Detail
    MMS Version Number: 1
    ⊟   Proposed Parameter CBBs:
          Proposed Parameter CBBs:
          Array Support [STR1] (0)
          Structure Support [STR2] (1)
          Named Variable Support [VNAM] (2)
          Alternate Access Support [VALT] (3)
          Addressed Variable Support [VADR] (4)
          Third Pary Service Support [TPY] (6)
          Named Variable List Support [VLIS] (7)
    ⊟   Services Supported Calling:
          Services Supported Calling:
          identify (2)
          fileOpen (72)
          fileRead (73)
          fileClose (74)
          informationReport (79)
```

图 4 - 26 初始化请求内容分析

务、文件服务（包含打开、读、关闭、重命名、删除、读文件列表等）、报告服务、终止服务、取消服务等见图 4 - 27。

```
■ ISO/IEC 9506 MMS
    Initiate Response (9)
    Negotiated MMS PDU Size:  32000
    Negotiated Max Outstatind Requests Calling:   5
    Negotiated Outstanding Requests Called:   5
    Negotiated Data Nesting Level:  5
  ⊟ Initiate Response Detail
    MMS Version Number: 1
    ⊞   Negotiated Parameter CBBs:
    ⊟   Services Supported Called:
          Services Supported Called:
          status (0)
          getNameList (1)
          identify (2)
          read (4)
          write (5)
          getVariableAccessAttributes (6)
          defineNamedVariableList (11)
          getNamedVariableListAttributes (12)
          deleteNamedVariableList (13)
          getDomainAttributes (37)
          obtainFile (46)
          readJournal (65)
          initializeJournal (67)
          reportJournalStatus (68)
          getCapabilityList (71)
          fileOpen (72)
          fileRead (73)
          fileClose (74)
          fileRename (75)
          fileDelete (76)
          fileDirectory (77)
          informationReport (79)
          conclude (83)
          cancel (84)
```

图 4 - 27 初始化响应内容分析

（4）读模型。读模型由多种服务配合完成，一般过程为读 VMD 下 LD 列表，读所有 LD 中的所有的名称列表，逐个 LN 的读变量访问属性，逐个 LN 的读值、读数据集。

1）读 LD 列表采用 GetNameList 服务，客户端发起读 VMD，服务器端以 LD 列表响应，见图 4-28。

2）读 LD 中有名列表页采用 GetNameList 服务，客户端发起读哪个 LD，服务器端响应，见图 4-29。

```
■ ISO/IEC 9506 MMS
    Conf Request (0)
    GetNameList (1)
    InvokeID: InvokeID:  1
⊟ GetNameList
        extendedobjectClass
            OBJECT Class: Domain (9) 9
        objectScope
            vmdSpecific

■ ISO/IEC 9506 MMS
    Conf Response (1)
    GetNameList (1)
    InvokeID: InvokeID:  1
⊟ GetNameList
        ListofIdentifier
    PL2202BPROT1
    PL2202BCTRL1
    PL2202BPROT2
    PL2202BCTRL2
    PL2202BPROT3
    PL2202BCTRL3
    PL2202BPROT4
    PL2202BCTRL4
    PL2202BPROT5
    PL2202BCTRL5
    PL2202BSYNC1
    PL2202BGOLD1
    PL2202BGOLD2
        MoreFollows FALSE
```

图 4-28　读响应（一）

```
■ ISO/IEC 9506 MMS
    Conf Request (0)
    GetNameList (1)
    InvokeID: InvokeID:  2
⊟ GetNameList
        extendedobjectClass
            OBJECT Class: NamedVariable (0) 0
        objectScope
    PL2202BCTRL1

■ ISO/IEC 9506 MMS
    Conf Response (1)
    GetNameList (1)
    InvokeID: InvokeID:  2
⊟ GetNameList
        ListofIdentifier
    LLN0
    LLN0$ST
    LLN0$ST$Mod
    LLN0$ST$Mod$stval
    LLN0$ST$Mod$q
    LLN0$ST$Mod$t
    LLN0$ST$Beh
    LLN0$ST$Beh$stval
    LLN0$ST$Beh$q
    LLN0$ST$Beh$t
    LLN0$ST$Health
    LLN0$ST$Health$stval
    LLN0$ST$Health$q
    LLN0$ST$Health$t
    LLN0$ST$Loc
```

图 4-29　读响应（二）

3）读 LN 中变量访问属性采用 GetVarAccessAttributes 服务，客户端发起读哪个 LN，服务器端以变量访问属性响应，见图 4-30。

4）读值采用 read 服务，客户端发起读哪个 LN 的哪个 FC，服务器端以值响应，见图 4-31。

5）读数据集采用 GetNamedVariableListAttributrs 服务，客户端发起读哪个 LD 的哪个数据集，服务器端以 FCDA 响应，见图 4-32。

（5）写控制块。在模型读取完毕后，将进入写控制块过程，其中最重要的一个就是控制块使能，这关乎服务器端是否以报告形式响应客户端。控制块使能，一般是先写取消使能，再写使能，如果写成功，将以肯定确认，如果写失败，将以否定确认，见图4-33。

其余写 RptID、EntryID 等过程与写 RptEna 过程一致，不再赘述。

```
⊟ ISO/IEC 9506 MMS
        Conf Request (0)
        GetVariableAccessAttributes (6)
        InvokeID: InvokeID:  3543
     ⊟ GetVariableAccessAttributes
        ⊟   object Name
           ⊟     Domain Specific
              ⊟ DomainName:
                   DomainName: PL2202BGOLD1
              ⊟ ItemName:
                   ItemName: GGIO40
```

```
⊟ ISO/IEC 9506 MMS
     Conf Response (1)
     GetVarAccessAttributes (6)
     InvokeID: InvokeID:  3543
  ⊟ GetVarAccessAttributes
        MMSDeletable FALSE
     ⊟   TypeSpecification
        ⊟    structure
           ⊟      components

             ST
           ⊟             typespecification
              ⊟                structure
                 ⊟                 components

                 Mod
                 ⊞                       typespecification

                 Beh
                 ⊞                       typespecification

                 Health
                 ⊞                       typespecification
```

图 4 - 30   读响应（三）

```
⊟ ISO/IEC 9506 MMS
        Conf Request (0)
        Read (4)
        InvokeID: InvokeID:  285
     ⊟ Read
        ⊟     List of Variable
           ⊟        variableSpecification
              ⊟        Object Name
                 ⊟            Domain Specific
                 ⊟ DomainName:
                      DomainName: PL2202BCTRL1
                 ⊟ ItemName:
                      ItemName: CKGGIO1$ST
```

```
⊟ ISO/IEC 9506 MMS
     Conf Response (1)
     Read (4)
     InvokeID: InvokeID:  285
  ⊟ Read
     ⊟    STRUCTURE
        ⊟        STRUCTURE
                  INTEGER:  1
           ⊟        BITSTRING:
                     BITSTRING:
                        BITS 0000 - 0015: 0 0 0 0 0 0 0 0 0 0 0 0 0 0
           ⊟        UTC
                     UTC 2010-05-23 23:29.55.170000   Timequality: 0a
        ⊞    STRUCTURE
        ⊞    STRUCTURE
```

图 4 - 31   读响应（四）

```
■ ISO/IEC 9506 MMS
      Conf Request (0)
      GetNamedvariableListAttributes (12)
      InvokeID: InvokeID:   8890
    □ GetNamedVariableListAttributes
      □   Domain Specific
         □ DomainName:
             DomainName: PL2202BCTRL1
         □ ItemName:
             ItemName: LLN0$dsAin


■ ISO/IEC 9506 MMS
      Conf Response (1)
      GetNamedvariableListAttributes (12)
      InvokeID: InvokeID:   8890
    □ GetNamedVariableListAttributes
         MMS Deletable:  FALSE
      □   List of Variable
         □       Object Name
            □          Domain Specific
               □ DomainName:
                   DomainName: PL2202BCTRL1
               □ ItemName:
                   ItemName: CKMMXU1$MX$HzBus$mag$f
         ⊞      Object Name
         ⊞      Object Name
         ⊞      Object Name
```

图 4 - 32   读响应（五）

```
■ ISO/IEC 9506 MMS
      Conf Request (0)
      Write (5)
      InvokeID: InvokeID:   8986
    □ Write
      □   List of Variable
         □       Object Name
            □          Domain Specific
               □ DomainName:
                   DomainName: PL2202BCTRL1
               □ ItemName:
                   ItemName: LLN0$BR$brcbDin0101$RptEna
      □   Data
             BOOLEAN:  FALSE


■ ISO/IEC 9506 MMS
      Conf Request (0)
      Write (5)
      InvokeID: InvokeID:   8999
    □ Write
      □   List of Variable
         □       Object Name
            □          Domain Specific
               □ DomainName:
                   DomainName: PL2202BCTRL1
               □ ItemName:
                   ItemName: LLN0$BR$brcbDin0101$RptEna
      □   Data
             BOOLEAN:  TRUE
```

图 4 - 33   写控制块

（6）常见问题。

1）读模型不成功。分析：可在读失败的地方，查看是什么引起的失败，一般情况下，都是装置内模型有异常引起，如某个数据集中无 FCDA，即空数据集，此时可能引起模型读取失败。

2）控制块使能不成功。分析：使能不成功可能是由于该实例已经被占用，例如某个客户端在未指定实例号的情况下，将会把服务器端所有实例注册掉，引起其他客户端不能注册实例。

3）写完 EntryID 后，装置将缓存的历史信息又上送一遍。分析：写 EntryID 的目的，是在通信恢复后补采集该 EntryID 之后的报告，但如果写下去的 EntryID 得值为全 0，会引起服务器端将所有缓存中的报告上送一遍。

4.3.1.2　报告

1. ACSI 中的报告

在 ACSI 中，server 端以报告的形式来传递信息，如状态值、测量值、控制的返回信息等等，一个报告包含必选项及可选项，必选项有 RptID、OptFlds、Inclusion、DataValue，可选项由必选项中的 OptFlds 内容决定。

图 4－34 为 ACSI 中的一个报告，在数据属性值中包含 11 个属性值，属性值的个数随 OptFlds 中的值变化而变化。

OptFlds 共包含 10 个选项，分别为保留项、序号、时标、传输原因、数据集名称、数据引用名、缓冲区满、入口标识、配置版本、分段，见图 4－35。

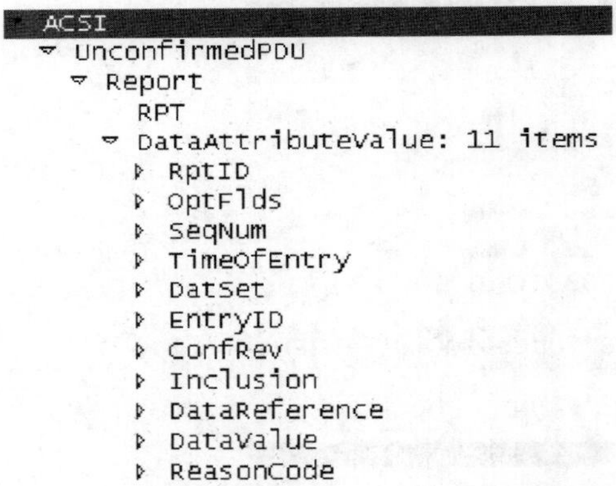

图 4－34　ACSI 中的一个报告

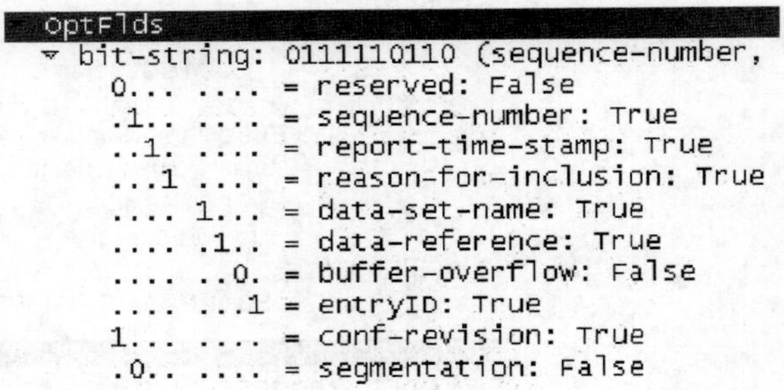

图 4－35　Opt Flds 选项

数据值一般为结构体，包含数据值、品质、UTC 时间等见图 4－36。

图 4－36　数据值

2. MMS 中的报告

ACSI 中的报告基于抽象通信，不具有实际通信手段，故将 ACSI 模型一一映射到现有的工业自动化系统《制造报文规范（MMS）》中，通过现有的 MMS 通信来实现抽象通信。

图 4-37 为 MMS 中的一个报告，ACSI 中的 Report 映射为 MMS 中的 information-Report，数据属性值映射为访问结果列表。

```
■ ISO/IEC 9506 MMS
    Unconfirmed (3)
  □ InformationReport
    □  VariableList
         RPT
    □  AccessResults
      □    VSTRING:
             brcbCommState04
      □    BITSTRING:
             BITSTRING:
               BITS 0000 - 0015: 0 1 1 1 1 1 0 1 1 0
             UNSIGNED: 2
      □    BTIME
             BTIME  2000-01-11 19:55:22.038 (days=5854 msec= 71722038)
      □    VSTRING:
           PCS31ACTRL4/LLN0$dsCommState
      □    OSTRING:
             OSTRING: 01 00 00 00 00 00 00 00
             UNSIGNED: 1
      □    BITSTRING:
             BITSTRING:
               BITS 0000 - 0015: 0 0 0 0 0 1 0 0 0 0 0 0 0 0 0 0
               BITS 0016 - 0031: 0 0 0 0 0 0 0 0 0 0 0 0 0 0 0 0
               BITS 0032 - 0047: 0
      □    VSTRING:
           PCS31ACTRL4/GGIO27$ST$Alm6
      □    STRUCTURE
               BOOLEAN:  FALSE
        □    BITSTRING:
               BITSTRING:
                 BITS 0000 - 0015: 0 0 0 0 0 0 0 0 0 0 0 0
               UTC
```

图 4-37　MMS 中的一个报告

访问结果列表内容如下：

（1）条目 1：RptID，报告 ID，表示该报告的报告控制块 ID。

（2）条目 2：OptFlds，选择域，用以标识该报告包含哪些可选项，该值一般由客户端程序统一写入服务器。

（3）条目 3：SeqNum，同一报告控制块所对应报告的顺序编号。

（4）条目 4：TimeOfEntry，报告产生时的时标。

（5）条目 5：DatSet，该报告控制块所对应的数据集引用名。

（6）条目 6：EntryID，入口标识，同一 IED 下，所有报告的顺序号，每个报告均不重复。

（7）条目 7：ConfRev，配置版本，目前在 MMS 通讯中暂无用处，固定填 1。

（8）条目 8：Inclusion，数据集所包含 FCDA 个数，一个 bit 对应一个 FCDA，值为 1 的 bit，表示报告中有该 bit 对应的 FCDA 值。值为 0 的 bit，表示报告中，不含该 bit 所对应的 FCDA 值。

(9) 条目 9：DataReference，数据引用名，报告中值所对应的数据应用名。

(10) 条目 10：DataValue，数据值，值为一个结构，一般包含数据值、品质、UTC 时间等属性，UTC 时间为 FCDA 值变化时的时间，可理解为 SOE 时间。

(11) 条目 11：ReasonCode，传送原因，表示报告上送某 FCDA 的原因，常用的有数据变化、周期、总召 3 种，所对应的编码，6 个 bit 从左往右依次为：预留、数据变化、品质变化、数据更新、周期、总召。不同的位为 1，表示不同的原因，多数情况下为单原因上送，但也可能存在多原因上送。

常见问题有：置上有遥信、遥测变化，但后台、远动收不到。可尝试在网络上看服务器侧是否发出相应报告，如果有，则需要查看报文中各条目的值与客户端中的值是否一致，多数情况下，都是因为报告中的部分条目值有误引起的。

4.3.1.3 控制

1. ACSI 中的控制报文

在 ACSI 中，最常用的控制类型是加强型选择控制，由带值选择、取消、执行 3 种服务共同完成。

(1) 带值选择服务报文（图 4-38)，如果服务器端支持该选择，将以肯定确认响应，否则将以否定确认响应，并给出否定响应的原因，SBOW 模型的数据属性值为一个结构体，共包含 6 个变量。

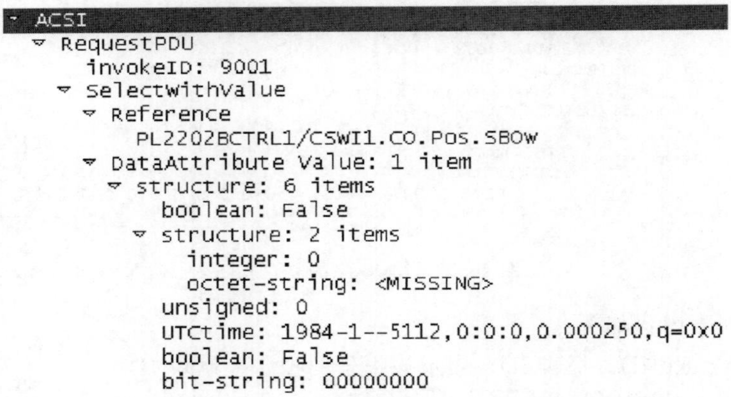
ACSI
RequestPDU
invokeID: 9001
SelectWithValue
Reference
PL2202BCTRL1/CSWI1.CO.Pos.SBOW
DataAttribute Value: 1 item
structure: 6 items
boolean: False
structure: 2 items
integer: 0
octet-string: <MISSING>
unsigned: 0
UTCtime: 1984-1--5112,0:0:0,0.000250,q=0x0
boolean: False
bit-string: 00000000

图 4-38 选择服务（ASCI)

1) 第一个变量值为控制值（False 为分，True 为合）。

2) 第二个变量为源发者，是个结构体，包含源发者类型及源发者标识。

3) 第三个变量时控制序号，标识该对象的控制次数，每发起一次成功的控制过程，该序号加 1。

4) 第四个变量为发起控制时的 UTC 时标。

5) 第五个变量为检修标识（False 为非检修，True 为置检修）。

6) 第六个变量为校验位 check，从左往右依次为检同期、检联锁、检无压、一般遥控、不检、其余位保留。IEC 61850 标准中仅定义了 2 个 bit，此处客户端进行了扩展，扩展为 8 个 bit。

（2）取消服务（图4-39）：Cancel模型的数据属性值为一个结构体，共包含5个变量，仅比SBOW模型少了校验位，其余与SBOW模型一致。

```
ⱶ ACSI
  ▽ RequestPDU
      invokeID: 9003
    ▽ Cancel
      ▽ Reference
          PL2202BCTRL1/CSWI1.CO.Pos.Cancel
      ▽ DataAttribute value: 1 item
        ▽ structure: 5 items
            boolean: False
          ▽ structure: 2 items
              integer: 0
              octet-string: <MISSING>
            unsigned: 0
            UTCtime: 1984-1--5112,0:0:0,0.000250,q=0x0
            boolean: False
```

图4-39 取消服务（ASCI）

（3）执行服务（图4-40）：Oper模型的数据属性值为一个结构体，共包含6个变量，仅与SBOW模型完全一致。

```
ⱶ ACSI
  ▽ RequestPDU
      invokeID: 9002
    ▽ SetDataValues
      ▽ Reference
          PL2202BCTRL1/CSWI1.CO.Pos.Oper
      ▽ DataAttribute value: 1 item
        ▽ structure: 6 items
            boolean: False
          ▽ structure: 2 items
              integer: 0
              octet-string: <MISSING>
            unsigned: 0
            UTCtime: 1984-1--5112,0:0:0,0.000250,q=0x0
            boolean: False
            bit-string: 00000000
```

图4-40 执行服务（ASCI）

2.MMS中的控制报文

ACSI中的控制服务也需要映射到MMS标准中，通过现有的MMS通信体系来实现抽象通信。

对于带值选择服务，若选择写成功，则可以继续发执行写，若选择写不成功，服务器端将以LastAppError报告响应客户端，控制过程结束；对于取消服务，如果取消写成功，则控制过程结束，如果取消写失败，服务器端将以LastAppError报告响应客户端，控制过程结束；对于执行服务，如果执行写成功，服务器端将以命令结束服务报告（Oper的镜像报文）响应客户端，如果执行写不成功，服务器端将以LastAppError报告响应客户端，控制过程结束。

（1）带值选择服务（图4-41），MMS控制报文由变量列表和数据两部分组成；变量列表有域名和项目名两部分，组合起来确定控制对象；Data 则为对象的控制值，该值为一个复合结构体；该结构体重成员数据的类型见报文所示，控制值为布尔量，源发者为结构体，控制序号为无符号单字节整型数据，检修标识为布尔量，时标为 UTC 时间（包含时间品质），check 位为位串数据。

```
 ISO/IEC 9506 MMS
     Conf Request (0)
     Write (5)
     InvokeID: InvokeID:  9001
  Write
     List of Variable
         Object Name
             Domain Specific
          DomainName:
             DomainName: PL2202BCTRL1
          ItemName:
             ItemName: CSWI1$CO$Pos$SBOw
     Data
          STRUCTURE
             BOOLEAN:  FALSE
             STRUCTURE
                INTEGER:  0
                OSTRING:
             UNSIGNED:  0
             UTC
                UTC 1970-01-01 00:00.0.000250  Timequality: 00
             BOOLEAN:  FALSE
             BITSTRING:
                BITS 0000 - 0015: 0 0 0 0 0 0 0 0
```

图 4-41 选择服务（MMS）

（2）取消服务（图 4-42），类似于 SBOW，仅在数据中无 check 位，因为取消选择可以不需要 check 位。

```
 ISO/IEC 9506 MMS
     Conf Request (0)
     Write (5)
     InvokeID: InvokeID:  9003
  Write
     List of Variable
         Object Name
             Domain Specific
          DomainName:
             DomainName: PL2202BCTRL1
          ItemName:
             ItemName: CSWI1$CO$Pos$Cancel
     Data
          STRUCTURE
             BOOLEAN:  FALSE
             STRUCTURE
                INTEGER:  0
                OSTRING:
             UNSIGNED:  0
             UTC
                UTC 1970-01-01 00:00.0.000250  Timequality: 00
             BOOLEAN:  FALSE
```

图 4-42 取消服务（MMS）

（3）执行服务报文结构与带值选择报文结构一致，见图4-43。

```
█ ISO/IEC 9506 MMS
    Conf Request (0)
    Write (5)
    InvokeID: InvokeID:  9002
 ⊟ write
    ⊟   List of Variable
        ⊟      Object Name
            ⊟        Domain Specific
             ⊟ DomainName:
                    DomainName: PL2202BCTRL1
             ⊟ ItemName:
                    ItemName: CSWI1$CO$Pos$Oper
    ⊟   Data
        ⊟    STRUCTURE
                 BOOLEAN:  FALSE
            ⊟    STRUCTURE
                    INTEGER:  0
                    OSTRING:
                 UNSIGNED:  0
            ⊟    UTC
                 UTC 1970-01-01 00:00.0.000250  Timequality: 00
                 BOOLEAN:  FALSE
            ⊟    BITSTRING:
                 BITSTRING:
                    BITS 0000 - 0015: 0 0 0 0 0 0 0 0
```

图4-43 执行服务（MMS）

（4）当写失败时，服务器端响应的LastAppError报告，报告由变量列表和访问结果组成，变量列表定义了该报告为LastAppError，访问结果是一个结构体，包含5个数据值，分别为控制对象、错误、源发者、控制序号、额外原因，见图4-44。

```
█ ISO/IEC 9506 MMS
    Unconfirmed (3)
    InformationReport (0)
 ⊟ InformationReport
    ⊟   List of Variable
        ⊟      Object Name
               LastApplError
    ⊟   AccessResults
        ⊟    STRUCTURE
            ⊟    VSTRING:
                 PL2202BCTRL1/CSWI1$CO$Pos$Cancel
                 INTEGER:  1
            ⊟    STRUCTURE
                    INTEGER:  0
                    OSTRING:
                 UNSIGNED:  0
                 INTEGER:  18
```

图4-44 写失败报告

错误的数据类型为枚举类型，Error的值分别为（0为正常、1为未知、2为超时测试失败、3为操作测试失败）。额外原因的数据类型为枚举类型，AddCause的值编码见表4-10。

当选择或执行不成功时，应根据LastAppError中AddCause的值予以分析，如果AddCause的值为0，那么多数情况下为装置内部原因，此时需查看装置上操作记录中的失败原因。

表 4 - 10

MMS 值	ACSI 值
0	未知原因（Unknown）
1	不支持（not-supported）
2	被开关闭锁（Blocked-by-switching-hierarchy）
3	选择失败（Select-failed）
4	无效的位置（Invalid-position）（例如对控制对象的属性值为无效时）
5	位置达到（Position-reached）（例如对已在合位的开关进行合操作）
6	执行中参数改变（Parameter-change-in-execution）（例如执行过程中参数发生变化）
7	步限制（Step-limit）（例如挡位值已到最大或最小值）
8	被模型闭锁（Blocked-by-Mode）（例如模型中 LN 的 ctlModel 值为非控制值）
9	被过程闭锁（Blocked-by-process）（例如过程层异常）
10	被联锁闭缩（Blocked-by-interlocking）（例如联锁条件不满足）
11	被检同期闭锁（Blocked-by-synchrocheck）（例如检同期合闸时，同期条件不满足）
12	命令已经在执行中（Command-already-in-execution）（例如在发遥控执行后，又发遥控取消）
13	被健康状况所闭锁（Blocked-by-health）（例如 health 值异常引起闭锁）
14	1 对 n 控制（1-of-n-control）
15	被取消终止（Abortion-by-cancel）（例如取消引起的终止）
16	时间限制结束（Time-limit-over）（例如遥控执行超时后）
17	被陷阱异常中止（Abortion-by-trip）（例如在遥控选择之后执行之前发生跳闸，跳闸后再执行）
18	对象未被选择（Object-not-selected）（例如未选择对象，直接控制）

4.3.2 GOOSE 报文分析

1. GOOSE 报文简介

面向通用对象的变电站事件（GOOSE）是 IEC 61850 标准中用于满足变电站自动化系统快速报文需求的机制。变电站配置一套技术先进和功能完善的计算机监控系统，承担运行人员正常控制、监视、信号、测量以及数据统计分析等各方面的功能，监控系统采用 IEC 61850 通信标准，利用快速以太网特性，通过 GOOSE（面向对象变电站通用事件）实现保护之间信息交换和监控间隔联闭锁功能，与保护系统统一建模、统一组网，共享统一的信息平台，提高二次系统的安全性、可靠性；IEC 61850 的应用，节省了规约转换设备，取消了前置等中间通信环节，减少运行、检修、维护工作量，节省重复的二次设备以达到节省成本的目的。

2. 如何看 GOOSE 报文

（1）GOOSE 报文传输机制。IEC 61850 - 7 - 2 定义的 GOOSE 服务模型使系统范围内快速、可靠地传输输入、输出数据值成为可能。在稳态情况下，GOOSE 服务器将稳定的以 T_0 时间间隔循环发送 GOOSE 报文，当有事件变化时，GOOSE 服务器将立即发送事件变化报文，此时 T_0 时间间隔将被缩短；在变化事件发送完成一次后，GOOSE 服务器将以最短时间间隔 T_1，快速重传两次变化报文；在三次快速传输完成后，GOOSE 服务器将以 T_2、T_3 时间间隔各传输一次变位报文；最后 GOOSE 服务器又将进入稳态传输过程，以 T_0 时间间隔循环发送 GOOSE 报文。

在 GOOSE 传输机制中，有两个重要参数 StateNumber 和 SequenceNumber，StateNumber（0～4294967295）反映出 GOOSE 报文中数据值与上一帧报文数据值是否有变化，SequenceNumber（0～4294967295）反映出在无变化事件情况下，GOOSE 报文发送的次数。

当 GOOSE 服务器产生一次变化事件时，StateNumber 值将自动加 1（到最大值后，将归 0 重新开始计数），同时 SequenceNumber 归 0；当 GOOSE 服务器无变化事件时，StateNumber 值将保持不变，在每发送一次 GOOSE 报文后，SequenceNumber 值将加 1（到最大值后，将归 0 重新开始计数）。

GOOSE 服务器通过重发相同数据来获得额外的可靠性，比如通过增加 SequenceNumber 和不同传输时间。

（2）GOOSE 信号传输。GOOSE 服务器传输 GOOSE 报文，都是以数据集形式发送，一帧报文对应一个数据集，一次发送，将整个数据集中所有数据值同时发送。GOOSE 跳闸、遥控、遥信采集、遥测采集报文传输过程完全一致，在此仅以 GOOSE 跳闸为例进行说明。

一帧 GOOSE 报文由 AppID、PDU 长度、保留字 1、保留字 2、PDU 组成，其中 PDU 为可变长度，由数据集中 FCDA 的个数决定，每个 FCDA 在报文中占 3 个字节。

GOOSE 报文的 AppID 范围为 0x0000～0x3fff，其值来源于 GOOSE 配置文本中目的地址中的 Appid。其中 PDU 长度为从 AppID 开始计数到 PDU 结束的全部字节长度；两个保留字值默认为 0x0000。PDU 为协议数据单元，其中包含报告控制块信息及数据信息。PDU 控制块信息如下：

1）控制块引用名：来源于 GOOSE 文本中控制块的 GoCBRef。

2）允许生存时间：该报文在网络上允许生存的时间，超时后收到的报文将被丢弃，主要受交换机报文交换延时影响。

3）数据集引用名：控制块对应的数据集引用名，来源于 GOOSE 文本中控制块的 DatSet。

4）GOOSEID：GOOSE 控制块 ID，来源于 GOOSE 文本中控制块的 AppID。

5）事件时标：该帧报文产生的时间。

6）状态号：范围 0～4294967295，从 0 开始，每产生一次变化数据，该值加 1。

7）序号：范围 0～4294967295，从 0 开始，每发送一次 GOOSE 报文，该值加 1。

8）TEST：检修标识，表示 GOOSE 服务器的检修状态。

9）配置版本：来源于 GOOSE 文本中控制块的 ConfRev，可在 GOOSEID 文本中配置，默认为 1。

10）Needs Commissioning：暂时未使用到。

11）数据集条目数：控制对应的数据集中的条目数。

12）数据：数据集中每个数据的实时值。

3. 常见问题

（1）控收不到智能终端传输来的遥信或保护已跳闸，智能终端未跳闸。通过网络在线抓取 GOOSEID 报文，查看是否有变位报文传送，同时检查报文中的检修标识值与接收装置的检修状态是否一致，GOOSEID 传输中，要求发送侧与接收侧，只有在检修状态一致的情况下，才认为数据有效。

（2）监控系统遥控不成功。鉴于公司企标中关于遥控检测数据类型的变化，在工程实施过程中存在装置、后台设置不匹配问题，造成遥控失败，目前公司推荐采用 396 标准中规定的 2bit 标准，该标准同时符合 IEC 61850 的相关规定，但与之前的南瑞继保企业标准中的 8bit 不同，因此工程中遥控失败时，需要优先考虑装置与后台的检测数据类型是否一致。

GOOSE 连线主要是用于完成开关量值和缓变的模拟量值的传输，包含信号采集和跳闸命令、缓慢变化的模拟量的传输，GOOSE 传输又分点对点方式和组网方式，两者 GOOSE 连线无任何区别，仅在传输的物理介质连接方式上存在区别。

在国网《智能变电站继电保护技术规范》（Q/GDW 441—2010）中，推荐 GOOSE 连线宜采用 DA 方式，因此在遵循这一标准的情况下，后续的 GOOSE 连线均采用连至 DA 一级的方式。另外，标准推荐间隔内保护信号采集和跳合闸命令、安稳装置宜采用点对点方式，测控信号采集和遥控命令、线路保护起母差失灵、备自投、录波器等宜采用组网方式。在配置 GOOSE 连线时，有几项连线原则如下：

1）对于接收方，必须先添加外部信号，再加内部信号。

2）对于接收方，允许重复添加外部信号，但不建议该方式。

3）对于接受方，同一个内部信号不允许同时连两个外部信号，即同一内部信号不能重复添加。

4）标准中，GOOSE 连线仅限连至 DA 一级。

在遵循上面原则的情况下，可以进行正常的 GOOSE 连线，连线过程中日志窗口会有详细记录，如有连线有异常时，日志窗口会有相应的告警记录。

4. GOOSE 外部信号

GOOSE 连线中的外部信号（外部虚端子），即除本装置外其他装置模型内数据集中的 FCDA，每一个 FCDA 就是一个外部信号，即一个外部虚端子。（按国网标准要求，GOOSE 数据集宜采用 DA 定义，故每个外部信号都是 FCDA）

从右侧 IED 筛选器中选择发送方装置，并选择该装置 GOOSE 访问点 G1 下发送数据集中的 FCDA 作为外部端子，并将其拖至中间窗口，顺序排放。

5. GOOSE 内部信号

添加内部信号，鼠标拖拽时，该内部信号放到第几行，由拖拽时对象所处的位置决定，需要将内部信号放在某行与所在行的外部信号连接，就将该对象拖至相应行的空白处，再松开，即完成一个 GOOSE 连线，否则会产生错误的 GOOSE 连线。

找到本装置内与外部信号相对应的信号，并将其托至 Inputs 窗口中，与外部信号一一对应，由于国网标准中推荐 GOOSE 数据集中放至 DA，因此 GOOSE 连线内部信号也应连至 DA 一级。

GOOSE 连线的内部信号，按国网要求是选 DA，但南瑞继保新装置 DO 和 DA 两种方式都支持（早期装置程序仅支持 DO，新装置程序两种都支持），但不论哪种方式，外部信号应与内部信号的数据层次保持一致，及两者都是 DA 或都是 DO，不可混连，否则装置将无法启动；但参考国网规范，建议 GOOSE 连线使用 DA，按标准做。

4.3.3 SMV 报文分析

1. SMV 报文简介

目前采样值传输有 3 种标准（IEC 60044 - 8，IEC 61850 - 9 - 1，IEC 61850 - 9 - 2），其中 IEC 60044 - 8 标准最简单，点对点通信，报文传输采用固定通道模式，报文传输延时确定，技术成熟可靠，但需要铺设大量点对点光纤；IEC 61850 - 9 - 1 标准，技术先进，通道数可配置，报文传输延时确定，需外部时钟进行同步，但仍为点对点通信，且软硬件实现较复杂，属于中间过度标准；IEC 61850 - 9 - 2 标准，技术先进，通道数可灵活配置，组网通信，不依赖于外部时钟进行同步，报文传输延可以任意设置，不仅可以点对点通讯而且可以通过交换机进行数据组网，目前国内智能变电站均以大量使用 IEC 61850 - 9 - 2 标准。

以 IEC 61850 - 9 - 2 报文为例介绍，工程实施过程中，IEC 61850 - 9 - 2 抓包可使用 MMS-ethreal、EPT61850 来抓取，但两个工具均不支持对采样值数据内容的解析，所以需要直接通过原始数据帧来分析，一般来讲，要从采样值序列标记（0x87）看起，0x87 之后为数据长度，如对于 12 通道的为 0x60，对于 11 通道为 0x58，这里一个通道为 8 个字节，前 4 个字节为数值，后 4 个字节为品质，可以通过此办法依次找到每个通道的具体值。品质位共 4 字节，见图 4 - 45。品质位见表 4 - 11。命令示意图见图 4 - 46。

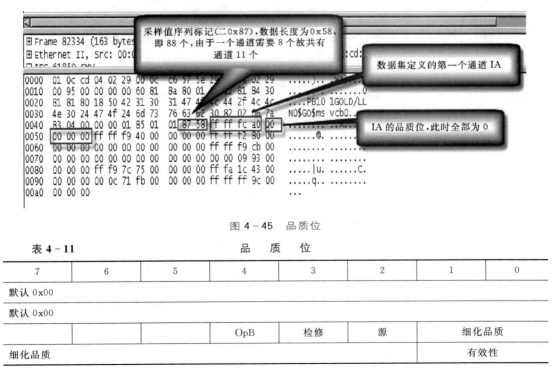

图 4 - 45 品质位

表 4 - 11			品	质	位		
7	6	5	4	3	2	1	0
默认 0x00							
默认 0x00							
			OpB	检修	源		细化品质
细化品质							有效性

品质位仅使用 Validity、Test 属性，其他属性暂不考虑，即 00000001 为无效，这个无效位由 MU 置无效，目前 MU 做法不一，有些 MU 在失步时即置无效，有些 MU 如电子互感器合并单元在没有接上电子互感器及硬件故障会置无效；00000800 即为检修，当 MU 检修压板投入时，置检修位，当与保护装置检修压位一致时，保护开放逻辑。压板投切与逻辑开关关系见表 4－12。

表 4－12 压板投切与逻辑开关关系

	GOOSE/SV 报文不置检修位（0）	GOOSE/SV 报文置检修位（1）
检修压板不投入（0）	逻辑开放	逻辑闭锁
检修压板投入（1）	逻辑闭锁	逻辑开放

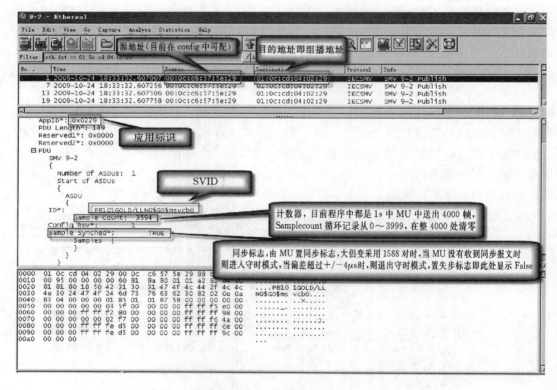

图 4－46 命令示意图

图 4－47 中，前 4 个字节为第一个通道的值，后 4 个为第一个通道的品质位，然后以此类推。FF 开头为负。首先把十六进（A）制换算为十进制（B）然后计算有效值为

$$设定的有效值 = B \div (TA 变比/TV 变比) \times 比例因子 \div \sqrt{2}$$

对于数值，由于 IEC 61850－9－2 里面 20ms 内采样有 80 个点，且都是一次值的瞬时值，一般先找到峰值，然后算出其有效值，见图 4－47，0x000c71fb，换算成二进制为 815611，即 815611×10mV（8.15611kV），再换算成有效值为 5.768kV。注意，电压的精度为 10mV，电流的精度为 1mA。

182

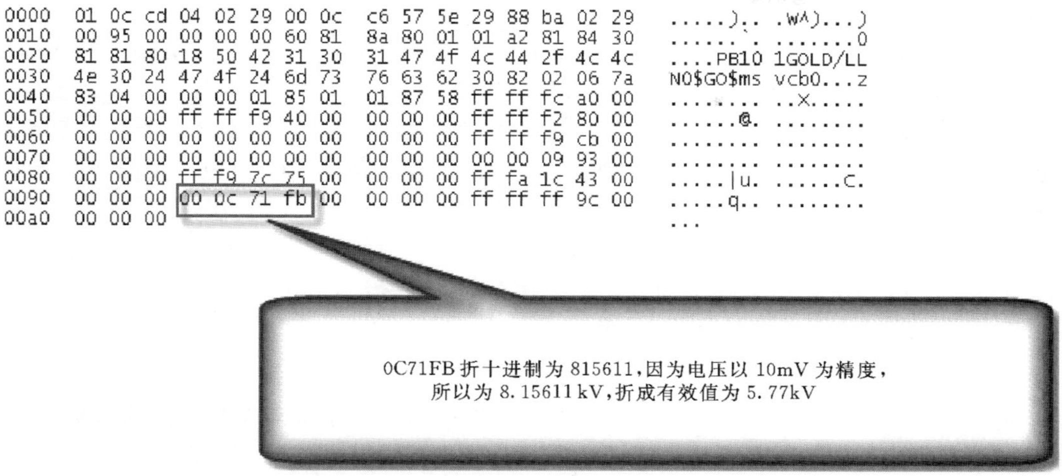

```
0000  01 0c cd 04 02 29 00 0c   c6 57 5e 29 88 ba 02 29   .....)...wA)...)
0010  00 95 00 00 00 00 60 81   8a 80 01 01 a2 81 84 30   ......`........0
0020  81 81 80 18 50 42 31 30   31 47 4f 4c 44 2f 4c 4c   ....PB10 1GOLD/LL
0030  4e 30 24 47 4f 24 6d 73   76 63 62 30 82 02 06 7a   N0$GO$ms vcb0...z
0040  83 04 00 00 00 01 85 01   01 87 58 ff ff fc a0 00   ..........X.....
0050  00 00 00 ff ff f9 40 00   00 00 00 ff ff f2 80 00   ......@.........
0060  00 00 00 00 00 00 00 00   00 00 00 ff ff f9 cb 00   ...............
0070  00 00 00 00 00 00 00 00   00 00 00 09 93 00         ...............
0080  00 00 00 ff f9 7c 75 00   00 00 00 ff fa 1c 43 00   .....|u.......C.
0090  00 00 00 00 0c 71 fb 00   00 00 00 ff ff ff 9c 00   .....q.........
00a0  00 00 00                                            ...
```

0C71FB 折十进制为 815611,因为电压以 10mV 为精度,
所以为 8.15611kV,折成有效值为 5.77kV

图 4-47 十进制折算

这里正数用原码表示,负数用补码表示,即对正数按位取反,对这台 MU 而言,其一个周波的波谷为 0xFFF38ECB,将其减 1,后取反得 0xc7135 即 815413,表示 8.15413kV。

SMV 连线主要是用于完成采样值的传输,其中合并单元只发送采样值,保护、测控等装置只接收采样值,采样值传输又分点对点采样和组网采样,两者连线区别为点对点采样需要连通道延时,而组网采样无需连通道延时。

在国网 Q/GDW 441—2010 中,推荐与保护相关装置采用点对点采样,测控、录波等可采用组网方式,如现场具备条件,测控也可采用点对点。另外规定 SMV 连线宜采用 DO 方式,因此在遵循这一标准的情况下,后续的 SMV 连线均采用连至 DO 一级的方式。对于南瑞继保装置,SMV 连线连至 DO 和 DA,装置都可以适应。

2. SMV 外部信号

SMV 连线中的外部信号(外部虚端子),也就是间隔内合并单元 SMV 数据集中的 FCD,每一个 FCD 就是一个外部信号,即一个外部虚端子。(按国网标准要求,SMV 数据集宜采用 DO 定义,故每个外部信号都是 FCD)。

从右侧 IED 筛选器中选择间隔对应的合并单元装置,并选择该装置 SMV 访问点 M1 下发送数据集中的 FCD 作为外部端子,并将其拖至中间窗口,顺序排放。

小技巧:如果需要连的外部信号很多,则可以拖整个数据集到外部信号,然后把没用的再删除,直接拖数据集。

3. SMV 内部信号

添加内部信号,鼠标拖拽时,该内部信号放到第几行,由拖拽时对象所处的位置决定,需要将内部信号放在某行与所在行的外部信号连接,就将该对象拖至相应行的空白处,再松开,即完成一个 SMV 连线。否则会产生错误的 SMV 连线。

找到本装置内与外部信号相对应的信号,并将其托至 Inputs 窗口中,与外部信号一一对应,由于国网标准中推荐 IEC 61850-9-2 SMV 数据集中数据放至 DO,因此 SMV

连线内部信号也应连至 DO 一级。

为默认的筛选条件，都是以关键字的形式进行视图过滤，SMV 输入虚端子（内部信号）一般包含 SVIN 关键字，因此可按 SVIN 来过滤。

SMV 连线是连至 DO 还是连至 DA，需以装置程序所对应的模型文件为准，目前南瑞继保装置两种方式都支持，但按照国网标准要求，应该使用 DO 方式，在标准过渡期，两种方式可能会同时存在。

4.4 调 试 软 件

1. IEDConfigurator 工具

该软件的主要功能是修改 icd 文件，若调试的时候发现 icd 文本有需要修改的时候，如增加数据集或减少数据集，增加或减少数据集中的 FCDA，修改短地址、信号描述等。该软件也可以修改 cid 文件和 scd 文件，但是 cid 文件一般是由 scd 导出，不需要编辑，scd 由 SCL Configurator 工具编辑。

（1）修改信号描述。用 IEDConfigurator 打开对应的 icd 文件，找到对应的数据集中需要修改描述的信号，修改对应的"描述"和"du"，然后保存即可。

（2）增加数据集中的 FCDA。用 IEDConfigurator 打开对应的 icd 文件，在右边的数据中找到需要添加的信号，然后拖到中间的 FCDA 列表，然后保存即可，注意数据集不能跨 LD。

（3）删除数据集中的 FCDA。找到相应数据集中的 FCDA，单击鼠标右键，选择"删除 FCDA"，然后保存即可。

（4）增加或者删除数据集。在"数据集列表"中单击鼠标右键，选择"Add DataSet"来增加数据集或者选择"Del DataSet"来删除指定的数据集。

（5）以 61850 方式获取 IED 装置的波形文件。在菜单工具中点"文件传输"→"MMS 传输"，填写 IP 地址后，就可获取波形目录，并上装相应波形文件。

2. ICD Check 工具

该软件的主要功能是对 icd 文件做语法校验，以及文本是否符合国网要求〔目前以《IEC61850 工程继电保护应用模型》（Q/GDW 396—2009）文件为准〕，国网对于 icd 在文件中主要定义了数据集名称、报告控制块名称、LD 名称、模板中的 CDC 类型，该工具还可检测一些特殊要求，例如 icd 中需要有光口配置的私有信息。

若是集成商，在做 scd 之前，应该将全站的 icd 文件都检测一遍，若数据集名称、报告控制块名称、LD 名称与国网标准有出入，可以不修改，但是 CDC 类型与国网标准有出入，一定要求其修改，否则可能会导致 SCD 异常，后果就是后台无法与装置通信、从 scd 中导出的 goose. txt 也异常。

用 ICD Check 工具打开待检测的 icd 文件后，点击工具栏的"校验"按钮，即校验完毕后，在工具下方会出现校验结果，在校验结果中，最需要关注的是"检测 DAType 是否符合 PCS 模板"、"检测 DOType 是否符合 PCS 模板"、"检测 LNodeType 是否符合 PCS 模板"和"检测 EnumType 是否符合 PCS 模板"，这 4 个指标的结果就是待检测 icd

文件的模板与制定的模板文件校验结果,对于不符合的一定要改,否则会导致 scd 文件异常,工具中指明与 PCS 模板比较,实际上是指"常用设置"→"应用"中指定的模板文件。除这 4 个检测结果外,"检测 LD 名称"、"检测数据集的名称"、"检测报告控制块的属性配置"等项目若有出入,可酌情修改。

3. SCL Configurator 工具

该软件的主要功能是生成 scd 文件,以及从 SCD 文件中导出配置文件。对于 IEC 61850 标准的变电站,生成一个全站级的 scd 文件后,可以直接导入后台、远动、信息子站等站控层设备,而不需要在每个监控设备中单独添加装置;对于有 GOOSE 或者 SMV 的变电站,还需要在 scd 中配置虚端子连线。Scd 完成后,需要从中导出配置文件(IEC 61850 标准的变电站只有 device.cid,有 GOOSE 或 SMV 的变电站还有 goose.txt)下载到装置中。

4. LCDTERMINAL 工具

该软件又称模拟液晶,功能就是通过串口查看没有液晶的装置的信息以及修改其定值。智能操作箱系列(PCS-222B、PCS-222C)以及没有液晶的合并单元系列(PCS-221C、PCS-221D 等)都可以通过该软件来修改定值,查看自检信息以及开入变位信息。对于没有液晶的其他装置也可以尝试用该软件来查看。与操作实际键盘一样,点击虚拟键盘的"上",进入主菜单,进入分菜单后,根据需求操作即可;修改定值的密码同保护装置一样,为"加""左""上""减",若密码为 3 位,则可能为"114"或者"111"。

注意 LCDTERMINAL 与装置连接时,装置面板上的指示灯可能无法正确反映实际状态(面板灯的响应优先级较低)。

5. PCS_PC_3.0 工具

该软件与 DBG2000 的功能基本相同,就是下载程序,上装配置,远程查看装置的采样、自检信息、远程修改定值、上装波形文件、复归装置信号、给装置对时、重启装置等,同时还可以查看变量和查看内存,是 PCS 系列装置调试的必备工具。若配合研发查问题的时候,就需要用到查看变量和查看内存功能。具体选项内容如下:

(1)调试变量。连接装置时选择"UAPC 调试端口",按照步骤,可以查看调试变量。

(2)下载程序。连接装置时选择"UAPC 调试端口",按照步骤,下载程序。

(3)上装文件。连接装置时选择"UAPC 调试端口",按照步骤,上装文件。

(4)查看定值等。连接装置的时候选择"IEC103 服务端口",依次点击所要查看内容即可。

6. OMICRON IEDScout 工具

该软件是一个客户端工具,也就是一个简易的后台。若装置与后台的通信有问题的时候,通常会用客户端来连装置,进行与后台类似的操作,从而判断是装置的问题还是后台的问题。该软件是权威性最高的客户端之一。

这里介绍一下用客户端使能报告控制块,查看遥信变位,同时也方便抓包,该软件还有许多功能,请查看相应的文档。以 PCS-931 为例,若现在做"通道 A 差动保护软压板"这个信号,从 CID 文件中可以看到这个点的路径是 PROT/LN0MYMFuncEna1。

用客户端连上装置后双击，弹出如下内容：

在 PROT 的 LLN0 的 BR 中找到相应的报告控制块 brcbRelayEna，找到一个未使能的将其使能（将 brcbRelayEna01 的 RptEna 置 1）。

根据数据集中该信号的路径，找到该信号。

当该数据的值有变化的时候，相应的 DA 会变红色且刷新成当前值。由于已经使能了该报告控制块，该数据集的数据变化的报文也可以在电脑上用 MMS Ethereal 抓取。

7. MMS Ethereal 工具

该软件是一个抓包工具，装置与后台的 MMS 通信异常以及装置与装置之间的 GOOSE 通信异常的时候，用该软件来抓包并分析是一个最佳的选择。

打开软件后选择工具栏第二个按钮（也可以选择第一个或者第三个）。在弹出的菜单中，选择用来抓包的网卡，按需填写过滤条件（例如要抓取 IP 地址为 198.120.0.21 的装置与后台通讯的报文，则过滤条件填写 host 198.120.0.21），在 "Display Options" 选项下根据个人喜好勾选相应的条件，然后点击 "start" 即可。

抓包的界面主要分为 3 个部分：第一个部分是所有报文的列表；第二部分是解析出来方便阅读的每一帧报文的解析；第三部分是每一帧报文的二进制解析。在 Filter 栏还可以填写过滤条件，停止抓包（工具栏第四个按钮）后，报文可以保存到本地硬盘。

8. Wireshark 工具

该软件也是一个抓包工具，是 MMS Ethereal 的升级版，该软件对于 9-2 报文、1588 报文和 GMRP 报文的解析比较完美，但无法解析 MMS 报文。若装置与合并单元的通信异常的时候，通常情况下都是用该软件来抓合并单元的 9-2 报文进行分析。1588 报文和 GMRP 报文都需要做镜像才能够抓完整。

打开软件后选择工具栏第二个按钮（也可以选择第一个或者第三个）。在弹出的菜单中，选择用来抓包的网卡，按需填写过滤条件（例如要抓取 IP 地址为 198.120.0.21 的装置与后台通讯的报文，则过滤条件填写 host 198.120.0.21），在 "Display Options" 选项下根据个人喜好勾选相应的条件，然后点击 "start" 即可。

抓包的界面主要分为 3 个部分：第一个部分是所有报文的列表；第二部分是解析出来方便阅读的每一帧报文的解析；第三部分是每一帧报文的二进制解析。在 Filter 栏还可以填写过滤条件，停止抓包（工具栏第四个按钮）后，报文可以保存到本地硬盘。

9. FTP 软件

使用 FTP 软件可以方便备份装置程序，但请勿更新覆盖程序，以免导致不可控的异常问题。以 FlashFXP 软件为例，选择 "站点" → "站点管理器"，在弹出的对话框中，选择 "新建站点"，分别设置站点名称、装置 IP 地址、用户名和密码。

选择已设置的站点，即通过 FTP 访问装置管理板 home 目录下文件。

除了使用 FTP 软件访问管理板文件以外，还可通过电脑直接 FTP 访问，在地址栏中输入：ftp://198.120.0.100，按回车键后，弹出登陆身份对话框，输入用户名和密码，即可访问装置 home 目录下的文件。

第5章 智能变电站二次系统测试

5.1 二次系统测试

5.1.1 检验测试系统

继电保护系统见图 5-1。

继电保护系统包括互感器、合并单元、保护设备、智能终端、开关及连接回路共同构成。

基于 DL/T 860 标准的继电保护和安全自动装置检验，可以按照以下 3 种方式进行选择见图 5-2、图 5-3、图 5-4。

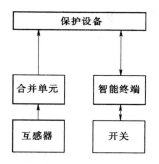

图 5-1 继电保护系统

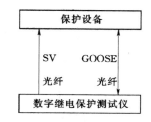

图 5-2 继电保护测试系统（一）

（1）图 5-2 采用数字继电保护测试仪进行继电保护设备的检验，保护设备和全数字继电保护测试仪之间采用光纤点对点连接，通过光纤传送采样值和跳合闸信号。

（2）图 5-3 采用数字继电保护测试仪进行继电保护设备的检验。保护设备通过点对点光纤连接数字继电保护测试仪和智能终端，智能终端通过电缆连接数字继电保护测试仪。

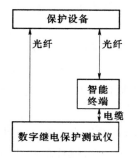

图 5-3 继电保护测试系统（二）

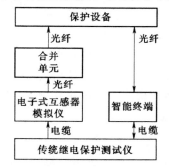

图 5-4 继电保护测试系统（三）

（3）图 5-4 采用传统继电保护测试仪进行继电保护设备的检验，需要和现场所用的电子式互感器模拟仪配合使用。保护设备通过点对点光纤连接合并单元和智能终端，合并单元通过点对点光纤连接电子式互感器模拟仪，电子式互感器模拟仪和智能终端通过电缆连接传统继电保护测试仪。

根据现场情况和试验条件，三种方式的推荐顺序分别是：图 5-2、图 5-3、图 5-4。应优先选择图 5-2 方式，当现场和试验条件不满足时，可采用图 5-3 方式，最后方可采用图 5-4 方式。

5.1.2 检验前的准备工作

（1）熟悉全站 SCD 文件和装置的 CID 文件。

（2）掌握采样值报文的格式（每个通道的具体定义），掌握 GOOSE 报文的格式（虚端子数据集的定义及对应关系）。

（3）掌握全站网络结构和交换机配置。

（4）其他内容参考《继电保护和电网安全自动装置检验规程》（DL/T 995—2006）。

5.2 检验内容和方法

5.2.1 通用检验

通用检验适用于继电保护系统内的所有设备。

1. 屏柜检查

（1）检验内容及要求。

1）检查屏柜内是否有螺丝松动，是否有机械损伤，是否有烧伤现象；小开关、按钮是否良好；检修硬压板接触是否良好。

2）检查装置接地，应保证装置背面接地端子可靠接地；检查接地线是否符合要求，屏柜内导线是否符合规程要求。

3）检查屏柜内的电缆是否排列整齐，是否避免交叉，是否固定牢固，不应使所接的端子排受到机械应力，标识是否正确齐全。

4）检查光纤是否连接正确、牢固，有无光纤损坏、弯折现象；检查光纤接头完全旋进或插牢，无虚接现象；检查光纤标号是否正确。

5）检查各插件印刷电路是否无损伤或变形，连线是否连接好，各插件上元件是否焊接良好，芯片是否插紧，各插件上变换器、继电器是否固定好。

6）检查屏柜内各独立装置、继电器、切换把手和压板标识是否正确齐全，且其外观无明显损坏。

（2）检验方法。打开屏柜前后门，观察待检查设备的各处外观。打开面板检查继电器模件前，操作人员必须与接地面板接触以将携带的静电放掉。将模件由框架内取出时，只能接触模件的前面板、构架和印制板的边缘，不能接触电器元件。

2. 设备工作电源检查

（1）检验内容及要求。

1）正常工作状态下检验：装置正常工作，内部输出电压在±3％内。

2）110％额定工作电源下检验：装置稳定工作，内部输出电压在±3％内。

3）80％额定工作电源下检验：装置稳定工作，内部输出电压在±3％内。

4）电源自启动试验：合上直流电源插件上的电源开关，将试验直流电源由零缓慢调至80％额定电源值，此时装置运行灯应燃亮，装置无异常。

5）直流电源拉合试验：在直流电源80％的额定电压下拉合三次直流工作电源，逆变电源可靠启动，保护装置不误动，不误发信号。

6）装置断电恢复过程中无异常，通电后工作稳定正常。

7）在装置上电掉电瞬间，装置不应发异常数据，继电器不应误动作。

（2）检验方法。将装置接入直流电源，并调节直流电源电压。

3. 设备通信接口检查

检验内容及要求如下：

（1）检查通信接口种类和数量是否满足要求，检查光纤端口发送功率、接收功率、最小接收功率。

（2）20dbm＜发送功率（包括以太网口和FT3网口）＜－14dbm。

（3）23dbm＜接收功率（包括以太网口和FT3网口）＜－14dbm。

（4）最小接收功率（包括以太网口和FT3网口）＜－30dbm。

4. 光纤端口发送功率测试方法

用一根尾纤跳线（衰耗小于0.5db）连接设备光纤发送端口和光功率计接收端口，读取光功率计上的功率值（图5-5），即为光纤端口的发送功率。

5. 光纤端口接收功率测试方法

将待测设备光纤接收端口的尾纤拔下，插入到光功率计接收端口，读取光功率计上的功率值（图5-6），即为光纤端口的接收功率。

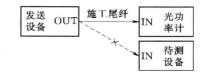

图5-5　光纤端口发送功率检验方法　　　　　图5-6　光纤端口接收功率检验方法

6. 光纤端口最小接收功率测试方法

（1）用一根尾纤跳线连接数字继电保护测试仪输出网口与光衰耗计，再用一根尾纤跳线连接光衰耗计和待测设备的对应网口（0）。数字继电保护测试仪网口输出报文包含有效数据（采样值报文数据为额定值，GOOSE报文为开关位置）。

（2）从0开始缓慢增大调节光衰耗计衰耗，观察待测设备液晶面板（指示灯）或网口指示灯。优先观察液晶面板的报文数值显示；如设备液晶面板不能显示报文数值，观察液晶面板的通信状态显示或通信状态指示灯；如设备面板没有通信状态显示，观察通信网口的物理连接指示灯。

（3）当上述显示出现异常时，停止调节光衰耗计，将待测设备网口尾纤接头拔下，插到光功率计上，读出此时的功率值，即为待测设备网口的最小接收功率（图 5-7、图 5-8）。

图 5-7　光纤端口最小接收功率检验方法步骤（一）

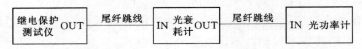

图 5-8　光纤端口最小接收功率检验方法步骤（二）

7. 设备软件和通信报文检查

（1）检验内容及要求。

1）检查设备保护程序/通信程序/CID 文件版本号、生成时间、CRC 校验码，应与历史文件比对，核对无误。

2）检查设备过程层网络接口 SV 和 GOOSE 通信源 MAC 地址、目的 MAC 地址、VLAN ID、APPID、优先级是否正确。

3）检查设备站控层 MMS 通信的 IP 地址、子网掩码是否正确，检查站控层 GOOSE 通信的源 MAC 地址、目的 MAC 地址、VLAN ID、APPID、优先级是否正确。

4）检查 GOOSE 报文的发送帧数和时间间隔。GOOSE 事件报文应连续发送 5 帧，发送间隔应为 T_1、T_2、T_3、T_4；T_1 应不大于 2ms，GOOSE 心跳时间 T_0 宜为 1～5s。检查 GOOSE 存活时间，应为当前 2 倍 GOOSE 报文间隔时间。检查 GOOSE 的 STNUM，SQNUM。

5）检查点对点通信接口和网络通信接口的内容，点对点通信接口的发送报文应完全映射到网络通信接口。

（2）检验方法。

1）现场故障录波器/网络报文监视分析仪的接线和调试完成，也可以通过故障录波器/网络记录分析仪抓取通信报文的方法来检查相关内容。

2）设备液晶面板能够显示上述检查内容，则通过液晶面板读取相关信息。

3）液晶面板不能显示检查内容，则通过笔记本电脑抓取通信报文的方法来检查相关内容。将笔记本电脑与待测设备连接好后，抓取需要检查的通信报文并进行分析。

通信报文内容检查方法见图 5-9。

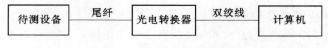

图 5-9　通信报文内容检查方法

5.2.2　电子式互感器及合并单元的检验

1. 新安装电流、电压互感器及其回路的验收检验

检查电流、电压互感器的铭牌参数是否完整，出厂合格证及试验资料是否齐全，如缺

乏上述数据时，应由有关制造厂或基建、生产单位的试验部门提供：所有绕组的额定一次值；绕组的准确级、内部安装位置；模拟量输出绕组的变比；绕组的极性。

2. 电流、电压互感器安装竣工后的检查

（1）电流、电压互感器型号、准确级，模拟量输出绕组的变比必须符合设计要求。

（2）测试互感器各绕组间的极性关系，核对铭牌上的极性标志是否正确。检查互感器各次绕组的连接方式及其极性关系是否与设计符合，相别标识是否正确。

（3）有条件时，自电流互感器的一次分相通入电流，检查变比及回路是否正确。

3. 电子式互感器稳态准确度试验

（1）检查内容及要求。电子式互感器的精度应满足要求，试验进行5次，每次试验结果均应满足要求。

1）电子式电流互感器误差限值应满足《互感器　第八部分：电子式电流互感器》（GB/T 20840.8—2007）13.1.3要求，见表5-1。

表5-1　　　　　　　　保护用电子式电流互感器的电流误差和相位误差限值

准确级	在额定一次电流下，电流误差/%	在额定一次电流下相位差		在额定准确限值一次电流下，复合误差/%	在准确限值条件下，最大峰值瞬时误差/%
		（°）	crad		
5TPE	±1	±60	±1.8	5	10
5P	±1	±60	±1.8	5	—
10P	±3	—	—	10	—

注　对TPE级和《电流互感器》（GB 1208—2006）规定的各级（PR和PX）以及《保护用电流互感器暂态特性技术要求》（GB 16847—1997）规定的其他各级（TPS，TPX，TPY，TPZ），有关暂态的信息详见GB/T 20840.8—2007。

对模拟量输出型电子式电流互感器，试验所用二次负荷应按有关条款的规定选取。现场校验中保护用电子式电流互感器输出幅值及角度误差除满足上表所示要求外，还应满足在额定准确限值一次电流下的复合误差及峰值瞬时误差的要求，现场不做强制试验要求，需要时可查看电子式互感器的型式试验报告。

2）电子式电压互感器误差限值应满足《互感器　第七部分：电子式电压互感器》（GB/T 20840.7—2007）13.5要求，见表5-2。

表5-2　　　　　　　　保护用电子式电压互感器的电压误差和相位误差限值

准确级	在下列额定电压 U_p/U_{pr}（%）下								
	2			5			x[①]		
	ε_u ±1%	φ_e ±（°）	φ_e ±crad	ε_u ±1%	φ_e ±（°）	φ_e ±crad	ε_u ±1%	φ_e ±（°）	φ_e ±crad
3P	6	240	7	3	120	3.5	3	120	3.5
6P	12	480	14	6	240	7	6	240	7

注　1. φ_{0r} 的正常值应为零，但在电子式电压互感器必须与其他电子式电压互感器或电子式电流互感器组合使用时，为了具有一个公共值，可以规定其他值。

2. 延迟时间的影响详见GB/T 20840.7—2007。

① x为额定电压因数乘以100。

（2）检查方法。

1）模拟量输出的电子式电流互感器准确度测试方法见图 5-10。

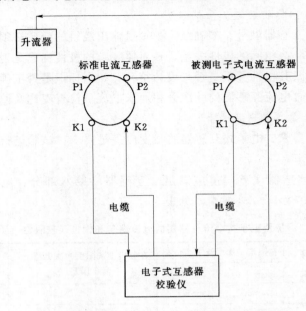

图 5-10　模拟量输出的电子式电流互感器准确度测试

2）数字输出的电子式电流互感器准确度测试方法见图 5-11。

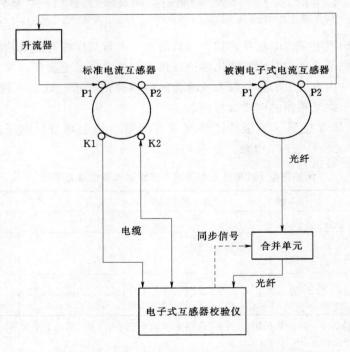

图 5-11　数字输出的电子式电流互感器准确度测试

3）数字输出的电子式电压互感器准确度测试方法图 5 - 12。

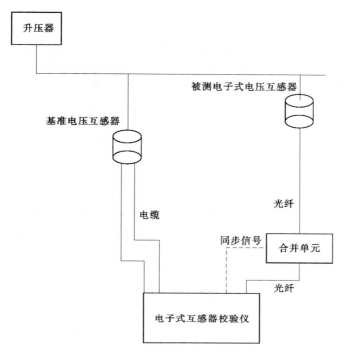

图 5 - 12　数字输出的电子式电压互感器准确度测试

4．电子式互感器输出绝对延时测试

（1）检验内容及要求。

1）该测试仅针对数字输出的电子式互感器，模拟量输出的电子式互感器不需进行该项测试。

2）电子式互感器输出绝对延时应稳定且准确。稳定要求：做 5 次试验，最大值、最小值与厂家提供数据误差不超过 20μs；准确要求：结果小于 2ms。

3）MU 级联后的绝对延时也应满足上述要求。

4）以该检测值作为合并单元现场的配置数据。

（2）检验方法。

电子式互感器输出绝对延时见图 5 - 13 和图 5 - 14。

输出绝对延时测试系统与准确度测试系统类似，接入一次额定电流电压，但合并单元不接收电子式互感器校验仪的同步信号，由电子式互感器校验仪测出基波的角度差，该角度差折算到时间即是电子式互感器输出绝对延时。

5．电子式互感器输出电流电压信号的同步检验

（1）检验内容及要求。检查电子式互感器输出电流电压信号的同步性能，同步误差应满足相关技术要求。

（2）检验方法。

1）单个 MU 输入的每相电流互感器和电压互感器进行输出绝对延时测试，用相互两

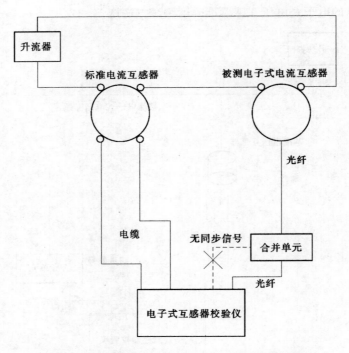

图 5 - 13　电子式电流互感器输出绝对延时测试

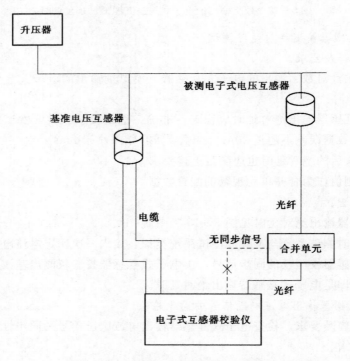

图 5 - 14　电子式电压互感器输出绝对延时测试

相互感器的输出绝对延时相减即得到 MU 同步误差。

2）对于电压 MU 级联到电流 MU 的电流电压同步误差检验，应以电流 MU 输出的电压电流数据作为检测数据。

6．电子式互感器极性检验

（1）检验内容及要求。检验电子式互感器 MU 输出 SV 报文中电流电压数据的方向。

（2）校验方法。

1）电子式电流互感器。① 电子式互感器极性检验可以采用直流法和精度校验法。其中直流法要求电子式互感器校验仪具备极性检验的功能；精度校验方法是对电子式互感器进行角差精度校验时，检验电子式互感器的极性。② 对电子式电流互感器一次绕组通以直流电流见图 5-15，通过电子式互感器校验仪来实现极性校验。测试时，闭合开关 S，随即快速断开，通过电子式互感器校验仪观察电流方向。③ 精度校验法极性检验参照图 5-11 进行：按照电子式互感器标志的 P1、P2 端进行接线，加入稳定额定一次电流，比较校验仪显示的电子式互感器电流相位与基准互感器电流相位是否相同。

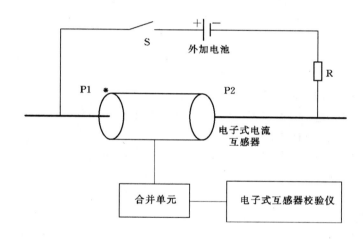

图 5-15　电子式电流互感器直流法极性校验

2）电子式电压互感器。① 对于电感分压的电子式电压互感器极性校验可采用直流法和精度校验法，对于电容和电阻分压原理的电子式电压互感器极性校验采用精度校验法；② 对电子式电压互感器一次绕组加以直流电压见图 5-16，通过电子式互感器校验仪来实现极性校验。测试时，闭合开关 S，随即快速断开，通过电子式互感器校验仪观察电压方向；③ 精度校验法极性检验参照图 5-12 进行：给电子式电压互感器一次绕组加入稳定额定一次电压，比较校验仪显示的电子式互感器电压相位与基准互感器电压相位是否相同。

7．供电电源切换检验

（1）检验内容及要求。

1）该测试适用于需要供电电源切换的有源式电子式互感器，检验电子式互感器本体中采集器双路电源的无缝切换性能和供电稳定性。

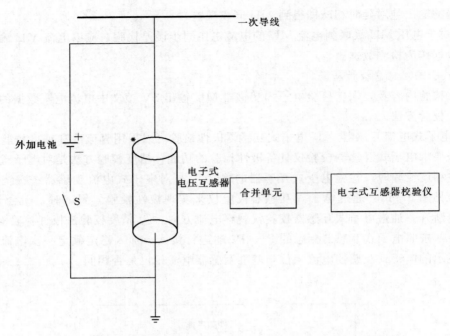

图 5 - 16 电感分压的电子式电压互感器直流法极性校验

2）一次电流电压切换值为厂家提供切换值。

3）双路电源的无缝切换性能要求：一次电流电压在切换值附近往复波动时，采集器双路电源应能无缝切换，采集器应正常工作。

4）双路电源的供电稳定性要求：一次电流电压在切换值附近频繁切换时，双路电源应稳定工作，采集器应正常工作。

（2）校验方法。

1）电子式电流互感器。① 先断开激光电源，一次通流，从零升高，当 MU 正常工作时，记录下此时的一次电流，以此电流作为电子式电流互感器的一次电流切换值，与厂家提供切换值误差应小于 5%。② 接通激光电源，一次电流在切换值附近快速往复 5 次（往复 1 次：一次电流电压从切换值下 20% 处升高到切换值上 20% 处，再从切换值上 20% 处降低到切换值下 20% 处），见图 5 - 17。观察双路电源及采集器的工作状态。

2）电子式电压互感器。① 先断开直流电源，一次加压，从零升高，当 MU 正常工作时，记录下此时的一次电压，以此电压作为电子式电压互感器的一次电压切换值，与厂家提供切换值误差应小于 5%；② 接通直流电源，一次电压在切换值附近快速往复 5 次（往复 1 次：一次电流电压

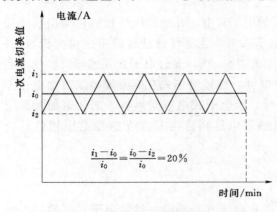

图 5 - 17 电子式电流互感器一次通流值

$$\frac{i_1 - i_0}{i_0} = \frac{i_0 - i_2}{i_0} = 20\%$$

从切换值下 20％处升高到切换值上 20％处，再从切换值上 20％处降低到切换值下 20％处），见图 5-18。观察双路电源及采集器的工作状态。

8. MU 发送 SV 报文检验

（1）检验内容及要求。

1）SV 报文丢帧率测试。检验 SV 报文的丢帧率，丢帧率应小于 10^{-9} 或 30min 内不丢帧。

2）SV 报文完整性测试。检验 SV 报文中序号的连续性，SV 报文的序号应从 0 连续增加到 $50N-1$（N 为每周波采样点数），再恢复到 0，任意相邻两帧 SV 报文的序号应连续。

3）SV 报文发送频率测试。80 点采样时，SV 报文应每一个采样点一帧

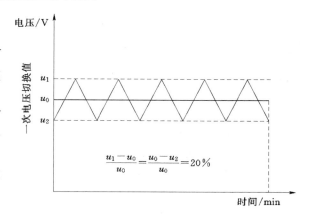

图 5-18　电子式电压互感器一次通压值

报文，SV 报文的发送频率应与采样点频率一致，即 1 个 APDU 包含 1 个 ASDU。

4）SV 报文发送间隔离散度检查。检验 SV 报文发送间隔离散度是否等于理论值（$20/N$ ms，N 为每周波采样点数）。测出的间隔抖动应在 $\pm 10\mu s$ 之内。

5）SV 报文品质位检查。在电子式互感器工作正常时，SV 报文品质位应无置位。在电子式互感器工作异常时，SV 报文品质位应不附加任何延时正确置位。

（2）检验方法。将 MU 输出 SV 报文接入笔记本电脑/网络记录分析仪/故障录波器等具有 SV 报文接收和分析功能的装置（图 5-19），进行 SV 报文的检验。

图 5-19　MU 发送 SV 报文测试图

采用图 5-19 所示系统抓取 SV 报文并进行分析。

1）SV 报文丢帧率测试方法。用图 5-19 所示系统抓取 SV 报文并进行分析，试验时间大于 30min。丢帧率计算为

丢帧率＝（应该接收到的报文帧数－实际接收到的报文帧数）/应该接收到的报文帧数

2）SV 报文完整性测试方法。用图 5-19 所示系统抓取 SV 报文并进行分析，试验时间大于 30min。检查抓取到 SV 报文的序号。

3）SV 报文发送频率测试方法。用图 5-19 所示系统抓取 SV 报文并进行分析，试验时间大于 30min。检查抓取到 SV 报文的频率。

4）SV 报文发送间隔离散度检查方法。用图 5-19 所示系统抓取 SV 报文并进行分析，试验时间大于 30min。检查抓取到 SV 报文的发送间隔离散度。

5）SV 报文品质位检查方法。在无一次电流或电压时，SV 报文数据应为白噪声序列，且互感器自诊断状态位无置位；在施加一次电流或电压时，互感器输出应为无畸变波

形，且互感器自诊断状态位无置位。断开互感器本体与合并单元的光纤，SV 报文品质位（错误标）应不附加任何延时正确置位。当异常消失时，SV 报文品质位（错误标）应无置位。

9. MU 对时误差测试

（1）检验内容及要求。

1）对具备多种同步方式的合并单元，测试其对时误差，对时误差的最大值应不大于 $1\mu s$。

2）在外部同步信号消失后，MU 至少能在 10min 内继续满足 $4\mu s$ 同步精度要求。

（2）检验方法。有以下两种检验方法，如条件满足，优先采用检验方法一。

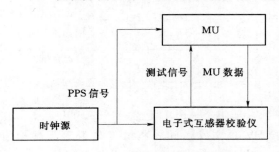

图 5-20　MU 时钟同步精度测试接线图

1）检验方法一。① 时钟源输出 PPS 信号（模拟 GPS）给 MU 和电子式互感器校验仪，电子式互感器校验仪输出一测试信号（模拟互感器本体输出）给 MU，MU 对测试信号进行采集并输出给电子式互感器校验仪，见图 5-20。② 测试信号按照 PPS 到来的时刻为零，线性增加到 1，直到下一个 PPS 到来时清零，然后通过接收 MU 数据，查看样本计数器为 0 的采样数据的值是多少即可计算出合并单元的同步误差（线性关系），见图 5-21。③ 将 MU 时钟 PPS 信号断开，经 10min 守时时间后，由电子式互感器校验仪按照上文方式计算合并单元的同步误差，即为守时误差，见图 5-22。

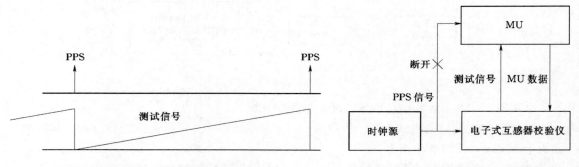

图 5-21　测试信号示意图　　　　　图 5-22　MU 守时精度测试接线图

2）检验方法二。① 对时和守时误差通过合并单元输出的 1PPS 信号与参考时钟源 1PPS 信号比较获得。对时误差的测试采用图 5-23 所示方案进行测试。标准时钟源给合并单元授时，待合并单元对时稳定后，利用时间测试仪以每秒测量 1 次的频率测量合并单元和标准时钟源各自输出的 1PPS 信号有效沿之间的时间差的绝对值 Δt，测试过程中测得的 Δt 的最大值即为最终测试结果。试验时间应持续 10min 以上。MU 时钟同步精度测试接线图见图 5-23。② 守时误差的测试采用图 5-24 所示方案进行测试。测试开始时，合并单元先接受标准时钟源的授时，待合并单元输出的 1PPS 信号与标准时钟源的 1PPS 的有效沿时间差稳定在同步误差阀值 Δt 之后，撤销标准时钟源的授时。测试过程中合并单元输出的 1PPS 信号与标准时钟源的 1PPS 的有效沿时间差的绝对值的最大值即为测试时间内的守时误差。MU 守时精度测试接线图见图 5-24。

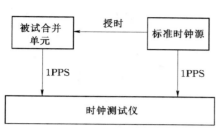

图 5-23　MU 时钟同步精度测试接线图　　图 5-24　MU 守时精度测试接线图

10. MU 失步再同步性能检验

（1）检验内容及要求。检查 MU 失去同步信号再获得同步信号后，MU 传输 SV 报文的误差。在该过程中，SV 报文的抖动应小于（20000/N）±20μs（N 为每周波采样点数）。

（2）检验方法。将 MU 的外部对时信号断开，过 1min 再将外部对时信号接上。通过图 5-19 系统进行 SV 报文的记录和分析。

11. MU 检修状态测试

（1）检验内容及要求。MU 发送 SV 报文检修品质应能正确反映 MU 装置检修压板的投退。当检修压板投入时，SV 报文中的"test"位应置 1，装置面板应有显示；当检修压板退出时，SV 报文中的"test"位应置 0，装置面板应有显示。

（2）检验方法。投退 MU 装置检修压板，通过图 5-19 所示系统抓取 SV 报文并分析"test"是否正确置位，通过装置面板观察。

12. MU 电压切换/并列功能检验

（1）检验内容及要求。检验 MU 的电压切换和电压并列功能是否正常。电压切换逻辑见表 5-3。

表 5-3　　　　　　　　　　　　　MU 电压切换逻辑

强制切换把手位置	Ⅰ母刀闸位置	Ⅱ母刀闸位置	GOOSE 接收状态	切换电压	报警状态
强制Ⅰ母电压	X	X	正常	Ⅰ母电压	无
强制Ⅱ母电压	X	X	正常	Ⅱ母电压	无
自动切换	合入	断开	正常	Ⅰ母电压	无
自动切换	断开	合入	正常	Ⅱ母电压	无
自动切换	合入	合入	正常	Ⅰ母或Ⅱ母电压	PT 并列报警
自动切换	断开	断开	正常	无	PT 断线报警
自动切换	X	X	断开	保持前一电压	GOOSE 断链报警

注　X 表示无论哪种信号。

（2）检验方法。

1）自动电压切换检查方法：将切换把手打到自动状态，给 MU 加上两组母线电压，通过 GOOSE 网给 MU 发送不同的刀闸位置信号，检查切换功能是否正确。

2）手动电压切换检查方法：将切换把手打到强制Ⅰ母电压或强制Ⅱ母电压状态，分别在有 GOOSE 刀闸位置信号和无 GOOSE 刀闸位置信号的情况下检查切换功能是否正确。

3）给电压间隔合并单元接入一组母线电压，同时将电压并列把手拨到Ⅰ母、Ⅱ母并列状态，观察液晶面板是否同时显示两组母线电压，并且幅值、相位和频率均一致。其他并列方式类似。

5.2.3 二次回路系统检验

1. 光纤回路检验

（1）光纤回路正确性检查。

1）检验内容及要求。按照设计图纸检查光纤回路的正确性，包括保护设备、合并单元、交换机、智能终端之间的光纤回路。

2）检验方法。①可通过装置面板的通信状态检查光纤通道连接准确；②可采用激光笔，照亮光纤的一侧而在另外一侧检查正确性。

（2）光纤回路外观检查。

1）检验内容及要求。①光纤尾纤应呈现自然弯曲（弯曲半径大于 3cm），不应存在弯折、窝折的现象，不应承受任何外重，尾纤表皮应完好无损；②尾纤接头应干净无异物，如有污染应立即清洁干净；③尾纤接头连接应牢靠，不应有松动现象。

2）检验方法。①打开屏柜前后门，观察待检查尾纤的各处外观；②尾纤接头的检查应结合其他试验进行（如光纤接口发送功率检查），不应单独进行。

（3）光纤衰耗检验。

1）检验内容及要求。①检查合并单元与保护设备、保护设备与智能终端之间的光纤连接是否正确，检查光纤回路的衰耗是否正常；②以太网光纤和 FT3 光纤回路（包括光纤熔接盒）的衰耗不应大于 3db。

2）检验方法。①首先用一根尾纤跳线（衰耗小于 0。5db）连接光源和光功率计，光功率计记录下此时的光源发送功率（图 5－25）；②然后将待测试光纤分别连接光源和光功率计，记录下此时光功率计的功率值（图 5－26）。用光源发送功率减去此时光功率计功率值，得到测试光纤的衰耗值。

图 5－25　光源发送功率测试方法　　　　　图 5－26　光源接受功率测试方法

2. 交换机检验

（1）配置文件检查。

1）检验内容及要求。检查交换机的配置文件，是否变更。

2）检验方法。读取交换机的配置文件与历史文件比对。

（2）以太网端口检查。

1）检验内容及要求。检查交换机以太网端口设置、速率、镜像是否正确。

2）检验方法。①通过计算机读取交换机端口设置；②通过计算机以太网抓包工具检查端口各种报文的流量是否与设置相符；③连接源端口和镜像端口，检查两个端口报文的一致性。

（3）生成树协议检查。

1）检验内容及要求。检查交换机内部的生成树协议是否与设计要求一致。当采用星形网络时，生成树协议应关闭。

2）检验方法。通过读取交换机生成树协议配置的方法进行检查，根据设计要求进行检查。

（4）VLAN 设置检查。

1）检验内容及要求。检查交换机内部的 VLAN 设置是否与设计要求一致。

2）检验方法。①通过客户端工具或者任何可以发送带 VLAN 标记报文的工具，从交换机的各个口输入 GOOSE 报文，检查其他端口的报文输出；②通过读取交换机 VLAN 配置的方法进行检查。

（5）网络流量检查。

1）检验内容及要求。检查交换机的网络流量是否符合技术要求。

2）检验方法。通过网络记录分析仪或计算机读取交换机的网络流量。过程层网络根据 VLAN 划分选择交换机端口读取网络流量，站控层网络根据选择镜像端口读取网络流量。

（6）数据转发延时检验。

1）检验内容及要求。传输各种帧长数据时交换机固有延时应小于 $10\mu s$。

2）检验方法。采用网络测试仪进行测试。

（7）丢包率检验。

1）检验内容及要求。交换机在全线速转发条件下，丢包（帧）率为零。用于母线差动保护或主变差动保护的过程层交换机宜支持在任意 100M 网口出现持续 0.25ms 的 1000M 突发流量时不丢包，在任意 1000M 网口出现持续 0.25ms 的 2000M 突发流量时不丢包。

2）检验方法。采用网络测试仪进行测试。

（8）电缆回路检验。参照《继电保护和电网安全自动装置检验规程》（DL/T 995—2006）6.2 节。

5.2.4 继电保护和安全自动装置检验

1. 交流量精度检查

（1）检验内容及要求。

1）零点漂移检查。模拟量输入的保护装置零点漂移应满足装置技术条件的要求。

2）各电流、电压输入的幅值和相位精度检验。检查各通道采样值的幅值、相角和频率的精度误差，满足技术条件的要求。

3）同步性能测试。检查保护装置对不同间隔电流、电压信号的同步采样性能，满足技术条件的要求。

（2）检验方法。

1）采用 DL/T 995—2006 中 6.2 节的继电保护测试系统，通过继电保护测试仪给保护装置输入电流电压值。

2）零点漂移检查。保护装置不输入交流电流、电压量，观察装置在一段时间内的零漂值满足要求。

3）各电流、电压输入的幅值和相位精度检验。新安装装置的验收检验时，按照装置技术说明书规定的试验方法，分别输入不同幅值和相位的电流、电压量，检查各通道采样值的幅值、相角和频率的精度误差。

4）同步性能测试。通过继电保护测试仪加几个间隔的电流、电压信号给保护，观察保护的同步性能。

2. 采样值品质位无效测试

（1）检验内容及要求。

1）采样值无效标识累计数量或无效频率超过保护允许范围，可能误动的保护功能应瞬时可靠闭锁，与该异常无关的保护功能应正常投入，采样值恢复正常后被闭锁的保护功能应及时开放。

2）采样值数据标识异常应有相应的掉电不丢失的统计信息，装置应采用瞬时闭锁延时报警方式。

（2）检验方法。通过数字继电保护测试仪按不同的频率将采样值中部分数据品质位设置为无效，模拟 MU 发送采样值出现品质位无效的情况。采样值数据标识异常测试接线见图 5－27。

3. 采样值畸变测试

（1）检验内容及要求。对于电子式互感器采用双 A/D 的情况，一路采样值畸变时，保护装置不应误动作。

（2）检验方法。通过数字继电保护测试仪模拟电子式互感器双 A/D 中保护采样值中部分数据进行畸变放大，畸变数值大于保护动作定值，同时品质位有效，模拟一路采样值出现数据畸变的情况。测试方案见图 5－28。

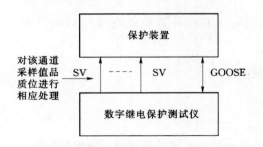

图 5－27　采样值数据标识异常测试接线图

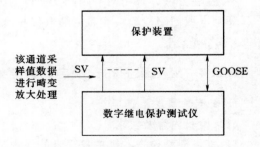

图 5－28　采样值数据畸变测试接线图

4. 通信断续测试

(1) 检验内容及内容。

1) MU与保护装置之间的通信断续测试。①MU与保护装置之间SV通信中断后，保护装置应可靠闭锁，保护装置液晶面板应提示应提示"SV通信中断"且告警灯亮，同时后台应接收到"SV通信中断"报警信号；②在通信恢复后，保护功能应恢复正常，保护区内故障保护装置可靠动作并发送跳闸报文，区外故障保护装置不应误动，保护装置液晶面板的"SV通信中断"报警消失，同时后台的"SV通信中断"告警信号消失。

2) 智能终端与保护装置之间的通信断续测试。①保护装置与智能终端的GOOSE通信中断后，保护装置不应误动作，保护装置液晶面板应提示应提示"GOOSE通信中断"且告警灯亮，同时后台应接收到"GOOSE通信中断"告警信号；②当保护装置与智能终端的GOOSE通信恢复后，保护装置不应误动作，保护装置液晶面板的"GOOSE通信中断"消失，同时后台的"GOOSE通信中断"告警信号消失。

(2) 检验方法。通过数字继电保护测试仪模拟MU与保护装置及保护装置与智能终端之间通信中断、通信恢复，并在通信恢复后模拟保护区内外故障。测试方案见图5-29。

5. 采样值传输异常测试

(1) 检验内容。采样值传输异常导致保护装置接收采样值通信延时、MU间采样序号不连续、采样值错序及采样值丢失数量超过保护设定范围，相应保护功能应可靠闭锁，以上异常未超出保护设定范围或恢复正常后，保护区内故障保护装置可靠动作并发送跳闸报文，区外故障保护装置不应误动。

(2) 检验方法。通过数字继电保护测试仪调整采样值数据发送延时、采样值序号等方法模拟保护装置接收采样值通信延时增大、发送间隔抖动大于$10\mu s$、MU间采样序号不连续、采样值错序及采样值丢失等异常情况，并模拟保护区内外故障。测试方案见图5-30。

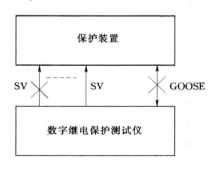

图5-29 通信断续测试接线图

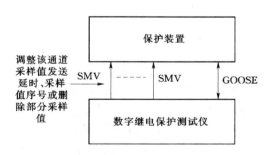

图5-30 采样值传输异常测试接线图

6. 检修状态测试

(1) 检验内容及要求。

1) 保护装置输出报文的检修品质应能正确反映保护装置检修压板的投退。保护装置检修压板投入后，发送的MMS和GOOSE报文检修品质应置位，同时面板应有显示；保护装置检修压板打开后，发送的MMS和GOOSE报文检修品质应不置位，同时面板应有显示。

2) 输入的 GOOSE 信号检修品质与保护装置检修状态不对应时，保护装置应正确处理该 GOOSE 信号，同时不影响运行设备的正常运行。

3) 在测试仪与保护检修状态一致的情况下，保护动作行为正常。

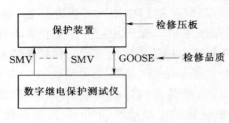

图 5-31　GOOSE 检修状态测试接线图

4) 输入的 SV 报文检修品质与保护装置检修状态不对应时，保护应闭锁。

（2）检验方法。通过投退保护装置检修压板控制保护装置 GOOSE 输出信号的检修品质，通过抓包报文分析确定保护发出 GOOSE 信号的检修品质的正确性。GOOSE 检修状态测试接线图见图 5-31。

通过数字继电保护测试仪控制输入给保护装置的 SV 和 GOOSE 信号检修品质。

7. 软压板检查

（1）检查内容。检查设备的软压板设置是否正确，软压板功能是否正常。软压板包括 SV 接收软压板、GOOSE 接收/出口压板、保护元件功能压板等。

（2）检查方法。

1) SV 接收软压板检查。通过数字继电保护测试仪输入 SV 信号给设备，投入 SV 接收压板，设备显示 SV 数值精度应满足要求；退出 SV 接收压板，设备显示 SV 数值应为 0，无零漂。

2) GOOSE 接收压板检查。通过数字继电保护测试仪输入 GOOSE 信号给设备，投入 GOOSE 接收压板，设备显示 GOOSE 数据正确；退出 GOOSE 接收压板，设备不接收 GOOSE 数据。

3) GOOSE 发送压板检查。投入 GOOSE 发送压板，设备发送相应 GOOSE 信号；推出 GOOSE 发送压板，设备不发送相应 GOOSE 信号。

4) 保护元件功能及其他压板。投入/退出相应软压板，结合其他试验检查压板投退效果。

8. 开入、开出端子信号检查

（1）检查内容。检查开入开出实端子是否正确显示当前状态，参见 DL/T 995—2006 中 6.3.6 节和 6.3.7 节。

（2）检查方法。根据设计图纸，投退各个操作按钮（把手），查看各个开入开出量状态，参见 DL/T 995—2006 6.3.6 节和 6.3.7 节。

9. 虚端子信号检查

（1）检查内容。检查设备的虚端子（SV/GOOSE）是否按照设计图纸正确配置。

（2）检查方法。

1) 通过数字继电保护测试仪加输入量或通过模拟开出功能使保护设备发出 GOOSE 开出虚端子信号，抓取相应的 GOOSE 发送报文分析或通过保护测试仪接收相应 GOOSE 开出，以判断 GOOSE 虚端子信号是否能正确发送。

2) 通过数字继电保护测试仪发出 GOOSE 开出信号，通过待测保护设备的面板显示来判断 GOOSE 虚端子信号是否能正确接收。

3）通过数字继电保护测试仪发出 SV 信号，通过待测保护设备的面板显示来判断 SV 虚端子信号是否能正确接收。

10. 整定值的整定及检验

（1）检查内容。检查设备的定值设置，以及相应的保护功能和安全自动功能是否正常。

（2）检查方法。

1）设置好设备的定值，通过测试系统给设备加入电流、电压量，观察设备面板显示和保护测试仪显示，记录设备动作情况和动作时间。

2）具体继电保护和安全自动装置的该部分内容检验请参照 DL/T 995—2006 标准 6.4 节。

5.2.5 智能终端检验

在 DL/T 995—2006 标准 6.6 节的基础上进行试验。

1. 智能终端动作时间测试

（1）检验内容及要求。检查智能终端响应 GOOSE 命令的动作时间。测试仪发送一组 GOOSE 跳闸、合闸命令，智能终端应在 7ms 内可靠动作。

（2）检验方法

采用图 5-32 方法进行测试，由测试仪分别发送一组 GOOSE 跳闸、合闸命令，并接收跳、合闸的节点信息，记录报文发送与硬节点输入时间差。

2. 传送位置信号测试

（1）检验内容及要求。智能终端应能通过 GOOSE 报文准确传送开关位置信息。

（2）检验方法。采用图 5-33 方法进行测试，通过数字继电保护测试仪分别输出相应的电缆分、合信号给智能终端，再接收智能终端发出的 GOOSE 报文，解析相应的虚端子位置信号，观察是否与实端子信号一致。

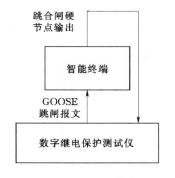

图 5-32　智能终端动作时间测试接线图

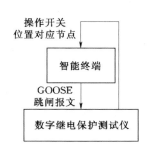

图 5-33　智能终端传送位置信号测试接线图

3. SOE 精度测试

（1）检验内容及要求。智能终端的 SOE 精度应小于 2ms。

（2）检验方法。使用时钟源给智能终端对时，同时将 GPS 输出的分脉冲或秒脉冲接到智能终端的开入，通过 GOOSE 报文观察智能终端发送的 SOE。

4. 智能终端检修测试

（1）检验内容及要求。智能终端检修置位时，发送的 GOOSE 报文"TEST"应为 1，应响应"TEST"为 1 的 GOOSE 跳、合闸报文，不响应"TEST"为 0 的 GOOSE 跳、合闸报文。

（2）检验方法。投智能终端"检修压板"，察看智能终端发送的 GOOSE 报文，同时由测试仪分别发送"TEST"为 1 和"TEST"为 0 的 GOOSE 跳、合闸报文。

5.2.6　整组试验

通过数字化测试设备给保护装置加入电流、电压及相关的 GOOSE 开入，并通过接收保护的 GOOSE 开出确定保护的动作行为，保护整组测试方案同常规保护，请参照 DL/T 995—2006 中 6.7 节。

5.2.7　与调控系统、站控层系统的配合检验

1. 检验前的准备

（1）检验人员在与厂站自动化系统、继电保护及故障信息管理系统的配合检验前应熟悉图纸，并了解各传输量的具体定义并与厂站自动化系统、继电保护及故障信息管理系统的信息表进行核对。

（2）通过 SCD 文件检查各种继电保护装置的动作信息、告警信息、状态信息、录波信息和定值信息的传输正确性。

（3）现场应制定配合检验的传动方案。

2. 检验内容及要求

（1）继电保护装置的离线获取模型和在线召唤模型，两者应该一致，且应符合 Q/GDW 396—2009。重点检查各种信息描述名称、数据类型、定值描述范围。

（2）检查继电保护发送给站控层网络的动作信息、告警信息、保护状态信息、录波信息及定值信息的传输正确性。

（3）继电保护设备应能够支持不小于 16 个客户端的 TCP/IP 访问连接；应能够支持 10 个报告实例。

（4）继电保护设备应支持上送采样值、开关量、压板状态、设备参数、定值区号及定值、自检信息、异常告警信息、保护动作事件及参数（故障相别、跳闸相别和测距）、录波报告信息、装置硬件信息、装置软件版本信息、装置日志信息等数据。

（5）继电保护设备主动上送的信息应包括开关量变位信息、异常告警信息和保护动作事件信息等。

（6）继电保护设备应支持远方投退压板、修改定值、切换定值区、设备复归功能，并具备权限管理功能。

（7）继电保护设备的自检信息应包括硬件损坏、功能异常、与过程层设备通信状况等。

（8）继电保护设备应支持远方召唤最近八次录波报告的功能。

（9）继电保护设备应将检修压板状态上送站控层设备；当继电保护设备检修压板投入

时，上送报文中信号的品质 q 的 Test 位应置位。

3. 检验方法

（1）继电保护模型离线获取方法。系统集成商将 SCD 文件提交变电站调试验收人员。

（2）继电保护模型在线召唤方法。站控层设备通过召唤命令在线读取继电保护装置的模型。

（3）继电保护信息发送方法。通过各种继电保护试验、通过继电保护设备的模拟传动功能、通过响应站控层设备的召唤读取等命令。

5.2.8 装置投运

1. 投入运行前的准备工作

（1）检查全站 SCD 文件及相应 CRC 校验码，所有被检设备的保护程序、通信程序、配置文件、CID 文件及相应 CRC 校验码是否都正确保存。

（2）其他参见 DL/T995—2006 中 8.1 节。

2. 用一次电流及工作电压的检验

（1）对于需要检查电流电压相量的装置，如发现相量不对时，应该检查对应的合并单元上的相量显示。如一致，则在合并单元上修改相量；如不一致，检查是保护装置配置错误，还是合并单元配置错误，然后修改相量。

（2）双母线核相、定相操作：用 1 路电源给一组母线充电，合上母联开关，通过母线电压间隔 MU 同时采集两组母线电压并进行幅值、相位和频率比较，如一致，则说明电压间隔 MU 二次核相成功。将母联开关断开，用 2 路电源分别给两组母线充电，通过母线电压间隔 MU 采集两组母线电压并进行幅值、相位和频率比较，如一致，则说明电压间隔 MU 二次定相成功。

（3）其他参见 DL/T 995—2006 中 8.2 节。

第6章　继电保护事故处理及案例分析

6.1　继电保护事故的主要类型

当继电保护或二次设备发生事故以后，有时很难判断故障的根源，而只有找出事故的根源，才能有针对性地加以消除，并制定防范措施，所以找到故障点是处理事故的第一步。

继电保护事故的分类对现场的事故分析处理是非常必要的，从技术角度出发，结合一些曾经发生过的继电保护事故的实例，将现场的事故归纳为12类。

1. 定值引起的继电保护事故

保护装置的定值是人指挥机器的核心要素，其正确、完善、可靠是保护正确动作的前提。

（1）整定计算人员的误整定包括：整定计算人员计算错误；保护控制字、跳闸矩阵等功能性运用错误；原理性运用失误；被动式误整定。

（2）继电保护现场工作人员定值输入的误整定包括：看错数值；看错位；漏整定。

究其原因主要是工作不仔细，检查手段落后，因此现场的继电保护的整定必须认真操作，仔细核对，尤其要把握好利用好通电检验定值这一关，才能避免错误的出现。

（3）装置硬件问题造成定值自动漂移包括：工作电源影响；温湿度影响；元器件老化影响；元器件损坏的影响

【案例1】 某110kV主变电站差动保护装置双CPU设置。一为启动CPU设置在MONI板；另一为保护CPU，要求两CPU启动定值设置一致，起到相互钳制的作用。某日该站主变压器增容更换，需对保护启动定值进行修改，整定计算人员只修改了保护CPU定值，未修改MONI板CPU定值，当新主变启动投运后，负荷电流超过了MONI板CPU启动定值，而保护CPU未到启动定值，保护装置报A/D故障，闭锁保护。虽经及时发现未造成事故，但是此次误整定的性质是比较严重的。这也属于一种被动式的误整定。

【案例2】 某220kV变电站的35kV电抗器保护在运行中开关跳闸，保护动作报文"过负荷跳闸"，查看保护定值单，定值单中控制字整定要求过负荷保护只发信不跳闸。检查保护装置控制字的整定情况，发现过负荷保护整定成跳闸。同时发现保护定值单项与装置整定项内容相差很大，主要是控制字内容的排列情况与定值单完全不同，按定值单所列控制字整定，正好将过负荷整定成跳闸，由此可见保护人员的整定工作和运行人员的核对工作责任重大。

【案例3】 某500kV主变电站保护C相差动速断动作，主变压器三侧开关跳闸，查看故障录波发现故障前约80ms时，系统有扰动，产生了约0.195A的差流。保护故障报告显示差动速断动作，动作相别为 C 相，最大差流值为 0.18A，实际该值远未到动作定值。保护人员打印主变保护差动保护定值进行核对时发现，差动定值数值漂移较大，所有定值项均与定值单有很大出入，其中差动速断电流定值为 1.15A，装置内部实际值为 0.10A。后经检查发现为 CPU 板 EEPROM 定值存储器故障所致。

现场定值整定工作的几个注意事项包括：多 CPU 保护，备用定值区的设置；正确区分一、二次定值，避免惯性思维；定值单上的 TA、TV 变比也是定值整定项目；对于装置整定项与定值单项不符的应引起足够重视；认真阅读定值单整定原则及说明；综合自动化变电站、智能化变电站的保护软压板问题。

保护的正确动作依赖于定值的正确计算和定值的正确执行及装置硬件的可靠，这 3 个环节稍有差错就会导致保护的不正确动作。因此各个相关部门，专业人员应相互协调与沟通，加强学习和交流，确保定值的正确性。

2. 元器件损坏直接造成的事故

图 6-1（a）是三极管 ce 击穿造成保护误动，解决和防范措施是在保护出口跳闸继电器正极前加了一个启动继电器 QDJ 的常开接点如图 6-1（b），这样如果没有发生事故，QDJ 启动继电器不会动作，其常开触点不会闭合，此时即使三极管 ce 击穿，出口跳闸继电器 CKJ 也不会动作，有效地防止了元器件损坏造成事故的发生，具体电子实现见图 6-2。

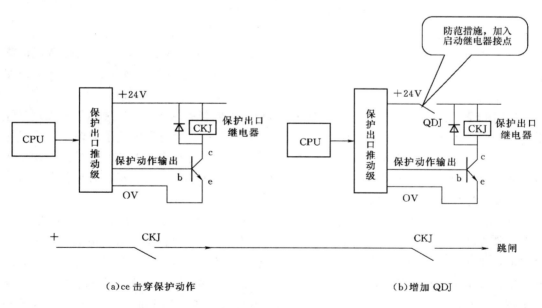

图 6-1　典型案例（一）

【案例 4】　某 10kV 系统一条出线过流 I 段动作，开关跳闸，微机保护面板显示动作电流 157A（二次值），按此二次电流折算，变比为 600/5 的电流互感器，一次电流达 18840A。而通过计算，当时的运行方式下 10kV 母线最大短路电流为 12000A，因此怀疑保护装置采样存在问题。停电检查，做二次通流试验，发现保护采样回路异常，后经生产

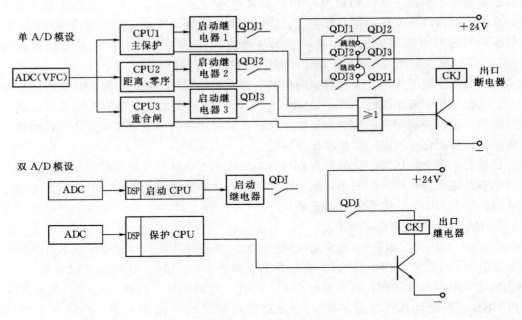

图 6-2 典型案例（二）

厂家试验确认为 ADC（逐次逼近式模数转换）芯片故障。

3. 二次回路绝缘损坏造成的事故

二次回路绝缘损坏造成的事故包括：控制电缆、二次导线陈旧性绝缘老化造成的事故；控制电缆、二次导线本身质量问题造成的绝缘击穿而导致的事故；施工工艺、质量问题造成的绝缘破损而导致的事故；特殊点的回路绝缘损坏造成的事故。

【案例 5】 某 220kV 线路开关端子箱在运行中发生着火燃烧事故，事后检查发现为端子箱内 400V 交流回路二次导线绝缘破损后接地短路引起。检查发现端子箱内部二次线未加防护套，在端子箱内布线转弯时半径过小，与不锈钢支柱棱角边相切，且尼龙线扣使用得又密又紧。由于不锈钢支柱棱角边在生产过程中打磨不够，比较粗糙，致使棱角边嵌入二次导线，造成接地短路燃烧。

【案例 6】 某 500kV 变电站的 220kV 母差保护在投运时发现 TA 断线告警不能复归，后发现某支路电流三相不平衡，排除一次系统原因后，随即对该支路母差电流回路的二次电缆进行检查，绝缘测试时发现，A 相芯线对地绝缘几乎为 0，对该电缆进行解剖，发现问题出在该电缆屏蔽层的引出线的焊接工艺上，由于焊接时操作不当，造成电缆芯线绝缘烫伤破损后与屏蔽层短路，导致该支路 A 相二次电流接地短路分流，造成母差差流不平衡而报 TA 断线告警。

【案例 7】 某新投 220kV 变电站，投运前进行二次回路绝缘测试，发现该站二次回路对地绝缘普遍比较低，通过分段测试，主要问题出在了二次电缆芯线的绝缘上，芯线对地绝缘测试最大值 5～7MΩ，最小值 1MΩ。对于新投变电站来讲，电缆芯线的绝缘水平严重偏低，该批电缆存在严重质量问题，不符合规程规定。后经更换全部二次电缆后，绝缘恢复正常。造成变电站延期投运将近两个月。

【案例8】 某500kV变电站扩建一条500kV线路，该线路保护共两面屏，需要将两面屏嵌入安装到现场预留屏位。但是由于新保护屏正面宽度不标准，到最后还有1～2mm的误差，造成不能嵌入安装。施工人员用手提砂轮机将保护屏侧面磨去了一些，将保护屏嵌入安装。在施工结束后，运行单位验收做保护试验时发现功能压板不投入保护可以动作，最后检查发现在保护装置背板的引出线"A"型插座盒内滞留了大量的细小的金属粉末，金属粉末构成了导电通路，致使保护功能投入，而这些金属粉末就是在施工人员打磨屏柜时留下的。继续检查保护装置，发现装置印刷电路板也吸附大量金属粉末。最后请生产厂家做了特殊处理后，装置才恢复正常。

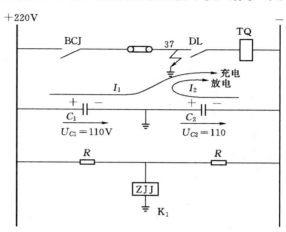

图6-3 特殊故障点

（1）特殊故障点绝缘损坏将可能直接导致开关跳闸，见图6-3。分合闸回路的直接接地危害严重。

（2）一些不易被检测到直流接地点，是潜在的危险点，见图6-4。

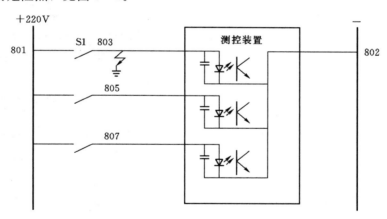

图6-4 潜在危险点

图6-4中，由于故障点至负电源之间阻抗较大，该种直流接地，一般不能被检测出来，但是接点S1一旦动作就是正电源金属性接地，危害极大！

4. 误接线造成的事故

误接线是继电保护三误事故之一，误接线引起的保护事故在事故总量中占不小的份额，特别是在新建、改扩建工程中接错线的现象相当普遍。误接线造成的保护事故一般有两种，一种是保护误动，一种是保护拒动。

【案例9】 某110kV降压变电站两台三卷变，10kV、35kV侧均为单母分段接线，母线分列运行，分别由 1 号、2 号主变压器供电。在 10kV、35kV 分段开关上都装设有备用电源自动投入装置。某日 1 号主变压器区内故障，差动保护动作跳开 1 号主变压器三侧开关，10kV 分段开关备自投正确动作，但是 35kV 分段开关的备自投装置没有动作，查阅装置报文，在故障时刻有"TV 断线"报文。备投拒动造成 35kV Ⅱ 段母线失电事故。事故后进行检查，发现备自投装置中来自 1 号、2 号主变的有流闭锁电流回路接线错误，施工人员将 1 号主变电流回路接在了 2 号主变的位置，将 2 号主变的电流回路接在了 1 号主变压器的位置。使得在 1 号主变跳开后，备自投装置误判 1 号主变 35kV 开关有电流，而导致误判"TV 断线"，闭锁了备投。

【案例 10】 某 110kV 变压器差动保护，在低压侧区外故障时误动，从保护装置录波反映，故障时低压侧差动保护电流波形畸变、缺损、过零点提前，局部波形间断，TA 饱和严重。后停电检查，发现原因为低压侧差动保护 TA 误接测量绕组所致。核对 TA 铭牌上绕组准确级布置与图纸一致，图纸接线设计正确，施工人员按图施工正确。再检查试验报告，并通过伏安特性试验发现 TA 的实际绕组布置与铭牌不符，导致按图施工差动保护误接测量绕组。由于正常负荷电流下不能被发现，而区外故障时，短路电流下 TA 饱和导致差动保护误动。

(1) 从现场实际情况来看，一般造成误接线的原因主要如下：

1) 基建施工人员不按图施工，凭经验、凭记忆接线造成误接线。

2) 继电保护人员不履行相关手续，擅自修改运行回路二次接线。

3) 继电保护人员在恢复临时拆线时造成的误接线。

4) 二次设备内部错接线。

(2) 误接线基本上都属于人员责任事故，如何避免误接线事故，需从多方面入手。

1) 新安装的保护装置到货后，应参照设计图纸和厂家提供的图纸，对保护屏做一次全面、细致的检查和对线工作。

2) 提高工程施工人员的业务素质，严格执行按图施工原则，保证接线正确。

3) 保护装置的调试，是设备投运前的一道最重要的工序。认真细致的完成调试工作，是减少接线错误的关键环节。保护调试时，不能只注重对保护装置功能的测试，也应重视对外回路的检查。保护调试时应尽量将整套保护处于与投入运行完全相同的状态下进行，尽量避免过多的外回路模拟。

4) 基建工程涉及的新设备多，存在的错接线也多，因此基建调试时应严格按照规程规定执行，不得因为赶工期而减少调试项目，降低调试质量。

5) 高质量的竣工验收也是减少接线错误的重要环节。

6) 运行单位要重视保护投运后第一年的首检，根据现场统计分析，保护首检发现设备缺陷的概率比较高。

7) 提高继电保护人员技术水平，增强人员责任心，养成细致、谨慎地继电保护工作作风，是避免一切继电保护人员责任事故的根基！

5. 二次回路抗干扰能力差导致的事故

现场导致继电保护事故的干扰形式主要有：静电耦合干扰、电磁感应干扰、地电位差产生的干扰、二次回路自身的干扰、无线电信号干扰。

保护装置及二次回路的阻抗干扰，按干扰信号的频率可以分为低频干扰与高频干扰两类。低频干扰包括工频与其谐波以及频率在几千赫兹的振荡信号。高频干扰则有高频振荡、无线信号、还包括频谱含量丰富的快速瞬变干扰，如雷电波等。干扰按发源地来分，可以分为内部干扰和外部干扰。干扰按其形态或信号源组成的等值电路来分，有共模干扰和差模干扰两种。共模干扰是发生在回路中一点对地之间的干扰。差模干扰是指发生在回路两线之间的干扰，其传递途径与有用信号的传递途径相同。按干扰信号造成的不同后果来分，可以分为引起设备或元器件损坏的干扰和造成保护或断路器异常动作的干扰。一般来说高频干扰和共模干扰容易损坏元器件；低频或差模信号干扰则常引起保护装置的不正确动作。

（1）一次系统对二次回路主要的干扰途径：3 个电容造成静电耦合干扰，见图 6-5。

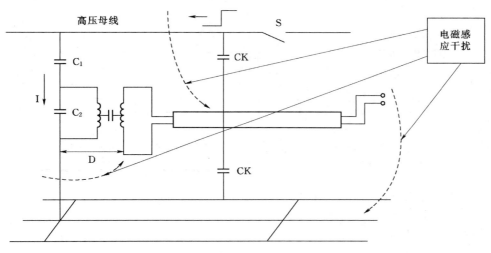

图 6-5　一次回路对二次回路的干扰途径

（2）抗干扰电容对静电耦合干扰的抑制见图 6-6。

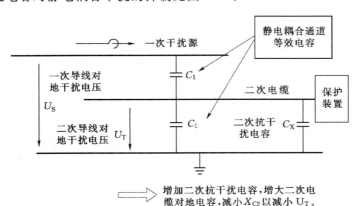

图 6-6　抗干扰电容对静电耦合干扰的抑制

（3）屏蔽电缆对静电耦合干扰的抑制见图 6-7。屏蔽电缆对电磁感应干扰的抑制见图 6-8。铁质材料管对电磁感应干扰的抑制见图 6-9。

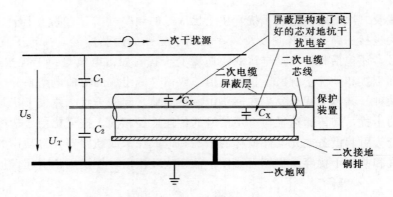

图 6-7 屏蔽电缆对静电耦合干扰的抑制

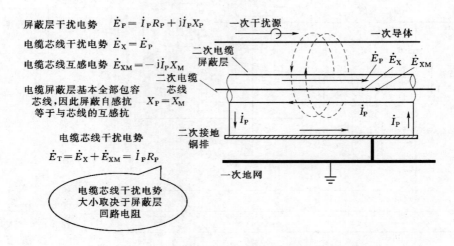

屏蔽层干扰电势　　$\dot{E}_P = \dot{I}_P R_P + j\dot{I}_P X_P$

电缆芯线干扰电势　$\dot{E}_X = \dot{E}_P$

电缆芯线互感电势　$\dot{E}_{XM} = -j\dot{I}_P X_M$

电缆屏蔽层基本全部包容
芯线，因此屏蔽自感抗　$X_P = X_M$
等于与芯线的互感抗

电缆芯线干扰电势
$$\dot{E}_T = \dot{E}_X + \dot{E}_{XM} = \dot{I}_P R_P$$

电缆芯线干扰电势
大小取决于屏蔽层
回路电阻

图 6-8　屏蔽电缆对电磁感应干扰的抑制

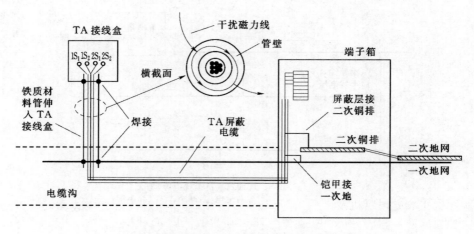

图 6-9　铁质材料管对电磁感应干扰的抑制

214

（4）地电位差产生的干扰见图6-10。

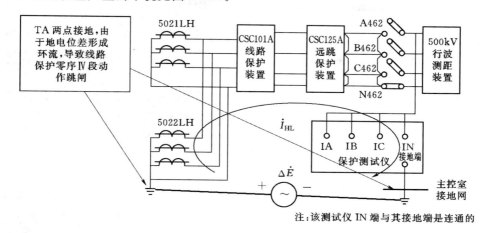

图6-10　地电位差产生的干扰

在变电所中，为了减少地电位差对电气设备及人员造成的安全威胁，建设了相对完善的地电网，但由于接地体本身存在一定的电阻与电感，要做到完全等电位是不可能的。当大电流接地系统发生接地故障时或避雷器动作时，变电所的接地网中会流过很大的故障电流，此电流流经接地体的阻抗时便会产生电压降，使得变电所内的各点电位有较大的差别。当连接到变电所不同区域并且有多点接地时，各接地点间地电位差就会在连接的电缆芯中产生电流。该电流将导致保护的不正确动作。

（5）二次回路自身干扰。变电所的二次回路错综复杂，有强电、有弱电，当它们通过各种控制信号及电压、电流时，会对其他的回路产生干扰电压，但其中最为严重的干扰来源于二次回路开断继电器及断路器分合线圈等电感元件。电感元件在接通电源或断开电源时，将产生暂态干扰电压，其幅值与电感元件的工作电压、工作电流、电感量大小及相应的回路参数有关。在直流系统中有中间继电器时，如果没有采取相应的抗干扰措施，切断该继电器的电感电流将产生数千伏的干扰电压。如果二次回路及保护装置不采取相应的抗干扰措施，这一干扰电压足以使保护装置启动甚至误动。如果在二次回路设计施工中不注意按规程要求合理布置电缆二次线，不将强弱电、动力电缆与控制电缆、直流电缆和交流电缆分开，则它们之间将产生干扰，这一干扰有可能造成保护装置的不正确动作。

（6）无线电信号干扰。在无线电通信发达的今天，无线信号可谓无所不在。在变电所中，无线电对二次回路的干扰除来源于通信设备发射的高频电磁信号外，还有高压电器设备的电晕放电及电弧放电等。对来自一次设备的无线干扰，通常可通过对设备发射的无线电干扰水平的限制或通过电磁屏蔽措施有效地预防。目前，无线电干扰对二次设备构成威胁的主要来自无线电对讲机及手机等通信设备，由于对讲机的发射功率较大，所以威胁更大，在运行现场曾经多次发生使用无线通信设备而造成保护误动的事故。

【案例11】　20世纪90年代中期，某220kV变电站新上一条220kV微机线路保护。在施工进入调试阶段时，在保护屏门前使用对讲机联系对线时，发现保护装置动作出口，装置上"TA"、"TB"、"TC"灯亮，而且每次靠近使用对讲机都能使保护装置误动。后经多方查找原因，最后发现保护定值里的保护启动定值一般整定为0.5A左右（5A制），而误动的保护整定为0.05A。将其改为0.5A则误动现象消失，改回来，则继续误动。后经生产厂家修改保护程序同时完善了抗干扰措施后，即便保护启动定值整定为0.05A也不再误动。

【案例12】 某35kV主变保护在更换工作中，使用对讲机对线，发现对讲机使主变差动保护误动，跳两侧开关，而且每次靠近使用对讲机都能使保护装置误动，后生产厂家将对讲机拿回去做测试，发现该对讲机20cm左右的发信场强是其保护装置电磁兼容性允许的10倍左右。

6. 人员误碰运行设备导致的事故

继电保护工作人员及运行管理人员担负着生产、基建、大修、技改、反措等一系列的工作，支撑着庞大而复杂的电力系统，工作任务艰巨而繁忙。尽管每一个人都想把工作做好，但是在现场由于安全措施的不得力，工作人员对设备的不熟悉，违章违规行为的存在，误碰事故并没有彻底杜绝。

【案例13】 某500kV变电站500kVⅠ母线母差保护更换，需要将Ⅰ母线相应边断路器停电后，验证各边断路器失灵启动母差保护的出口回路。站内某串为不完整主变串，该串对应Ⅰ母线的边断路器停电后，保护人员验证母差失灵启动回路时，误碰该边断路器失灵跳相邻断路器的回路，造成串内主变失电。事后调查，在验证不完整主变串时正好属于休息时间，工作票处间断状态，保护人员在无票、无人监护的情况下工作，导致事故发生。由于事发后误碰人员拒不承认，造成主变不能及时送电。

【案例14】 某110kV变电站10kV线路保护校验，该站10kV线路保护集中布置，一面屏安装6路出线，当天校验的线路与10kV母联保护装置安装在同一面屏上，屏正面设有保护装置信号复归按钮和母联断路器合闸按钮，两按钮上下间隔距离30cm，保护人员在线路保护校验中，当准备按保护装置复归按钮时，误按母联断路器合闸按钮，造成站内10kV母线误合环。所幸未造成严重后果，但是事故性质严重，值得反思。虽然本案从设备的布置与安装上讲，有导致事故发生的客观原因，但是保护人员动手前不能做到"三到"即"眼到、心到、手到"，最终导致事故发生。

【案例15】 某变电站220kV旁路保护更换，当将旁路代1号主变压器的电流回路电缆解下，并将裸露的电缆铜芯包扎在一起后，准备下放到电缆层时，1号主变压器差动保护报"差动保护TA断线告警"，后查发现1号主变压器保护屏上1SD切换端子未断开，该电缆在主变保护屏上未解除。当该电缆在旁路保护屏被解下包扎时发生ABCN短碰，造成1号主变压器差动保护高压侧电流分流，致使差动保护TA告警。事故暴露出保护人员工作不细致，不能针对保护更换工作的特殊性执行相应的安全措施，未认真执行"废弃或临时退役的二次电缆应查清回路后两端解除"的要求。

7. 二次系统电源故障导致的事故

(1) 保护装置逆变电源问题。

1) 保护装置逆变电源的原理见图6—11。

2) 保护装置逆变电源存在的主要问题有：纹波系数过高；输出功率不足；稳压回路

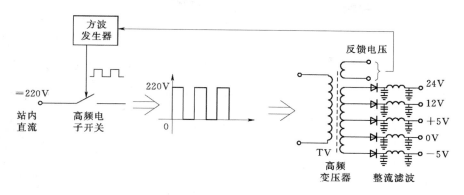

图 6-11 保护装置逆变电源的原理

故障；逆变电源的保护问题；电源板发热较严重，影响保护装置内环境；逆变稳压电源的寿命和定期更换问题。

【案例 16】 某 220kV 变电站，1 号主变压器保护是双重化配置的微机保护，某日运行人员在巡视时，发现 1 号主变压器保护 A 屏上装置运行灯熄灭，液晶面板无显示，而监控系统无任何相关告警信号，保护人员检查了"装置异常"输出告警接点，发现该接点未闭合，因此排除了是由于监控系统的原因而未发告警信号的可能。后经检查发现为保护 CPU 板上 +5V 的稳压管对地短路，造成逆变稳压电源保护动作，关闭了输出。但是该逆变稳压电源未能将告警信号发出，造成 A 屏保护装置退出运行。后检查该电源板，发现保护动作告警回路存在原理性缺陷，需对近期投运的该型号的主变保护的电源板执行反措，全部更换。

（2）变电站直流系统电源问题。

1）直流熔断器、直流断路器上下级级差配合问题。关于级差配合的几个建议：①简化直流电源接线，从蓄电池到负荷 2～3 级最好，最多不应超过 4 级。取消环形供电改辐射供电，可将因级差配合不当引起的越级跳闸的影响降至最小；②统一认识，要保证上、下级级差在 3～4 级；③对于直流馈线屏的总输出回路，建议使用略带延时的塑壳短路器，尽量不使用微断；④在短路器或熔丝的选择上尽量选用统一型号的产品，以降低配合误差；⑤减少回路中断路器与熔丝的混配。

2）直流熔断器熔芯的定期更换问题：直流熔断器熔芯在短时过载后发热局部熔化但未彻底熔断，此时其安秒特性、额定电流可能已发生变化，将使上下级失去配合，在故障时造成越级熔断。因此要求结合停电，定期更换熔芯，并做好记录。直流熔断器熔芯见图 6-12。

3）两组直流供电回路之间的串供问题见图 6-13。

4）关于断路器控制电源（操作电源）与保护装置电

正常的熔芯　　　过载受过热的熔芯

图 6-12　直流熔断器熔芯

源应分开的问题。对于使用失灵近后备保护的应重视将保护装置电源与控制电源分开，有利于失灵保护发挥作用。对于保护装置、测控装置独立的，将保护装置电源与控制电源分开利于事故处理。对于低压系统使用保测一体的装置，则分开的意义不大。

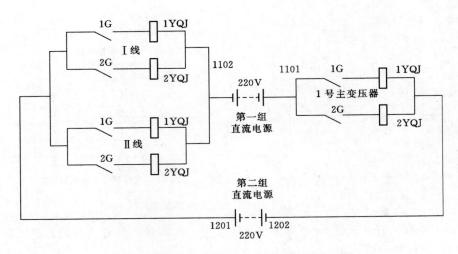

图 6-13　两组直流供电回路的串供问题示意

（3）站内其他电源问题。

1）断路器闭锁回路电源问题。现场投运较早的 220kV 及以上 SF_6 断路器，一般都使用两组跳圈，但是断路器气压接点、油压接点、储能接点、SF_6 密度继电器接点等各自只提供一付机械接点，要实现闭锁两组分合闸回路必须通过接点重动，但是重动继电器的工作电源往往使用某一组控制电源，在该组控制电源因回路故障失去后，造成跳合闸回全部闭锁。这种开关机构的二次接线弱化了双跳圈的作用，也弱化了保护双重化配置的作用。近几年生产的高压断路器这种情况有所改观，断路器气压接点、油压接点、储能接点、SF_6 密度继电器接点都可以提供多付机械接点。

2）保护二次回路误用交流电源。相关保护出口分合闸回路必须使用直流电源，以保证在事故情况下继电保护的正确动作，及满足系统黑启动的需求。有些断路器的分合闸闭锁回路中使用重动继电器，而重动继电器的工作电源却使用站内交流储能电源，在事故情况下交流电源波动或失去，导致断路器误闭锁，造成事故扩大。

3）变电站综合自动化系统的电源。一般要求站内远动主机、通信服务器、交换机、集线器、当地后台机等综自设备应使用直流电源或不间断电源（UPS 电源）。不应直接使用站内交流站用电电源。对于站内 UPS 电源，应考验其在交流主供电源失去后的输出可靠性。要保证零断点。在其切换过程中要保证所接负载无重新启动现象。而往往不少UPS 电源产品质量不过关，事故中在交流主供电源失去后交流输出电源有断点，造成上述综自设备瞬间失电，导致在系统发生事故的关键时段监控主站与站端通信中断，后台机重启，使得大量保护动作信息、遥信信号丢失，给事故分析处理增加难度。

对于二次系统电源的问题，建议在新投变电站竣工验收后，在投运启动前做三个试验：①使全站交流站用电失电，对站内不同类型的断路器抽样进行手动分合试验，应保证断路器能可靠分合闸（试验前应保证被试设备已储能）；②使全站交流站用电失电，观察站内远动主机、当地后台机等综自设备无重启现象；站内监控系统网络、保护信息网络无通信中断现象；站端与主站端无通信中断现象；③使全站交流站用电失电，观察有无其他异常遥信信号。

6.2 继电保护事故的处理方法

6.2.1 概述

继电保护的事故处理主要涉及继电保护原理、装置元器件及二次回路等。现场处理继电保护事故的经验表明，大部分继电保护事故的发生与基建、安装、调试过程密切相关。因此掌握足够必要的继电保护原理及二次回路知识是分析和处理事故的首要条件，同时丰富的现场经验往往对准确分析与定性事故又起着关键作用。因此理论与实际相结合是继电保护事故处理的一个基本原则。

继电保护事故的处理不仅涉及运行单位和个人，且一旦拒动或误动，必须查明原因，并力图找出问题的根源所在，然后有针对性地制定防范措施，并举一反三，避免类似事故重演。这必将涉及到事故的责任者，重大的人员责任事故将接受严厉的处罚。事故发生后的许多资料和信息都可能被修改或丢失，给事故分析带来较大难度，甚至查不出原因，存在的问题无法得到解决，无法吸取事故教训。因此，事故的调查组织者必须坚持科学的实事求是的态度。

6.2.2 正确利用二次系统设备的事故信息

变电站综合自动化技术、智能电网技术的不断发展，给继电保护事故处理带来了很多的便利条件。因此当系统一旦发生事故，我们能获取的故障信息来源很多，譬如保护装置面板信号灯指示信息、跳闸信号继电器信息、保护装置事件记录及报文信息、保护装置故障录波信息、专用故障录波器录波信息、行波测距装置信息、监控系统后台信息、测控装置的信息、保护管理机（保护管理信息子站）的信息、功角测量装置的信息、网络分析仪的报文信息等。

正确利用这些二次方面的信息，就要做到以下几点：

（1）要重视各类二次信息辅助设备的运行维护，保证这些设备的工况正常。

（2）保护装置的故障信息不能替代专用故障录波器的信息。

（3）继电保护工作人员应能正确熟练地使用这些相关设备。

（4）应做好二次系统事故信息的记录和备份。

6.2.3 正确利用一次系统设备的事故信息

利用二次设备信息指示，判断一次设备是否发生故障，是电气设备事故分析的一般思维方式。在无法区分到底是一次设备真有故障，还是二次设备误动时，最好的办法是一次、二次方面同时展开事故调查工作。对一次设备进行必要的检查、检测工作可以很快得出结论，同时开展一次设备检查工作也可以在短时间内给保护工作人员提供极为有价值的信息，因此很有必要。一次设备故障后若继电保护正确动作，则就没有"继电保护事故处理"的问题。一次设备没有发生故障而继电保护动作，或一次设备有故障而继电保护没有正确动作，则需要研究查找问题原因。

6.2.4 运用逆序检查法

一般当保护出现误动时，使用逆序检查法对保护装置及二次回路进行检查。逆序检查法是从事故的不正确结果出发，利用保护动作原理逻辑图一级一级向上查找，当动作需要的条件与实际条件不相符的地方就是事故根源所在。逆序法的运用要求工作人员对保护动作原理、二次回路接线有较高的熟知程度，且有类似故障检查的经验，这样往往会使故障的查找进展迅速。

第二套主变压器保护 110kV 侧故障录波图，见图 6-14。事故原因查找流程示意见图 6-15。

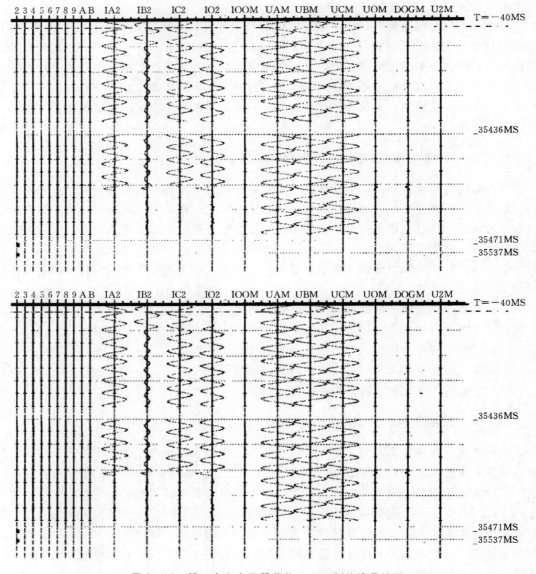

图 6-14　第二套主变压器保护 110kV 侧故障录波图

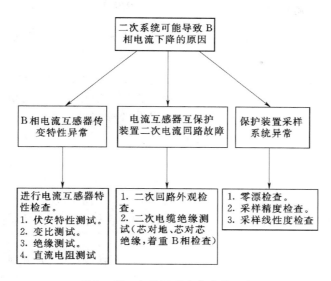

图 6 - 15 事故原因查找流程示意

1. B 相电流互感器传变特性异常

可通过对互感器伏安特性、变比、绝缘、直流电阻测试，将测试结果与原始记录进行对比来发现问题，但是运行中的电流互感器特性突然变坏的可能性不大，该项检查可放在最后进行。

2. 电流互感器至保护装置二次电流回路检查

（1）二次电流回路外观检查，有无放电、灼烧等异常痕迹，查相与相之间、相与地之间是否有异物搭碰。

（2）全回路绝缘测试，测试芯对地、芯对芯绝缘，绝缘水平应满足检验规程的标准。应尽可能将测试范围从互感器接线盒到保护装置背板的电流二次回路全部包含进去。

（3）B 相互感器二次全回路负载测试，与原始记录比较，查 B 相回路负载是否有明显增大现象。

3. 保护装置检查

通过录波图分析保护装置造成误动的原因可能有两种。

（1）保护装置交流采样系统硬件故障。

（2）保护装置软件计算错误。从事故前差动保护有差流异常告警信号这一点来看，主保护 CPU 和后备保护 CPU 同时发生计算错误的可能性不大。因此如果故障点在保护装置，则交流采样插件的故障几率比较大。所以保护装置的检查主要放在交流采样回路。

4. 查找过程的注意事项

（1）注意原始状态的保留。外观检查后，不宜立即对电流回路进行解线、紧螺丝等工作，不宜立即进行保护装置插件检查，也不宜立即进行互感器特性检查。需掌握的原则是可能动到回路接线的检查工作应在采样值检查之后进行，I_A'、I_B'、I_C'、I_N' 希望在外加电流试验时将故障现象重现，对快速查找到事故根源非常关键。

（2）采样值检查，保护试验仪 I_A'、I_B'、I_C'、I_N' 电流线直接从保护电流回路 I_A、I_B、

I_C、I_N 并线接入，接入点应选在互感器的二次接地点（若互感器二次接地点在保护屏，则在保护屏后加电流，若互感器二次接地点在开关端子箱则在端子箱处加电流，要保证试验仪 N 相与电流二次回路 N 相共一个接地点），无需将电流回路从互感器二次脱离，但应保证互感器一次开路。

（3）注意测试用仪器仪表的准确性和正确的使用，避免不必要的误导。

图 6-14 所示的故障，最后检查结果为保护装置交流采样插件的低通滤波器元器件故障，造成 B 相电流在进入模数转换之前幅值下降所致。

6.2.5 运用顺序法检查法

这是一种比较费时费力的检查方法，但也是最为彻底的检查方法。

全面的顺序检查法常用于继电保护出现拒动或者逻辑出现错误的事故处理。一般也是逆序检查法失效的情况下运用的方法。

顺序检查法与检验调试相类似，目的是运用检验调试的方法来寻找故障的根源，但事故处理又不完全等同于检验调试，前者的任务是寻找故障点，而后者则是检查装置的所有性能指标是否合格，然后将不合格项调整到合格范围以内，但指标的不合格却不一定会导致事故。

顺序检查法注意事项如下：

（1）将重点怀疑项目先检查，以便最快速度接近故障点。

（2）同时要注意在检查过程中拆线、接线，可能导致的故障点现象被破坏的问题，还要注意可能的双重复故障现象等。

（3）要注意在测试检查时的接线及方法的正确性，以免误入歧途。

（4）要注意装置实测数据与存档的原始数据的对比，特别是一些保护装置的与定值无关的功能、特性、曲线数据等。

（5）应注意测试用仪器仪表的准确性和正确使用，避免不必要的误导。

6.2.6 运用整组传动试验法

运用整组传动试验方法的主要目的是检查继电保护装置的逻辑功能、动作时间、出口回路是否正常。整组试验往往可以重现故障，这对于快速找到故障根源很重要。在整组试验时输入适量的模拟量、开关量使保护装置动作，如果动作关系出现异常，再结合逆序法寻找问题的根源。

整组传动试验，应尽量使保护装置、断路器与事故发生时运行工况一致的前提下进行，避免在传动试验时有人工模拟干预。

6.2.7 无法确定绝对原因的事故处理

保护设备及二次回路故障的发生有时具有间歇性，对于间歇性故障的处理是保护专业人员最头疼的事。甚至有的故障只发生一次，之后再也没有发生，且故障后一切试验结果全部正常，这给故障的处理带来了极大的麻烦。

（1）造成这种现象的原因有几下几点：

1）故障点在事后检查中被破坏，故障现象消失。

2）故障元器件的自恢复，故障现象消失，但仍存在再发生故障的可能。

3）故障点实际仍存在，但外部触发的客观条件不成立，故障未排除，还有再发生事故的可能。

4）其他未知的原因。

（2）对于事故原因不明，但试验检查又一切正常的装置和回路的处理，确实很难把握，而将故障原因不明的装置和回路投入运行违背继电保护运行管理规定，也有悖于继电保护的宗旨。对此类事故的处理原则建议如下：

1）原因不明，没有防范措施不投入运行。

2）对于有双套配置的保护可将故障装置投信号试运行，等故障现象再现后进行处理。

3）对于只有单套配置的保护，而必须复役送电时，在有针对性地更换故障可能性较大的元器件、插件、装置、电缆等后进行试验，试验正常后投入运行。同时采取措施：①调整其他相关设备的保护定值，确保系统运行的稳定；②提请调度部门转移重要负荷，并做好相关事故预案；③要求运行部门加强对相关设备的巡视检查，要求继电保护人员定期对相关设备进行技术性跟踪巡检；④根据故障的性质，有针对性地在关键部位临时设置在线监测、故障录波设备，以便于以后事故分析；⑤报上级专业管理部门批准。

6.3 故障录波图的阅读与分析

6.3.1 概述

故障录波设备可以记录下故障发生前、发生时、发生后的波形和数据，是进行故障规律分析研究的依据，被称为电力系统的"黑匣子"。因此分析故障录波也是研究现代电网的一种方法，是评价继电保护动作行为，分析设备故障性质，查找事故原因的有效手段。

1. 故障录波分析的重要意义

故障录波分析的重要意义如下：

（1）正确分析事故的原因并研究对策。

（2）正确评价继电保护及安全自动装置的动作行为。

（3）准确定位线路故障，缩小巡线范围。

（4）发现二次回路的缺陷，及时消除隐患。

（5）发现一次设备缺陷，及时消除隐患。

（6）为系统复杂故障的分析提供有力支撑。

（7）验证系统运行方式的合理性，及时调整系统运行方式。

（8）实测系统参数，验算保护定值。

（9）分析研究系统振荡问题。

（10）研究电力系统内部过电压。

2. 故障录波设备的前景和展望

随着电网的不断发展，区域电网的故障录波设备联网运行，实现数据共享，对于提高事故处理速度，及时恢复供电，保障电网安全意义深远。

随着智能电网的不断发展，数字化变电站的不断推陈出新，需要针对数字化变电站模拟量和开关量的数据特性进行录波记录原理和接入方式的研究，从而实现对电气量和 GOOSE 跳闸方式的保护动作及断路器分合等状态量的录波，因此故障录波设备将面临重大变革。

6.3.2　故障录波图的基本知识

故障录波图见图 6 - 16。

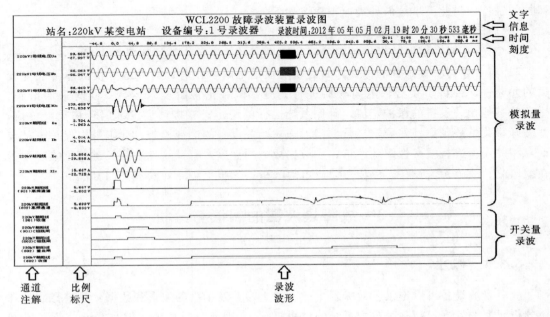

图 6 - 16　故障录波图

1. 文字信息

录波图的文字信息主要描述故障录波设备安装地点，被录波的相关设备的名称，以及故障发生时录波启动的绝对时间等。文字信息的格式，不同的录波装置各不相同。有的故障录波图的文字信息部分相当于一份简单的故障报告，还反映了故障相别、故障电流、故障电压、故障测距等。

在故障分析处理中，可以通过阅读录波图的文字信息，简单地对故障的总体情况做一个了解。但是录波图的文字信息内容不能作为最后对故障的定性分析结果。

2. 录波图比例标尺

录波图比例尺有电流比例标尺、电压比例标尺、时间比例标尺，是对录波图进行量化阅读的重要工具，比例标尺由录波装置自动生成，一般同一张录波图同一电气量使用的比例尺相同。录波图的电流、电压比例尺可以是瞬时值标尺，也可以是有效值标尺，可以是一次值标尺，也可以是二次值标尺。以二次瞬时值比例标尺最为常见。实际应用中可以通过录波图中故障前的正常电压、电流幅值来推算当前使用的标尺的类别。

电流、电压通道的比例标尺主要有两种模式，一种标尺为最大值法，该种标尺方法是在录波通道中显示当前通道中所录波形的正半周最大值和负半周最大值，然后可通过与最大值波形的幅值比例关系去阅读该通道中其他各点波形的幅值。另一种为平均刻度值法，即利用图中统一定义了单位幅值量的刻度格来充当标尺，通过阅读波形所占格数来阅读幅值量。以上两种标尺模式最为常见，此外现场也有少量录波装置，其标尺定义为以标准纸打印输出后的实际单位长度作为比例标尺刻度，例如 1kV/mm、100A/mm 等。

3. 录波图通道注解

录波图通道注解即对所录波形的内容进行定义，标明当前通道中所录波形的对象名称。录波图的录波通道内容注解一般有两种模式，一种是在各录波通道附近对应位置注解，该种模式多见于专用故障录波器。另一种模式是在录波图中对各录波通道进行编号，然后集中对各通道进行注解定义，多见于保护装置打印输出波形。

4. 时间刻度

录波图时间刻度，一般以 s（秒）或 ms（毫秒）作为刻度单位，规程规定以 0 时刻为故障突变时刻，要求误差不超过 1ms。同时要求 0ms 前输出不小于 40ms 的正常波形。实际现场的很多故障录波器并不完全是以 0 时刻为故障突变时刻的，因此在分析录波图时要注意区分。

在录波图打印输出过程中，为了减小篇幅方便阅读，一般会将录波图中电气量较长无明显变化的录波段省略输出，保护装置录波省略输出比较常见。

5. 录波波形

（1）模拟量录波—电流量。电流量录波主要为 A、B、C 三相电流及 $3I_0$ 零序电流，其中 A、B、C 三相电流一般有条件的均要求使用保护安装处 TA 的录波专用二次绕组，现场也有与保护装置合用一个 TA 二次绕组的情况，此时要求录波装置电流回路串接于保护装置之后。$3I_0$ 录波电流量一般为录波装置内部的零序电流采样回路即 N 线上的小 TA 的二次量，属于物理合成的零序电流。当无零序采样回路小 TA 时，也有使用自产 $3I_0$ 方式录波的，此时属于数字合成的零序电流。有的保护装置习惯将 $3I_0$ 录波与实际零序电流反相，在阅读时需要注意区分。

（2）模拟量录波—电压量。电压量录波主要为 A、B、C 三相电压及 $3U_0$ 零序电压，其中 A、B、C 三相电压来自 TV 二次绕组，与保护合用。$3U_0$ 零序电压录波量对于专用故障录波器，一般使用来自 TV 的二次开口三角绕组，属于物理合成的零序电压。保护装置录波主要为自产 $3U_0$ 电压，属于数字合成的零序电压。

（3）模拟量录波—高频通道录波。高频通道录波量来自高频保护收发信机背板端子上的专用录波输出量，不允许将录波通道直接并接于高频保护通道上，以防止录波通道故障而导致高频保护的不正确动作。高频保护通道录波的作用主要是为了在故障分析时，查看收发信机的停发信是否正常，收发信波形幅值是否正常，波形是否完整连续，有无缺口等，为事故分析提供依据。

6. 开关量录波

（1）保护信号录波主要包括保护装置跳闸出口信号（对于分相操作的断路器应为分相跳令信号）、重合闸动作出口信号、纵联保护收发信信号、重要的告警信号等。

（2）断路器位置录波量有条件的应直接采用断路器辅助接点信号，分相操作的断路器应为分相位置信号。现场不少录波中的断路器位置量录波使用的是分合闸位置继电器 TWJ、HWJ 的触点信号，在事故分析时应考虑其在时间上的误差。

保护装置录波中的开关量录波内容比较详细，可以将保护动作过程中关键点逻辑电平的变化情况记录下来，而且保护装置录波中的保护动作类开关量录波往往要比专用录波器中的保护动作类开关量录波的时效性强。

6.3.3 故障录波图的阅读与分析方法

这里所指的录波图的阅读是指对纸质录波图的目测估算阅读，旨在快速阅读，及时分析处理事故，因此所得数据主要作为定性分析用和简单定量分析用，一般不做深层次定量计算用。需要深层次定量分析场合，可借助专门的录波分析软件从录波装置电子文档中提取精确数值进行分析计算。

故障录波图的阅读主要包括幅值阅读、相位阅读、时间阅读、开关量阅读。典型故障录波图见图 6-17～图 6-19。

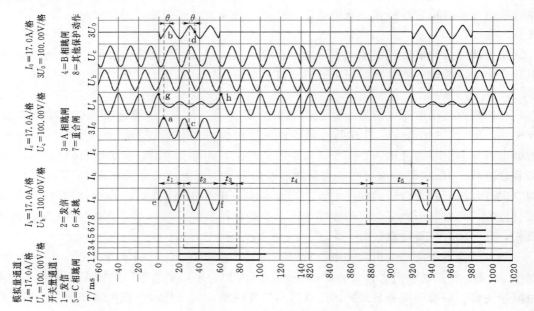

图 6-17 典型故障录波图（一）

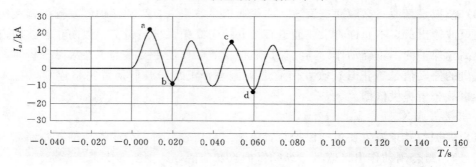

图 6-18 典型故障录波图（二）

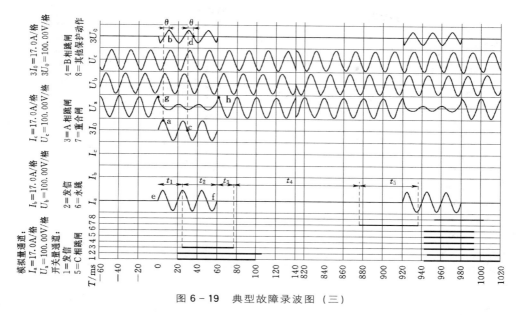

图 6-19　典型故障录波图（三）

1. 不能用保护装置录波取代专用故障录波器录波

（1）两者功能作用上的区别。保护装置的首要任务是在系统发生故障时能快速可靠地切除故障，保证系统安全稳定运行，现代的微机保护中均有一定的录波功能，但只是记录与该保护动作情况相关的少数电气量，且记录长度有限。正确动作的保护故障录波可以作为单一故障的分析依据，但不能完全作为分析电力系统故障发展和演变过程的依据，尤其是遇有保护装置不正确动作时，更需要由专用故障录波器的录波数据来分析保护的动作行为。专用故障录波器实际上应命名为电力系统故障动态记录仪。电力系统故障动态过程记录的主要任务是：记录系统大扰动如短路故障、系统振荡、频率崩溃、电压崩溃等发生后的有关系统电参量的变化过程及继电保护与安全自动装置的动作行为。而保护装置是不反映除短路故障以外的其他系统动态变化过程的，因此保护装置无法记录除短路故障以外的其他系统动态变化过程。专用故障录波图见图 6-20、图 6-21。

（2）两者在前置滤波、采样频率上的区别。各电气量进入保护装置被用于计算前，都要滤除高频分量、非周期分量等，因此保护装置的故障录波已不是系统故障时的真实波形。由于部分高次谐波与非周期分量被滤除，因此其录波波形一般毛刺较少，比较光滑。而专用故障录波器旨在真实反映系统的动态变化过程，其所录各电气量波形力求真实，一般不经特殊的滤波处理。保护装置的采样频率一般在 1.2kHz～2.4kHz，专用故障录波器采样频率在 3.2kHz～5kHz。因此专用故障录波器的录波波形真实性比保护装置录波高，但波形的暂态分量、谐波分量较重，波形毛刺较多。

（3）两者在启动方式上的区别。保护装置一般使用电流的突变量启动以及零序或负序电流辅助启动，不使用稳态的正序电流启动或单一的正、负、零序电压启动。而专用故障录波器上述的启动方式可以全部使用，还可以使用开关量启动和遥控、手动启动等。

由于专用故障录波器在采样频率、前置滤波、启动方式等方面与保护装置存在较大的区别，因此保护装置的故障录波信息不能替代专用故障录波器的信息。特别是在高压电网

227

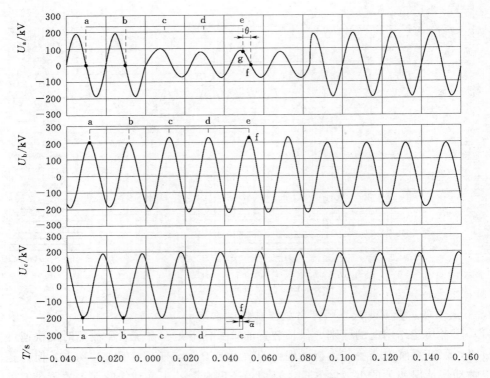

图 6 - 20 专用故障录波图（一）

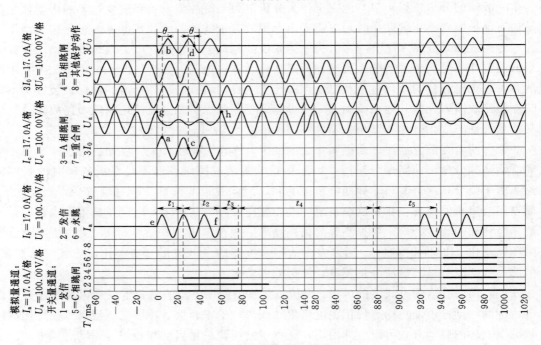

图 6 - 21 专用故障录波图（二）

228

中一些复杂的事故分析处理中，专用故障录波器信息是事故分析的首要信息。例如高压系统的暂态问题分析、谐波问题分析、振荡问题分析，主要的依据就是专用故障录波器的录波信息。

但是保护装置录波信息量丰富，录波图获取便捷，阅读简单，在一般性单一事故的分析处理方面有其独到之处。因此需要全面掌握各类保护装置的基本原理和其在故障录波方面的特殊点，以便故障分析时能正确判断。正确引用各类故障录波信息，去伪存真，是事故分析处理的一个关键点。

2. 要保障录波设备的运行工况良好

保护装置往往很重视装置的异常、闭锁等报警问题，一旦保护装置的巡检程序检测到软件或硬件的故障，都会向监控系统发告警信号，以提醒运维人员注意。运维人员也对此类故障告警信息很重视，所以保护装置运行工况比较好。而专用故障录波器的侧重点是录波，现场很多的故障录波器的软、硬件故障告警能力远不如保护装置，特别是软件故障告警能力，软件程序"走死"后能可靠发告警信号的能力一直不理想，使得录波器的运行工况无法得到有效监控，给事故分析带来困难。

此外，综合自动化变电站应重视各类二次设备的 GPS 对时问题，精确而统一的事故发生的绝对时间，对于正确快速地阅读各类装置的报文、录波信息，快速处理事故极其重要，特别是分析处理区域性电网事故意义更大。

3. 提高故障录波图的阅读、分析能力

故障录波图是电网事故处理的入手点，是建立事故分析、处理整体思路所需的重要信息。如何从录波图上去寻找事故分析的突破口，对于迅速判断故障性质、故障位置非常关键。这要求分析者有一定的系统故障分析理论水平，掌握一定的系统知识，还要有丰富的现场经验。

正确阅读、分析故障录波图是继电保护专业人员的一项重要技能，如何提高阅读分析能力，主要有以下 6 个要点。

（1）继电保护专业人员要多看故障录波图，特别是正确动作的录波图，只有对各种故障情况下正确动作的录波图的特点能熟练掌握，才能对异常情况下的录波图有敏锐的洞察力，从而快速找到事故处理的入手点和突破口。

（2）要善于将录波图中获取的信息与自己掌握的系统知识、故障分析知识、保护装置原理、保护整定定值、一次设备基本原理等相互关联起来，往往在关联过程中就能发现异常情况。举例见图 6-22。

（3）故障录波图的分析阅读要和系统的运行方式相结合，切忌死搬硬套，同样类型的故障在不同的运行方式下，产生的录波波形会有区别，不能脱离系统运行方式，孤立地去分析阅读录波图，很有可能会造成误导。

（4）可以把同一故障下不同装置的录波图进行比较，例如可以把双套保护配置的保护装置录波图进行比较，也可以把保护装置的录波图与专用故障录波器的录波图进行比较，还可以把上游设备的录波图与下游设备录波图进行比较。进行比较的目的是为了发现异常点，找到事故处理的突破口。在比较时应注意不同保护装置原理导致的录波差异，还要注意不同装置的录波 TA、TV 安装位置的不同而导致的录波差异（例如专用录波 TA 与保护装置 TA 的位置不同，又例如母线 TV 与线路 TV 的不同等）。

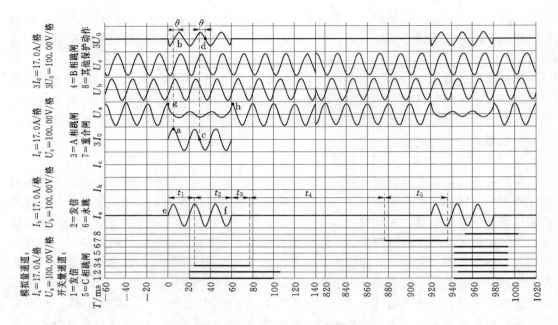

图 6-22　专用故障录波图示例

（5）要会使用专用故障录波分析软件对电子文档的故障录波图进行细化阅读，以满足在特定的事故分析场合进行深层次的量化分析的需要。这也是继电保护专业人员需要掌握的一项技能。

（6）在分析故障录波时，有时需要进行一定的定量计算来帮助定性判断，因此有两点需要引起重视，一是要熟练掌握故障分析计算的基本方法，例如对称分量法、故障分量法、电路迭代原理等。二是在计算时要善于灵活、合理运用假设、忽略、等效等方法，目的在于简化计算，提高分析判断速度。

6.4　继电保护典型案例分析

继电保护的典型故障有：220kV 主变压器保护区外接地故障误动；零序互感引起的平行双回线跳闸事故；主变压器空载合闸涌流造成微机差动保护跳闸；防跳回路异常造成的事故；电缆线间绝缘能力降低重瓦斯保护误跳闸；220kV 变电站主变压器保护误动事故；断路器拒动事故；220kV 线路高频保护通道异常；220kV 变电站交流站用电全失事故；220kV 变电站全站失电事故；500kV 某线短引线保护误动作；220kV 线路保护异常跳闸；220kV 系统保护异常动作；三相不一致保护误动；GIS 组合电器内部故障。

6.4.1　TA、TV 及其二次回路问题导致的事故

TA、TV 及其二次回路问题导致的事故主要有：电流互感器的饱和及误差问题；电流互感器的应用问题；电流互感器二次开路问题；电流互感器二次回路多点接地问题；电压互感器的二次回路反措问题；电压互感器二次回路多点接地问题；电压互感器开口三角

二次回路的问题；电压互感器二次回路空开的应用问题。

1. 电流互感器的饱和及误差问题

要控制互感器误差在允许范围之内，首要的工作是控制励磁电流的大小，要控制励磁电流就要控制好励磁支路的阻抗，主要是图 6-23 中的 X_m。

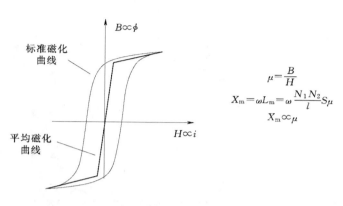

$$\mu = \frac{B}{H}$$
$$X_m = \omega L_m = \omega \frac{N_1 N_2}{l} S\mu$$
$$X_m \propto \mu$$

$$\dot{i}_1 = \dot{i}_m + \dot{i}_2'$$

图 6-23 电流互感器铁芯励磁 X_m 示意图   图 6-24 TA 误差及饱和问题

电流互感器在匝数比确定的前提下，铁芯截面、长度也确定后，其 X_m 值的大小取决于磁感应系数 μ 的大小。即 $X_m \propto \mu$，误差及饱和问题的模型见图 6-24。

（1）两种不同的短路电流见图 6-25。

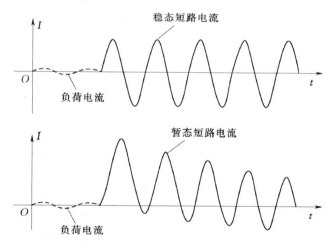

图 6-25 两种不同的短路电流

（2）两种不同的短路电流下，TA 的饱和情况见图 6-26。

2. 电流互感器的应用问题

（1）保护用电流互感器的绕组布置要把握两个原则：

1）要防止出现保护死区。

2）要考虑互感器易发生故障部分的保护归属问题，尽量减少事故下的停电范围。

（2）电流互感器的绕组布置见图 6-27～图 6-30。

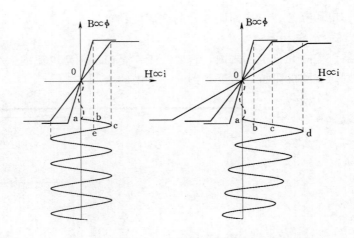

图 6 - 26 不同短路电流的 TA 饱和情况

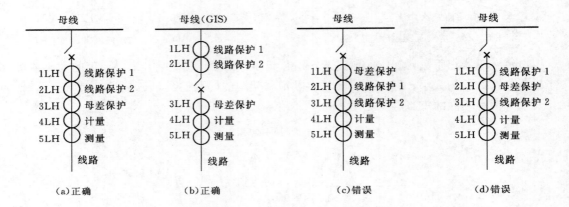

图 6 - 27 TA 绕组布置图

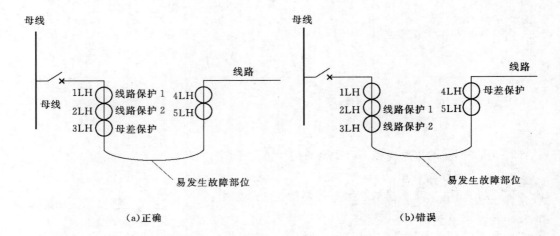

图 6 - 28 TA 绕组布置图分析

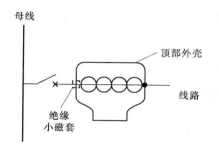

图 6-29 TA 绕组内部示意图

图 6-30 TA 绕组外观图

双母线中 TA 系统图见图 6-31。

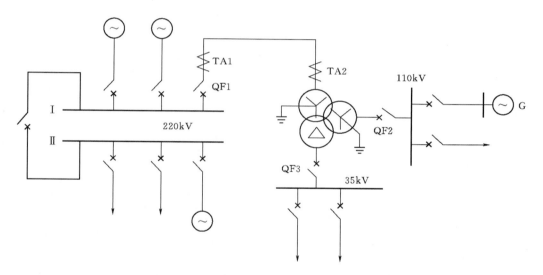

图 6-31 双母线中 TA 系统图

不同绕组布置 TA 饱和情况见图 6-32。

不同绕组布置 TA 饱和情况分析见图 6-33、图 6-34。

3. 电流互感器二次回路多点接地问题

电流互感器二次回路的一点接地属于安全接地，主要防止当一次高电压侵入二次回路时对二次设备和人身安全造成的威胁。规程规定电流互感器二次接地的原则是就近接地，且只能有一点接地。

但是电流互感器二次回路的多点接地造成的事故时有发生。电流互感器二次回路多点接地后对保护的影响主要来自地电位差造成的环流。

【案例 17】 某 500kVGIS 中某串的边开关和中开关停电检修，所供主变也停役。工作中边开关电流互感器需要进行高压电气试验，试验前工作人员将 GIS 汇控箱内的边开关

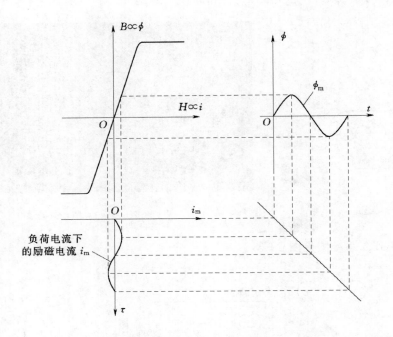

图 6 - 32　不同绕组布置 TA 饱和情况

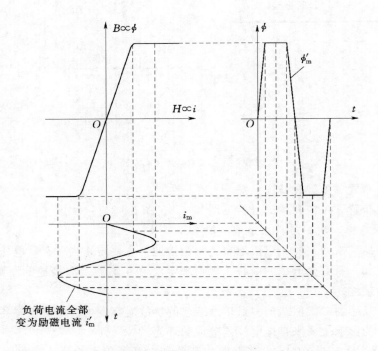

图 6 - 33　不同绕组布置 TA 饱和情况分析（一）

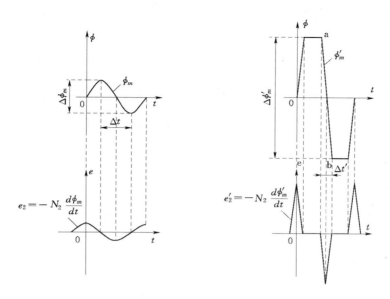

图 6-34　不同绕组布置 TA 饱和情况分析 (二)

电流互感器二次绕组全部短接接地并退出。由于主变差动保护 TA、母差保护 TA 二次接地点在保护屏，工作人员按常规思维先短接接地再打开端子排连片退出二次回路，在执行短接接地的过程中，造成主变保护差动保护 TA、母差保护 TA 二次回路两点接地，地电位差形成的环流导致停役主变的零序差动保护动作，边开关所在母线的两套运行的微机母差保护 TA 断线告警，所幸未造成严重后果。

4. 电流互感器汲出电流问题

电流互感器汲出电流问题见图 6-35。

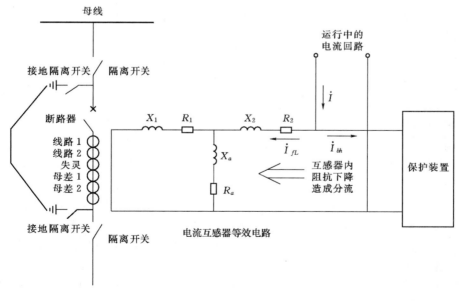

图 6-35　TA 汲出电流问题

5. 电压互感器二次回路反措问题

电压互感器二次回路反措问题见图6-36。

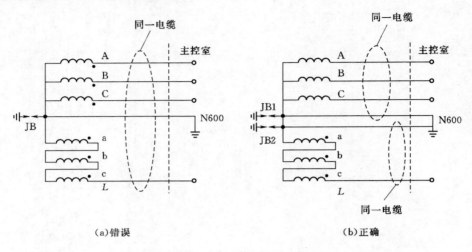

（a)错误   （b)正确

图6-36 TA 二次回路反措执行问题

6. 电压互感器二次回路的多点接地

电压互感器二次回路的多点接地见图6-37。

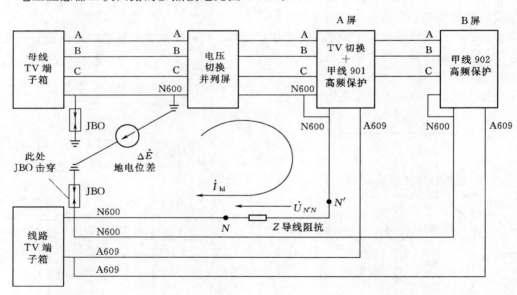

图6-37 TV 二次回路的多点接地

7. 电压互感器开口三角二次回路的问题

长期来以来，对于电压互感器开口三角二次是否需要设置空气开关或熔断器等断开点一直存在争议。

反对设置断开点的观点认为，电压互感器开口三角在正常运行时输出电压接近 0，断开点一旦断开无法实现监视，故障时保护及自动装置采不到零序电压，将造成保护不正确动作。赞成设置断开点的观点认为，电压互感器开口三角不设断开点，如果在系统有接地故障时开口三角二次回路负载有短路，此时将在开口三角回路中产生较大短路电流，长时间将烧毁电压互感器绕组。

开口三角二次回路还是有装设保护断开点的必要，特别是小电流接地系统的开口三角回路。关键是如何实现对空气开关或熔断器状态的监视。空开的辅助接点已普遍使用，辅助接点一般有两种形式，一种为位置状态告警接点（OF），位置告警接点只反映空开的分合状态，即空开合位，其辅助接点打开；空开分位，其辅助接点闭合。这里空开变分位，辅助接点不区分是人工操作分闸还是空开脱扣跳闸。另一种为脱扣告警接点（SD）。脱扣告警接点，空开合位该辅助接点打开，空开人工手动分闸该接点仍旧打开，只有当空开由于过载、短路等原因引起保护脱扣后该接点才闭合。

鉴于开口三角回路的特殊性，应使用位置告警接点，即只要空开在分位就发告警信号的形式来监视该回路。

所装设的空开或熔断器只能使用单极，且只在 L 回路安装。

电压互感器二次回路空开的应用问题如下：

（1）电压回路二次总空开和各保护装置电压空开应有合理的级差配合。

（2）电压互感器二次星型绕组回路空开不应断开 N 线，应使用三极空开。特别要注意单相线路电压互感器（或电压抽取装置）二次回路空开必须使用单极，不应断 N 线。

（3）要注意空开压降对计量误差的影响。

6.4.2　保护装置性能问题导致的事故

保护装置性能问题导致的事故主要有：

（1）微机母差保护中，轻载支路隔离开关位置丢失后的保护装置动作行为问题。

（2）关于保护启动后的 TV 二次失压导致距离保护误动的问题。

（3）关于大电流接地系统发生线路断线不接地故障时的保护动作行为问题。

（4）进口保护和国产保护的性能差异问题。

6.4.3　线路纵联保护通道问题导致的事故

线路纵联保护是全线速动保护，是 220kV 及以上电网线路的主保护，因此其运行可靠性和动作正确性直接影响电网的安全稳定运行。由于线路纵联保护主要靠比较线路两侧保护装置的方向元件或比较两侧保护装置的电流量来动作，因此线路纵联保护必须使两侧保护装置建立联系，也就是要建立保护联系的通道来传递方向信息或电流量信息，当前最常用的线路纵联保护通道主要是高频通道和光纤通道。纵联保护通道的可靠性直接影响了纵联保护动作的可靠性，而近些年来保护通道的运行情况并不尽如人意，特别是高频保护通道。

1. 高频通道问题

高频保护的可靠性除了要求保护装置有完善的原理外，还要求构成高频保护的通道具有较高的可靠性。而构成高频通道的结合加工设备如收发信机（载波机）、高频电缆、结合滤波器、耦合电容器、阻波器、输电导线等由于受周围环境影响因素较大，因此其工作可靠性较差，造成线路保护拒动、误动事故不断。

闭锁式通道一般使用相地耦合方式，一般使用单频制，使用保护专用收发信机。闭锁式通道故障主要造成纵联保护区外故障时远离故障点侧保护的误动，这种案例举不胜举。区内故障时，闭锁式保护不怕通道故障，某种程度上讲区内故障时只要本侧收发信机正常，其他加工设备导致的通道故障反而有利于保护动作。

允许式高频通道一般使用相相耦合方式，一般使用多频制，通常使用复用载波机。载波机采用移频键控方式来快速改变发信频率，即正常时通道上有监频信号，时刻监视通道工况，一般发信功率较低。故障时频率跃变，发跳频，同时发信功率提升。由于高频保护采用相相耦合，当线路发生耦合两相接地或三相接地短路时，可能导致信号不能传输，此时载波机应能提供解除闭锁接点来开放保护。即认为正常是有监频信号的，如果监频信号消失，则在一定时间范围内应有跳频出现，如果监频消失后一段时间内又没跳频出现，则认为是区内故障通道中断，则等同于有收信，即开放保护跳闸（称解除闭锁式）。如果允许信号采用复用通道，信号不在故障线路本身传送，则可不用该功能，且只对相间故障开放该功能。

允许式通道故障主要造成纵联保护区内故障时允许信号不能送抵对侧而造成的保护拒动。

2. 高频通道的特殊问题

高频通道的特殊问题主要如下：

(1) 收信裕量整定过大造成误动。

(2) 相地耦合高频通道的地返波干扰问题。

(3) 分支线对高频通道的影响。

继电保护规程规定，在正常运行状态下，高频收发信机的收信裕量不应低于8.686dB。调试人员对此规定都非常重视，收信裕量一般都设定得比8.686dB高很多。但对于较短的线路来说，过高的收信裕量容易造成功率倒灌或自激问题，闭锁式中使反方向的收发信机不能发连续的高频信号或发信有缺口，从而造成在区外故障时高频保护的误动。因此调试人员在做高频保护通道对调时，应按规程严格执行。一般先整定发信功率，对于较短的线路或收发信机发信频率较小的线路，由于其线路衰耗较小，发信功率一般可整定为10W（＋31dB）；而对于线路长度较长或收发信机发信频率较高的线路，发信功率一般可整定为20W（＋34dB）或稍大。然后检查收信电平，当大于10dB时，就需要在装置内投入衰耗，以降低收信裕量，并尽量将收信裕量控制在12～15dB之间。

相地耦合的高频通道，实际上收发信机发送的高频载波电流并不完全沿着加工相的高频通道传输，这是因为输电线路各相之间存在耦合电容，由于容抗 $1/wc$ 和频率成反比，故对于高频载波电流来讲这些容抗是很小的，因此由本侧高频收发信机发出的高频电流，在沿线传输的过程中，有一部分电流会通过相导线和大地的耦合电容泄露电阻流回来，其余高频电流经高频通道流至对端入地后，也不是全部经大地流回来，而是分成三路流回。经大地流回发信端的高频电流称地返波。其余两路，一路高频电流经未加工的两相对地电容流上两相导线，再经这两相的对地电容流回发信端；另一路高频电流则是经过对侧未加工的两相母线对地电容，流过两相输电导线，再经本侧该两相母线的对地电容流回发信端。后两路高频电流称相返波。若线路三相全部都有宽频阻波器则最后一路相返波将不能流通。

由于地返波和相返波的传输途径不同，其传输速度也会有所不同，在很高的频率下，传输至对端后就会造成较大的相位差，如果相位差接近或达到180°，地返波就会对相返波起抵消作用（一般来说，大于120°就开始削弱相返波），此时通道的终端衰耗最大，严重时可以使收信机不能正常工作，称之为地返波干扰。由于长线路的衰耗较大，地返波基本上不能到达对端，即便到达了幅值也较小，所以不能构成对相返波的严重干扰，因此通常地返波干扰出现在发信频率较高的短线路上。一般改变发信功率、改变发信频率、改变耦合方式可消除地返波干扰。

3. 光纤通道的问题

（1）光纤连接器衰耗增大引起的通道故障。运行中发现光纤差动保护装置"通道异常"灯亮，退出保护检查。将本侧装置用光纤跳线自环。并将"通道自环试验"控制字置1，通道异常消失。判断保护装置无问题。测试本侧接收功率为−55dB，低于装置接收灵敏度。进一步检查安装于通信机房的 MUX−64 接口装置，发现光纤接头未拧紧，经处理后光纤差动保护装置恢复正常运行。

无论是专用光纤通道还是复用光纤通道，构成通道的全部设备中包含有多个光纤连接器，每个接头的衰耗约为 1dB。如果光纤连接器接触不良或接触面沾有灰尘，都会使光衰耗增大。甚至使保护装置的接收功率低于接收灵敏度。因此，保护投运前和定期检修时应认真检查光纤通道各环节连接的可靠性。运行中如有通道告警可将通道分段自环逐步查找，确定故障点的位置。

（2）装置内部设置错误造成通道故障。在光纤保护装置或光纤接口装置内部，因整定时钟方式的需要，有的装置采用跳线进行整定，有的装置采用控制字进行整定。进行通道自环试验时，不同的装置有不同的整定要求，装置投入运行前应恢复至正常方式。此外，光纤差动保护为满足采样同步的要求，需要将一侧设为主机，将另一侧设为从机，必须整定正确才能保证差动保护装置的正常工作。因装置内部整定错误而引起的异常时有发生。对不同的装置必须认真研读其技术使用说明，掌握具体的整定方法。

（3）通道接线交叉引起的异常。

（4）光纤保护通道的误码对保护的影响。光纤传输系统造成误码的原因有：各种噪声源、色散引起的码间干扰、定位抖动产生的误码、复用器、交叉连接设备和交换机引起的误码。通道误码对保护判据的影响主要体现为以下 3 个方面。

1）误码使得报文内容或者 CRC 校验值的某一位值发生错误，导致报文通不过 CRC 校验。

2）误码使得报文头或报文尾的某一位值发生错误，导致报文完整性遭到破坏，通信控制芯片报"报文出错"。

3）报文的比特位数应该是 8 的整数倍，通道滑码可能造成比特位的增加或者丢失，导致通信控制芯片报"非完整报文"。在线路纵差保护中，一旦检测到非完整报文，则需重新检测通道时延，实现两侧装置采样数据的再同步。对于单个随机误码，也可能影响报文的完整性，使得线路纵差保护在通道路由没有发生变化的情况下，也重新启动一个新的同步过程，至少引起线路纵差保护数十毫秒的闭锁。线路纵联方向保护需要交换的数据仅仅是方向信息，没有通道时延一致性方面的要求，不需要同步两侧装置的采样时刻，通道误码仅会引起当前受影响的通信报文的正确性，但不会影响后续报文的使用。

（5）光纤自愈环网的通道切换对保护的影响。光纤自愈网是指不需要人为干预、能在极短的时间内从失效故障中自动恢复传送业务的网络。在采用通道倒换环的方式下，主用通道故障导致保护通道路由向备用通道切换，故障恢复后保护通道路由则从备用通道向主用通道切换回来。在通道切换过程中，既可以是 SDH 网络进行通道倒换，也可以是 PCM 自动倒换。光纤自愈网的各种双向通道倒换时间约为 20～30ms。倒换时若系统发生故障，则倒换时间可能使线路纵差保护至少损失 1.5 个周波的电气传输量，动作时间的延长不利于系统的稳定运行。因此，线路纵联差动保护不宜采用通道倒换环的自愈功能，只宜采用独立双通道。线路纵联距离（方向）保护可以采用通道倒换环的自愈功能，但通道切换会引起业务短暂中断，继电保护装置应能检测到这种业务中断，并瞬间退出相关功能，确保装置不误动。

光纤保护通道的自愈切换对分相电流差动保护来讲更严重的问题是自动切换时可能形成的收/发不同物理路由的问题而造成保护误动。

（6）光纤保护及通道运行维护注意事项。光纤差动保护和光纤方向保护作为 220kV 及以上电压等级输电线路的主保护，对电网的安全运行至关重要。光纤保护能否正确动作，在很大程度上取决于光纤通道的可靠性。而通道的可靠性与良好的运行维护是密不可分的。

1）保护人员应掌握各种光纤保护装置、光纤信号传输装置、复用接口装置的性能和具体整定方法，对光纤通道中由通信专业负责维护的设备（如 PCM、SDH 等）也要有所了解。

2）在光纤保护投运之前，应认真检查通道中所有装置是否工作正常，光连接回路及电连接回路是否全部连接可靠，详细测试并记录各装置的发信功率和收信功率，比较光纤通道各段的传输衰耗是否在正常范围内，以备运行维护时参考。

3）光纤保护及通道故障时应能及时发出信号供运行人员监视，由于通道中间环节众多，某些异常情况的形成原因可能较为复杂，问题可能同时涉及通道中多个环节，可能涉及装置的技术指标、元器件的稳定性能等。当异常出现时，可采用分段自环与光功率测试相结合的方法，判断问题出在哪个装置或是哪段通道，再进行详细的检查，必要时与通信专业人员共同分析和处理。

【案例 18】 运行中 GXC-01 光纤接口装置"运行"灯灭，同时"告警"灯闪烁瞬间恢复。此现象每间隔一段时间反复出现，装置自环检查无异常，测量接收功率数值也未降低。检查装置光接口板发现 LX-2 连接片的位置为"主"，查阅装置说明书可知 LX-2 连接片用于整定时钟方式。专用光纤方式则 LX-2 连接片的位置为"主"，PCM 复用方式则 LX-2 连接片的位置为"从"。该线路光纤保护为 PCM 复用方式，显然时钟方式整定错误。更改 LX-2 连接片的位置后再观察，装置运行正常。

【案例 19】 某变电站新投运两套光纤差动保护 A 和 B，调试中发现两套装置都出现通道告警。分别测量其收信功率均为正常值。断开差动保护 A 对侧的发信光纤接头，却发现本侧差动保护 B 的收信功率降低。经对两侧分别自环检查，最终发现在本侧通信机房内，分别来自光纤差动保护 A 和光纤差动保护 B 的两条光缆经同一光缆终端盒熔接，再分别经光纤跳线连接至各自的接口装置。其中两根光纤跳线在终端盒处接线交叉了。将两根光纤跳线位置互换后两套保护装置都恢复正常。

【案例 20】 某线路保护高频通道更换为光纤通道，施工完毕发现光纤通道不通。两侧分别将保护装置光自环未发现异常。将光通道恢复再分别将两侧接口装置电自环也未发现异常。据此判断问题可能出在通信设备处。联系通信专业人员检查，发现位于通信机房内的接口装置其电口引出的双绞线在 PCM 配线架处接线交叉，更改接线后通道连接正常。接线交叉的情况多种多样，有同一线路两套光纤保护的接线交叉，有不同线路光纤保护的接线交叉，可能是光回路，也可能是电回路的接线交叉，但结果都会造成光纤保护的误动或拒动。因此，保护投入运行前要认真核实通道各个环节接线的正确性，并严格按照调试大纲要求进行两侧通道联调试验。

【案例 21】 运行人员拉开图 6 - 38 中 DL4 后，Ⅰ、Ⅱ线差动保护动作，其余断路器分别跳闸，DL2、DL3、DL1 重合后，甲Ⅰ线差动保护再次动作跳开 DL2、DL1。

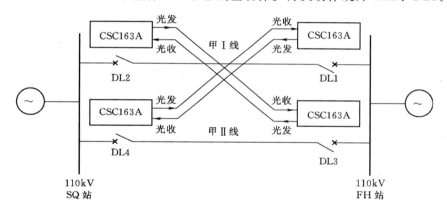

图 6 - 38　光纤通道问题

6.4.4　微机保护版本问题导致的事故

微机保护是由微处理器和相应的软件程序来实现各种复杂功能的继电保护装置，其运行特性由软件决定，因此具有较大的灵活性，易于修改，由于不同原理的微机保护有着各自不同的整定原则，且不同型号的微机保护或同一型号不同版本的微机保护定值项及定值项含义都有所不同。所以正确对继电保护装置进行整定必须了解现场继电保护装置的型号和所使用的软件版本，定值项及定值项含义理解上的差异都会导致整定的差异，直接影响继电保护的动作特性。软件编制存在问题或定值整定错误，将会造成继电保护装置的拒动和误动，甚至导致电网事故。

（1）部分制造厂商对微机保护软件频繁地升级更换，有可能存在较多的非预见性问题，微机保护的软件对装置的运行可靠性起着决定性的作用，也决定了装置的动作性能，频繁更改微机保护装置软件，将不利于装置运行的可靠性，甚至威胁电网安全运行。

（2）部分制造厂商为不断降低成本而采用廉价元器件，并通过软件的修改来适应硬件的运行，使得装置可靠性降低。

（3）目前继电保护实验室的动模试验和现场试验并不能完全模拟电网各种运行方式，使得部分新型的保护装置，尤其是系统安全自动装置的软件设计缺陷可能在电网长期运行中才逐渐暴露出来，这些都是威胁电网安全运行的潜在因素。

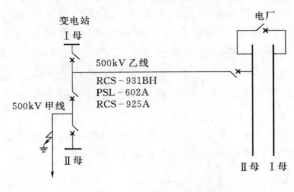

图 6 - 39　微机保护版本问题事故图

【案例 22】　某 500kV 系统使用 3/2 接线方式，某电厂升压站采用双母线接线方式，见图 6 - 39，它们之间有一条 500kV 联络线，某日变电站侧 500kV 甲线发生 A 相单相接地故障，甲线 A 相开关单跳单重，重合成功。与此同时乙线电厂侧 PSL - 602A 高频闭锁保护误动，A 相开关单跳单重，重合成功。经检查，误动原因为变电站侧乙线 PSL - 602A 装置软件使用错误，应使用 3/2 接线方式的软件，实际使用双母接线方式的软件。由于两种软件对开入量端子定义不同，在甲线故障开关跳闸后，该开关位置开入量被乙线 PSL - 602A 装置错误地识别为"位置停信"，使本侧乙线高频保护误停信，导致电厂侧高频保护误动。

【案例 23】　某 220kV 某站 1 号主变压器 220kV 侧相间阻抗后备保护动作，跳开主变三侧开关，由于 2 号主变压器当时在检修，因此造成该站全站失电。经过录波图和动作报告分析，当时系统无故障，B 相和 C 相有一定电流的突变，但是远未达到动作值，故认定是保护误动。该保护总共运行了三天时间，后与厂家共同检查，确定故障原因为相间阻抗保护软件存在缺陷而引起的误动。该软件是厂家应用户要求开发的软件，但未经动模试验验证，出厂测试也未发现该问题。

【案例 24】　某 220kV 变电站 1 号主变压器保护的 110kV 侧复合电压闭锁过流保护动作，跳开主变三侧开关，当时变压器及系统无故障，保护属误动。故障前厂家曾对 1 号主变压器保护进行监控插件更换和软件版本升级。工作结束，保护运行五天后发生了此次误动，经检查和分析，认为造成误动的原因为该保护升级后的软硬件与原软硬件不兼容所致。

6.4.5　设计问题导致的事故

某 500kV 主变压器区外接地故障时，造成主变压器 35kV 侧过流保护误动。主变压器 35kV 侧过流保护使用主变低压侧三角形绕组内套管 TA，见图 6 - 40。

某 220kV 馈供线在区内发生单相接地故障，保护动作三相跳闸后，重合闸拒动（投三重方式）。事故检查发现重合闸拒动原因为失灵保护（PSL631A）三相失灵重跳出口应接 1TJQ、2TJQ 继电器而错接了 1TJR、2TJR 继电器，见图 6 - 41。

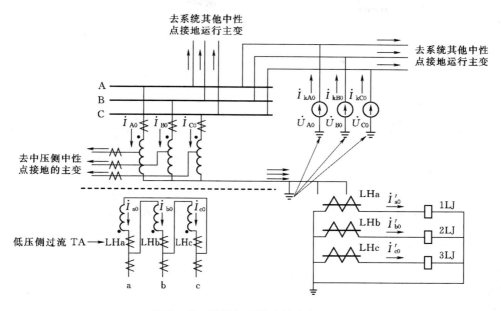

图 6-40 设计问题导致的事故（一）

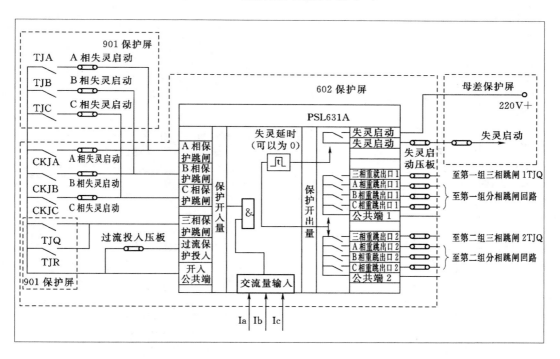

图 6-41 设计问题导致的事故（二）

附录 1 典型二次回路基础图

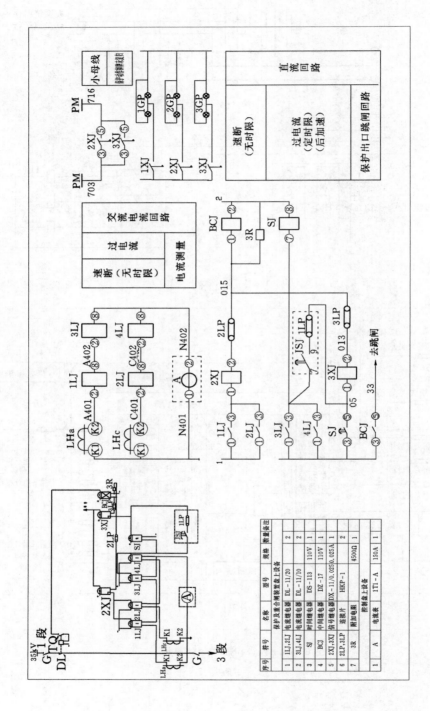

图 1－1 三相两继两段式电流保护二次图

序号	符号	名称	型号	规格	数量	备注
		保护及重合闸装置盘上设备				
1	1LJ,2LJ	电流继电器	DL－11/20		2	
2	3LJ,4LJ	电流继电器	DL－11/10		2	
3	SJ	时间继电器	DS－113		1	
4	BCJ	中间继电器	DZ－17	110V	1	
5	2XJ,3XJ	信号继电器	DX－11/0.025	0.025A	1	
6	2LP,3LP	连接片	HKP－1		2	
7	3R	附加电阻		4500Ω	1	
		控制盒盘上设备				
1	A	电流表	1T1－A	150A	1	

244

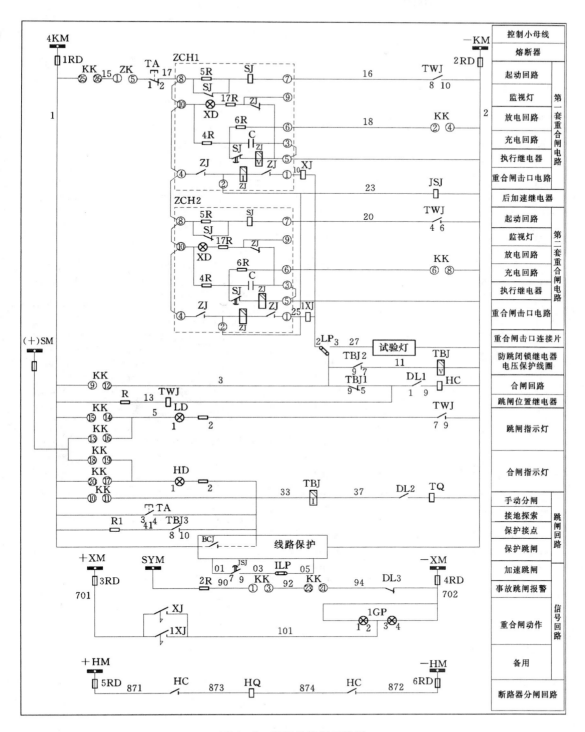

图 1-2 断路器控制回路图

245

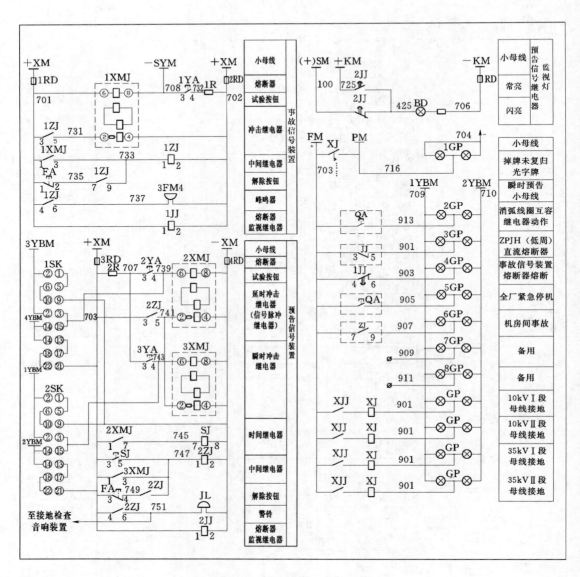

图 1-3　中央信号二次回路图

246

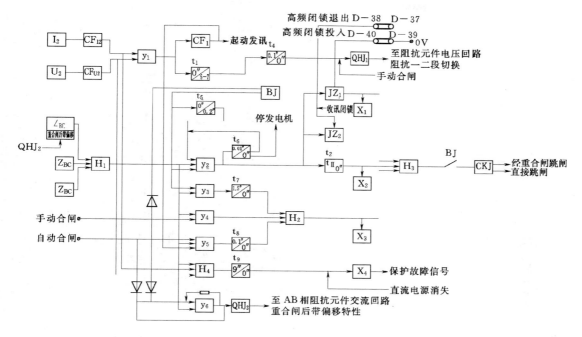

图 1-4　JJ-11A 距离保护原理二次图

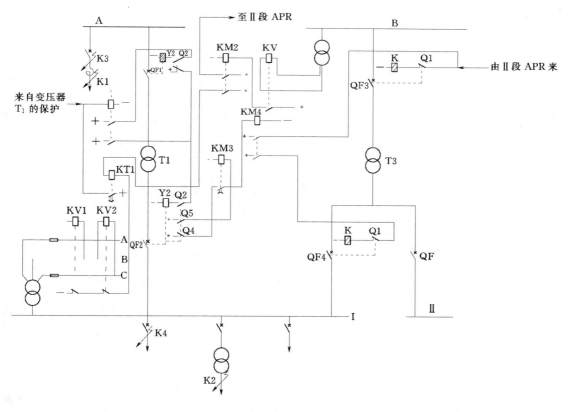

图 1-5　备用电源自动投入装置原理二次图

附录 2 典型传统变电站二次接线图

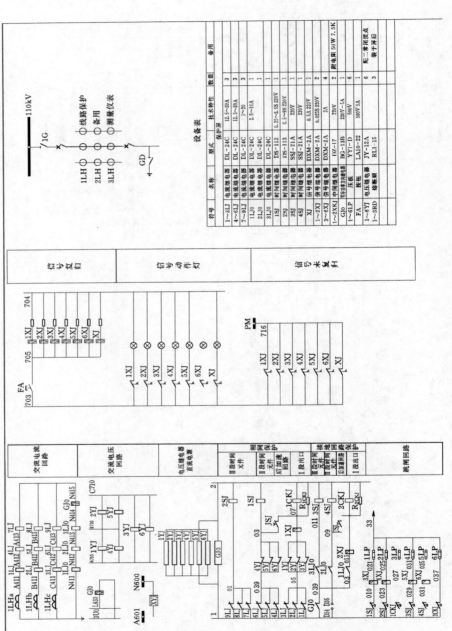

图 2-1 110kV 线路相同和接地保护展开图

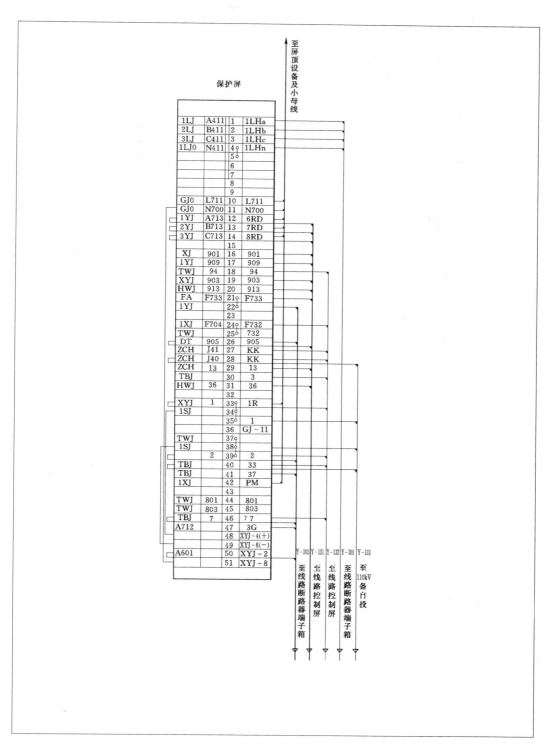

图 2-2　110kV 线路保护屏端子排图

249

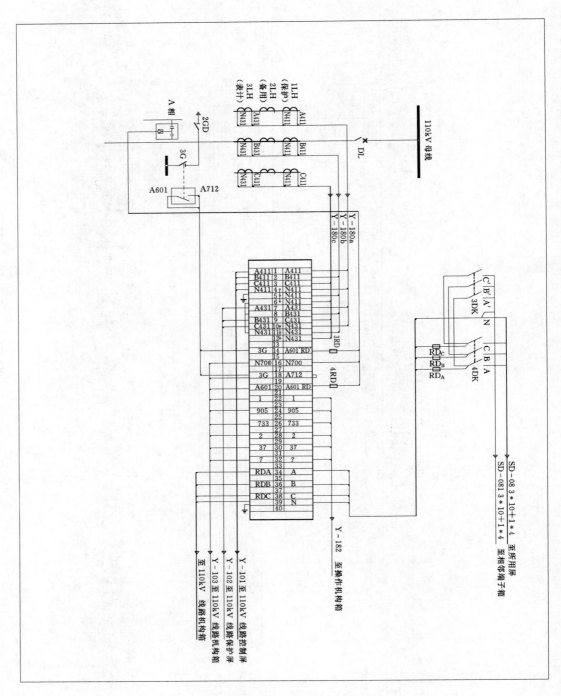

图 2 - 3   110kV 线路端子箱接线图

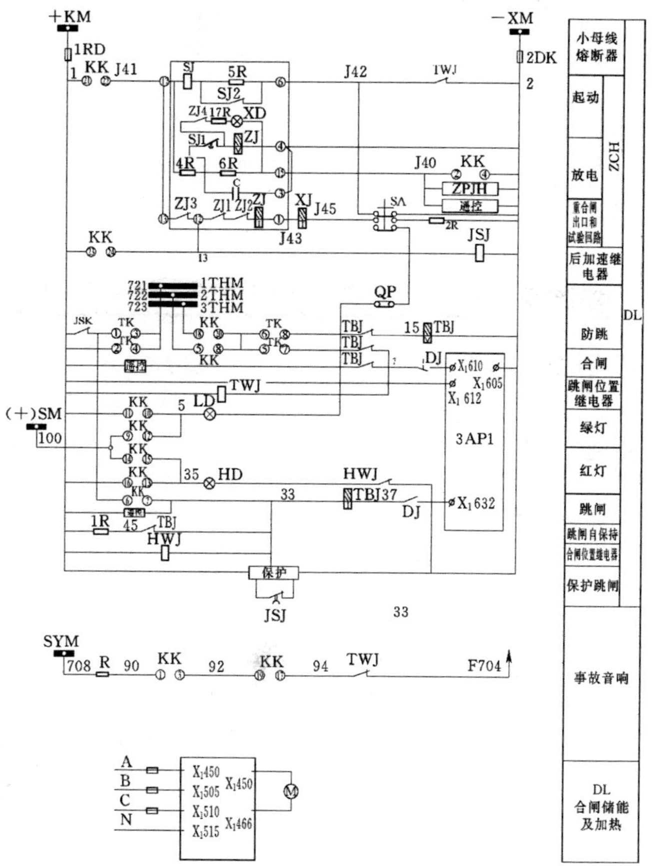

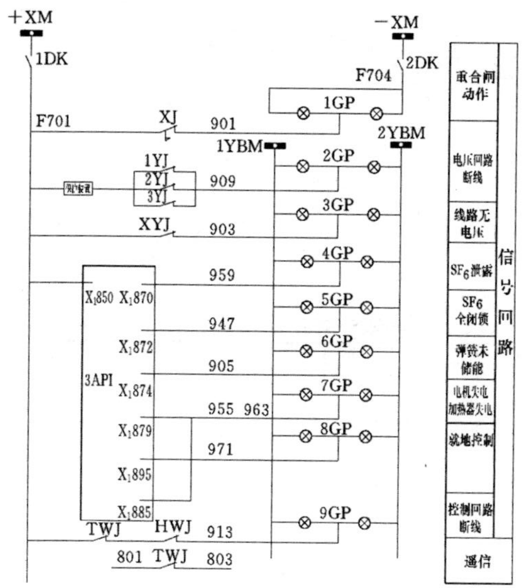

图 2－4 110kV 线路控制测量信号回路图

设备表

符号	名称	型式	技术特性	数量	备注
1~8GP	光字牌	控制屏	XD19 220V15W	8	
HD	红灯	XD21	220V	1	
LD	绿灯	XD21	220V	1	
KK	控制开关	LW2-7-1a,4.6a,40.20.6a,FR		1	
R	电阻	ZG11-25	1000Ω 25W	1	
1DK,2DK	刀开关	HD10-40/1	250V		装于屏后
1RD,2RD	熔断器	RL1-10/6A	250V	2	装于屏后
BZJ	中间继电器	DZ-31B	220V	1	
		保护屏			
ZCH	重合闸继电器	DH-3	220V 0.5A	1	
TBJ	中间继电器	DZ3-5A	220V 2A	1	
JSJ	中间继电器	DZS-2B	220V	2	
TWJ HWJ	中间继电器	DZ-31B	220V	2	
QP	切换片	DXM-2A		2	
XJ	信号继电器	YY1-S	220V 0.5A	1	
1R	电阻	ZG11-25	1Ω 25W	1	
2R	电阻	ZG11-25	200Ω 200W	1	装于屏后
SA	按钮	LA18-22	500V	1	装于屏后
LP	连接片	YY1-S	250V	1	
3~5RD	熔断器	RM10-15/6A		3	

注 所有光字牌信号并接至通信。

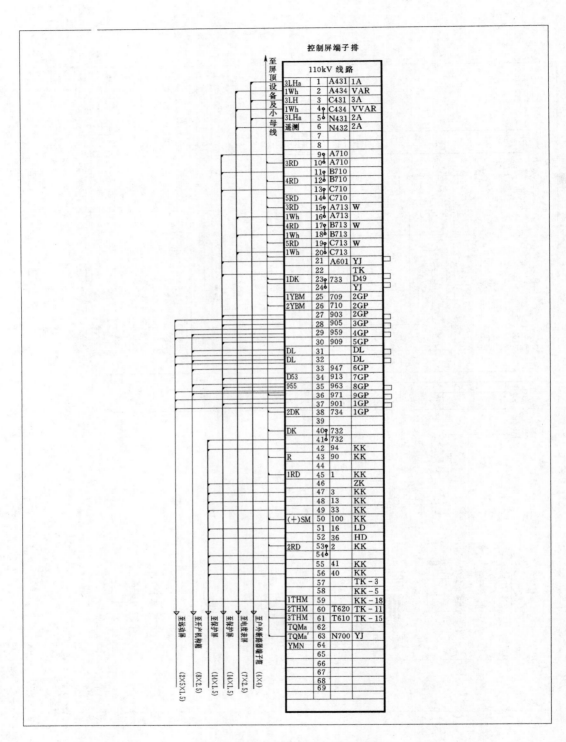

图 2-5   110kV 线路控制屏端子排图

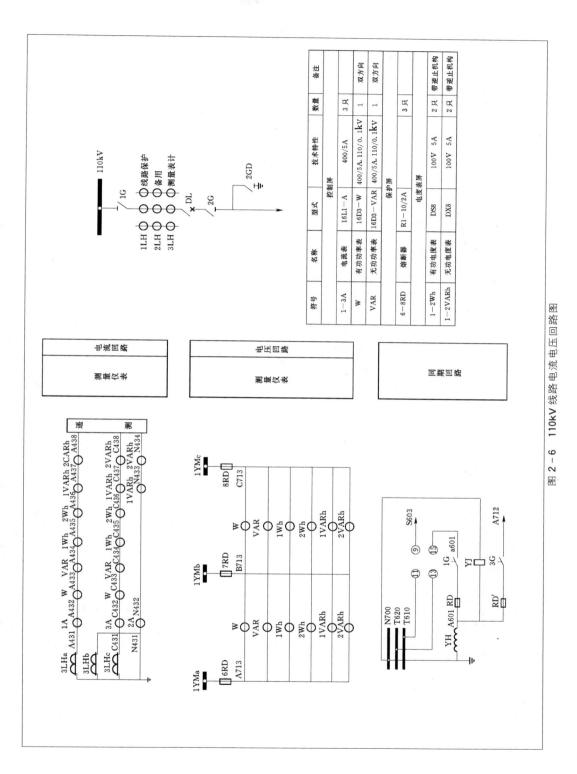

图 2－6　110kV 线路电流电压回路图

符号	名称	型式	技术特性	数量	备注
		控制屏			
1～3A	电流表	16L1－A	400/5A	3只	
W	有功功率表	16D3－W	400/5A.110/0.1kV	1	双方向
VAR	无功功率表	16D3－VAR	400/5A.110/0.1kV	1	双方向
		保护屏			
6～8RD	熔断器	R1－10/2A		3只	
		电度表屏			
1～2Wh	有功电度表	DS8	100V 5A	2只	带逆止机构
1～2VARh	无功电度表	DX8	100V 5A	2只	带逆止机构

253

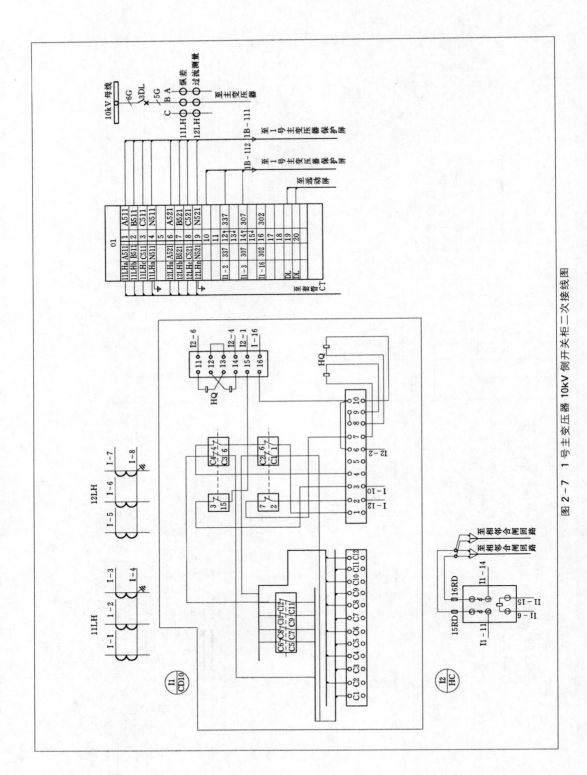

图 2-7 1号主变压器 10kV 侧开关柜二次接线图

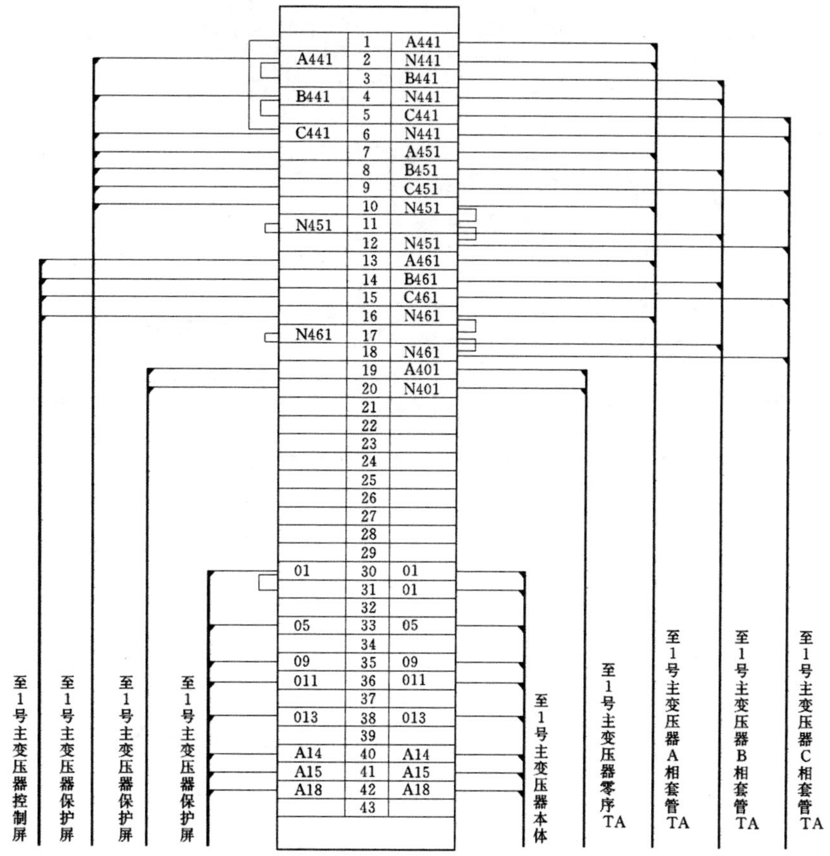

图 2 - 8 1 号主变压器 10kV 侧开关端子箱

255

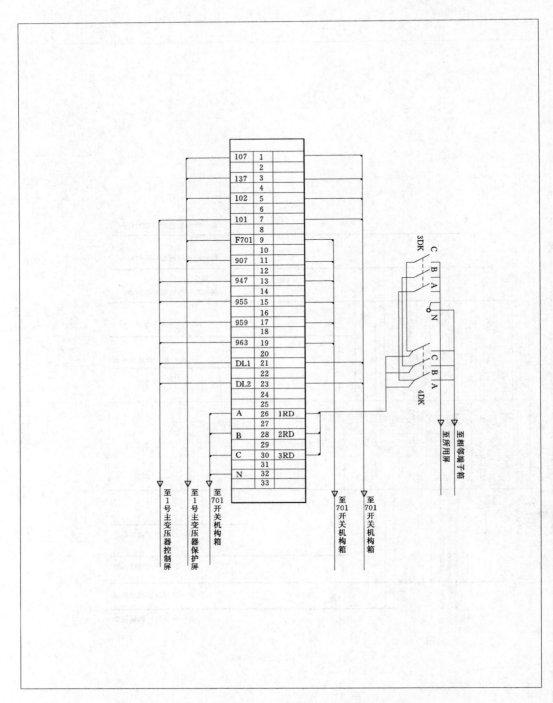

图 2-9　1号主变压器 110kV 侧开关端子箱图

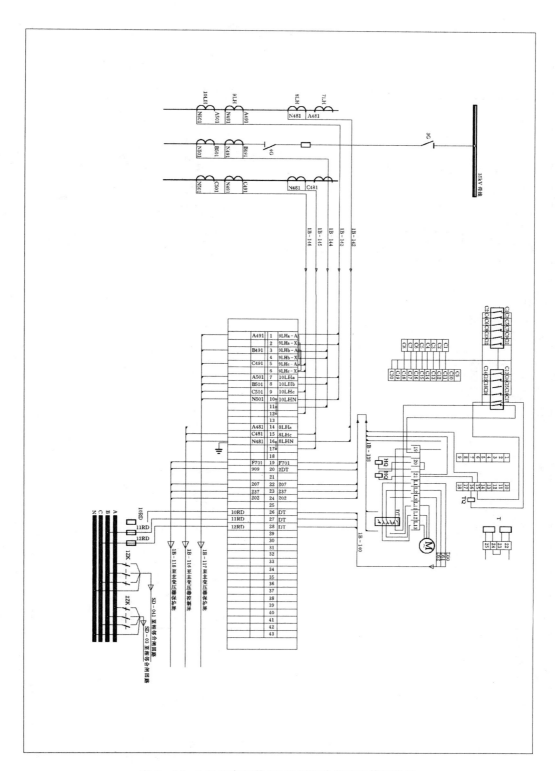

图 2-10　1 号主变压器 35kV 侧断路器端子箱接线图

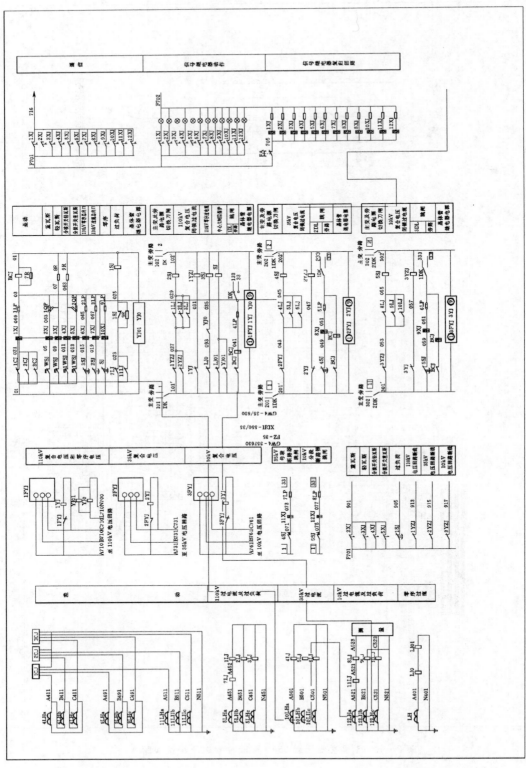

图 2-11　1 号主变压器保护回路展开图

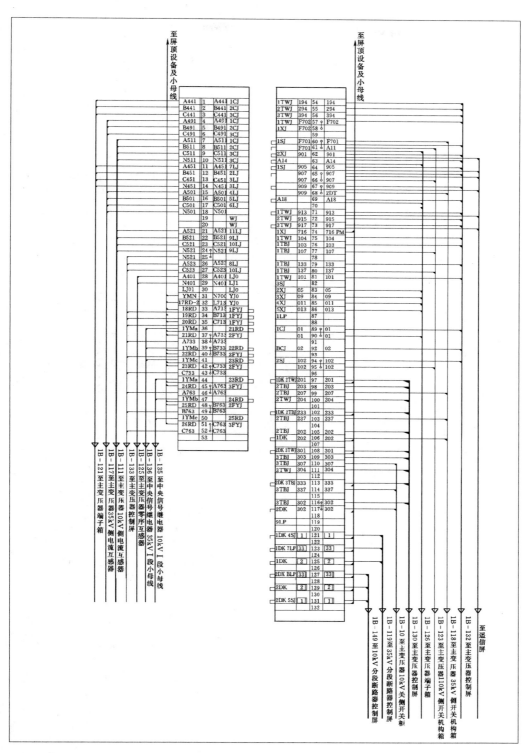

图 2-12　1 号主变压器保护屏端子排图

259

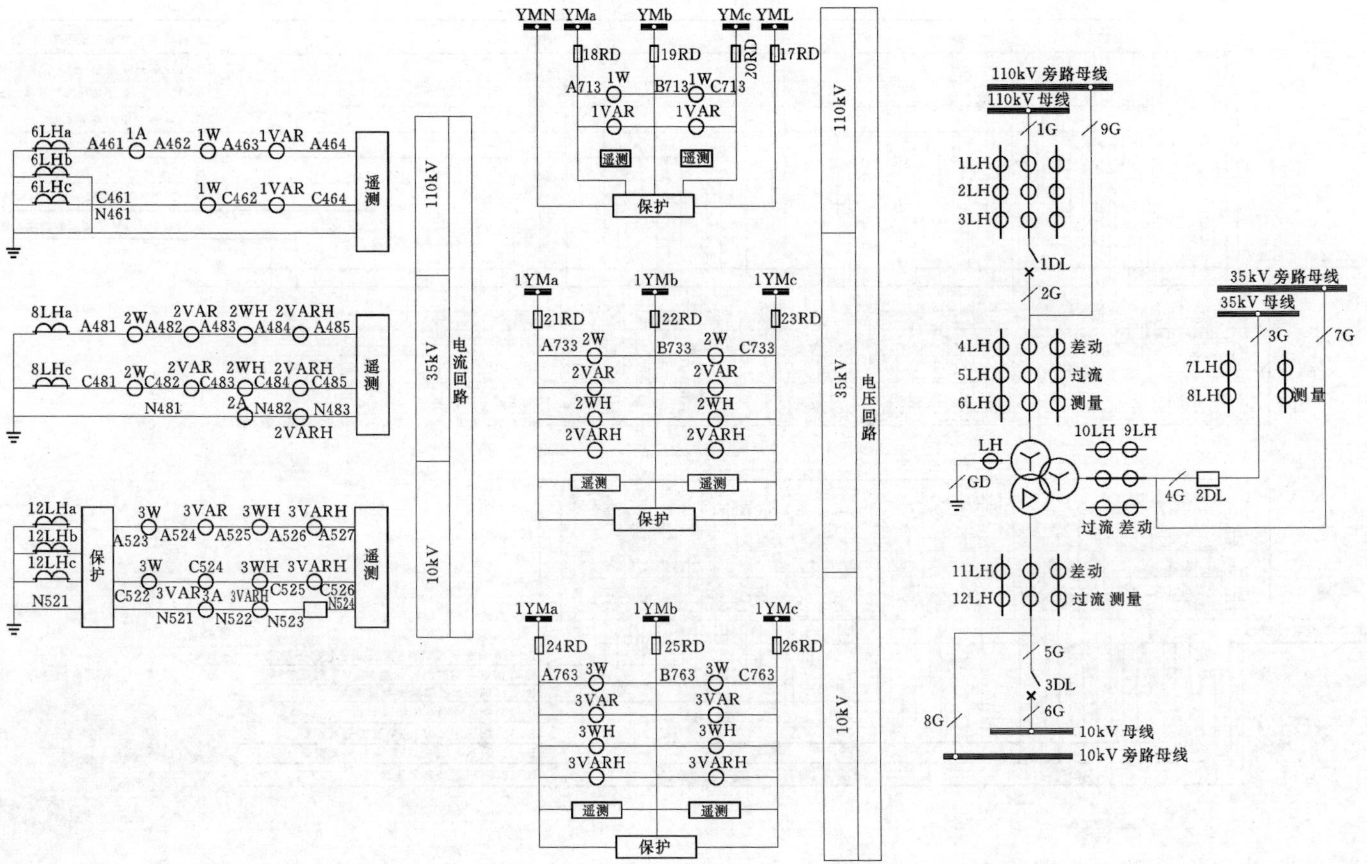

图 2-13　1 号主变压器示意图和电流电压回路

附录3 主流测试仪介绍

3.1 HELP9000H 使用说明

3.1.1 概述

HELP9000H 新型的数字化变电站试验仪，可以模拟输出 9-2、GOOSE、4-8。目前主要使用它来测试合并单元和数字采样的保护测控装置，但是保护逻辑试验还不是很完善。下面针对工程使用做一个简单说明。

3.1.2 硬件配置

图 3-1 是标准配置，图 3-2 是数字化变电站的最大化配置。3137 是最常用的板子，4-8，9-2，GOOSE 都可以测试，3468 是专门用于 221E 的 1125 板测试的。要注意两块交流头都只能从第一块 3137 转发出去，而不是一块交流头对应一块 3137。硬件配置见表3-1。

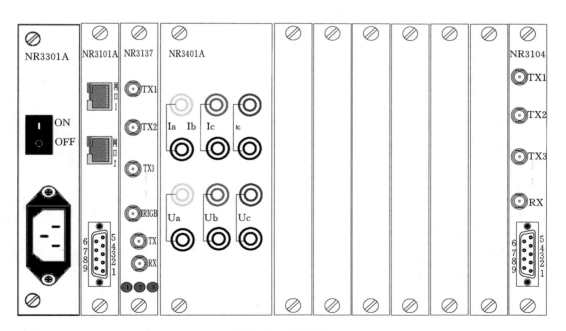

图 3-1 标准配置

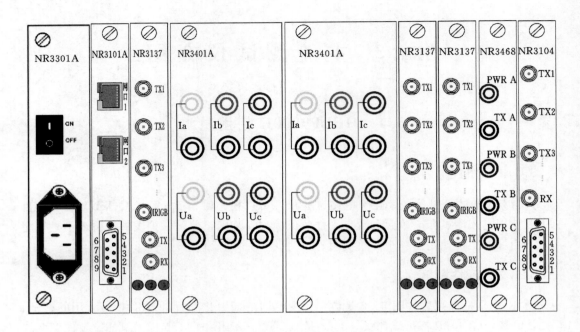

图 3-2 最大化配置

表 3-1   硬 件 配 置

板卡位置	板卡名称	板卡用途
1 号插槽	NR3301	电源板
2 号插槽	NR3101A	主控 CPU 板
3 号插槽	NR3137	数字化通用板
4～6 号插槽	NR3401	交流采集板
7～9 号插槽	NR3401	交流采集板（选配）
10 号插槽	NR3137	数字化通用板（选配）
11 号插槽	NR3137	数字化通用板（选配）
12 号插槽	NR3468	独立式远端模块板（选配）
13 号插槽	NR3104	对时板

3.1.3 使用说明

（1）设置 IP。点击"工具"中的"设置 IP 信息"，弹出图 3-3 对话框。

其中"IP 地址"一栏改成和 HELP 一样；"端口"一栏就用默认值"9000"，不用改。

（2）设置完毕后，点"建立连接"按钮。如果连接成功，则弹出图 3-4 对话框，并且几秒钟后自动消失。

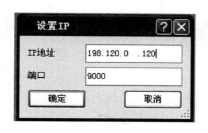

图 3-3　设置 IP   图 3-4　连接成功

（3）参数设置。点"设置"工具按钮，如果有保存过的参数，则选择"导入参数"。没有则选择"新建参数"，弹出"参数设置"界面（图 3-5）。

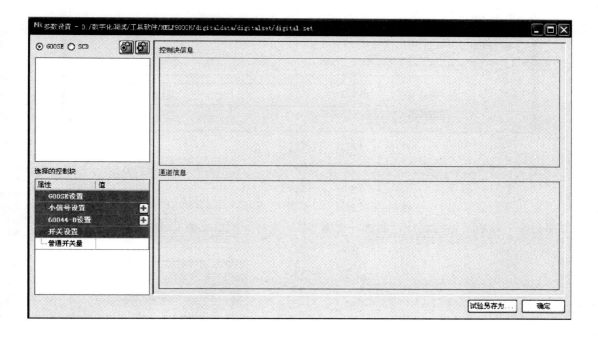

图 3-5　参数设置

目前，SCD 的导入还有问题，不建议使用，可以使用导入 GOOSE 的方式，点击框中的添加按钮 ，选择装置的 GOOSE 文本，打开，见图 3-6。

（4）弹出图 3-7 对话框，直接点击"确定"。

左边框中出现 GOOSE 文本中的 SMV 和 GOOSE 控制块，见图 3-8。

（5）双击需要的控制块，在右边的现实框中，显示具体的控制块的信息，勾选需要发送的控制块，见图 3-9。

左边图 3-10 的显示中，显示出已经选择的控制块。

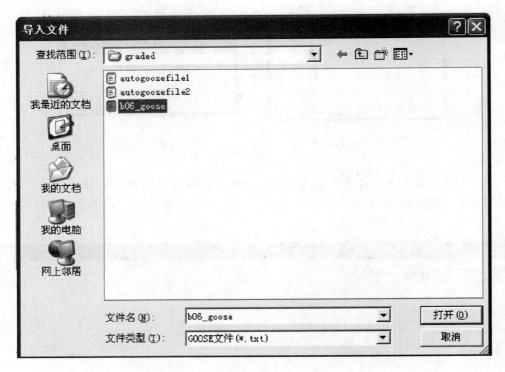

图 3-6　导入文件

（6）然后点击图 3-11 中的〈none〉，选择板卡。

要注意的是，3137 的硬件支持不行，不要把 SMV 和 GOOSE 用同一块 3137 发送，如果只有一块板子，则应分开测试，先测 SMV 采样，然后再测 GOOSE 收发。

图 3-7　弹出对话框　　　　　　图 3-8　GOOSE 控制块

选择	AppID	MAC地址	通道数目	引用数目	GOOSE控制块引用	数据集
☑ GOOSE输出1	0x0026	01-0C-CD-01-00-26	2	2	PL138GOLD/LLN0GOgocb0	PL138GOLD/LLN0$dsGOOSE0

图 3-9　勾选控制块

图 3-10 显示控制块

图 3-11 选择板卡

（7）GOOSE 的输入、输出一般都不用设置，SMV 控制块有几个参数可能需要设置，见图 3-12。

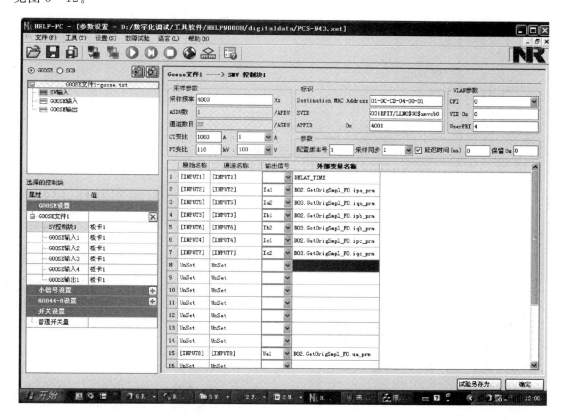

图 3-12 SMV 控制块设置

1）根据需要设置 TA 变比、TV 变比。

2）延时时间必须是 0～3000 中的一个值，注意默认值是 0，必须修改成一个不为 0 的值，否则装置会报延时异常。

3）输出信号，程序会自动设置，可以根据需要自行修改，要注意的是，程序有时会自动同时选择两组模拟量，如果不修改，那么加采样时必须两组模拟量都输出值，不然可能导致没有启动电流，而装置不动作。

4）右下角有两个按钮，点"试验另存为"，弹出一个保存的对话框，选择要保存的路径和名称，可以将我们刚才的设置保存下来，见图 3-13。下次再用的时候可以直接"导入参数"，而不用"新建参数"。如果直接点"确定"，程序会直接把参数保存在默认的目录"digitaldata \ digitalset \ digital. set"，其中"digitaldata"是程序自动产生的、与HELP9000H 文件夹同级的一个文件夹。

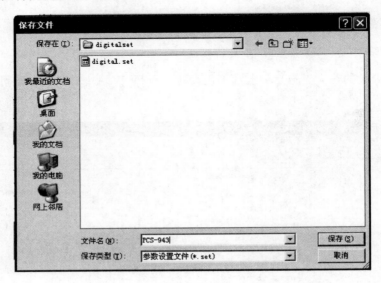

图 3-13　保存文件

3.1.4　参数设置

60044-8 设置不需要导入 GOOSE. txt，直接在"选择控制块"区域，点击"60044-8设置"后面的 ⊕，下面自动出来一个 60044-8 板卡 1，见图 3-14。

单击这个控制块，右边显示 60044-8 的相关设置，见图 3-15。注意 60044-8 的设置不能选择板卡，只能是程序自动按顺序产生，即增加一块板卡是"板卡 1"，再增加一块自动是板卡 2，最多只能 3 块板卡。要想删除，首先选中某个板卡，后面出来一个 ✖，点这个 ✖，就可以删除当前的板卡。

图 3-14　60044-8 板卡 1

（1）要根据被测装置选择"光纤模式"，从下拉菜单中选择相应的协议，见图 3-16。

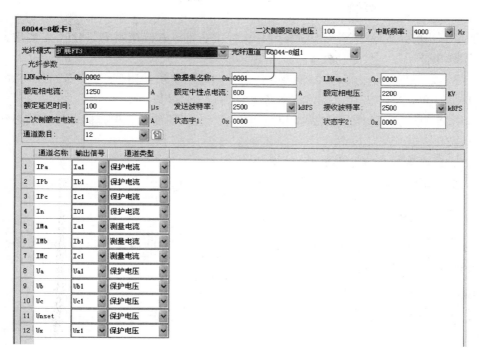

图 3-15　60044-8 相关设置

NR1454/1459/1470/1468 是远端模块的型号,把它对应到装置会比较好记忆。前面 4 个 GIS-RTU 是老的远端模块协议,现在已基本不用了,研发保留了这个协议,目前工程试验可以暂时不用关注。各模块的应用如下:

1) 分相双 AD:NR1454:GIS 分相远端模块:用于 PCS-221C-I 的分相模式。ABC 三相用 3 根光纤。

2) 分相双 AD:NR1459:GIS 分相远端模块:用于 PCS-221E-I 的 1152A 上的电压输入。

图 3-16　选择协议

3) 三相双 AD:NR1470:GIS 不分相远端模块:用于 PCS-221C-I 的不分相模式。ABC 三相接一根光纤。

4) 双 AD:PCS220JA:主变中性点常规互感器采集单元:用于模拟 PCS220JA 发送数据给 PCS-221C-I,工程试验测试 PCS-221C-I 时不需要使用这个协议,具体可以参看 PCS-221C-I 的试验指导书。

5) 三相双 AD:PCS220IC:小信号互感器母线 TV 采集单元:用于模拟 PCS220IC 发送数据给 PCS-221D-I,工程试验测试 PCS-221D-I 时不需要使用这个协议,具体可以参看 PCS-221D-I 的试验指导书。

6）三相双 AD：PCS220GA：光学互感器采集单元：用于模拟一个数据给 PCS220GA 的 1123 板，然后转发给 PCS‐221FA‐I，工程试验可以直接使用 PCS220GA 的虚拟数据发送，不使用此协议，这个协议主要是给现场联调。

7）分相双 AD：NR1468：AIS 电压电流组合远端模块：用于 PCS‐221E‐I 的 1125 板的测试。其次，选择光纤通道，每个通道对应一个光纤口。

注意 3 个光纤通道可以通过两组模拟量控制发送不同的量，但是同一块板块必须使用相同的协议。

（2）光纤参数根据实际需要设置，见图 3‐17。

设置完毕后，点击确定，程序自动保存并自动关闭。

3.1.5　试验

这里主要针对工程试验的简单应用做说明，对于高级的用法可以参看说明书，以图 3‐18 为例。

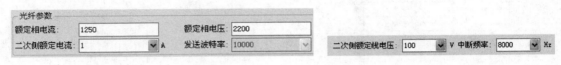

图 3‐17　光纤参数　　　　　　　　　　　　　　图 3‐18　试验示例

选择"故障试验"中的"递变试验"，这个界面可以 SMV 和 GOOSE 都测试，"手动试验"目前只能测试 SMV。

"状态设置"是加模拟量的，比较简单，不做特别说明。添加状态可以做重合闸等功能，这里只介绍正常加量的方法，详细的设置可以参看说明书。具体设置见图 3‐19、图 3‐20。

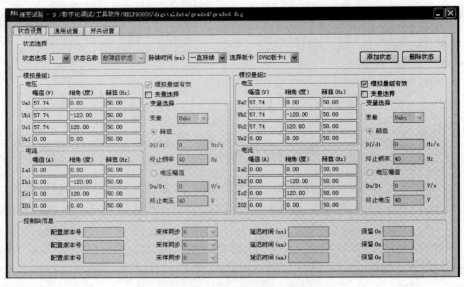

图 3‐19　递变试验状态设置

图 3 - 20 递变试验开关设置

"开关设置"是用来加 GOOSE 的,点"添加全部 GOOSE 开关量"按钮,弹出对话框,选择对应的板卡,直接确定,会把所有需要模拟的 GOOSE 量全部添加进去。全部设置完成后,点工具栏上的"正常运行"按钮,变灰表示已经在发送了。

3.2 PWF-3 使用说明

3.2.1 概述

PWF-3 型光数字继电保护测试仪可以模拟合并器(MU)按照 IEC 61850-9-1 或 IEC 61850-9-2 或 IEC60044-7/8(即 FT3)帧格式传送采样值,也可模拟电流互感器、电压互感器变换后的弱信号模拟量输出,通过接收、发送 GOOSE 报文或接收、输出开关量硬接点信息,对数字保护、电表等智能电子设备进行闭环测试。测试仪将电压、电流量按照 IEC 61850 协议打包并实时传送到被测设备,而被测对象的动作信号通过测试仪的开关量输入接点或者 GOOSE 报文传输到测试仪,测试仪按照一定试验方式实时改变输出量的幅值和相位,实现数字化保护、仪器仪表的闭环测试。

3.2.2 硬件配置

测试仪前面板示意图见图 3-21,后面板示意图见图 3-22。前面板和后面板各部分功能定义见表 3-2。

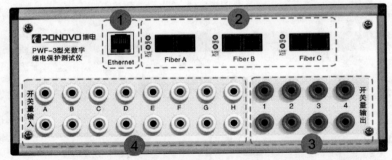

图 3-21　前面板示意图

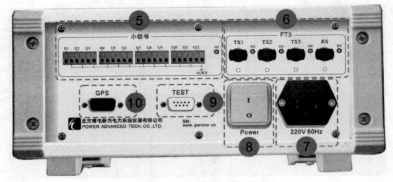

图 3-22　后面板示意图

表 3-2　　　　　　　　　　　　　装置前后面板端子功能定义表

编号	名　称	功　　能	
①	Ethernet	以太网接通信接口	
②	Fiber A、Fiber B、Fiber C	用于输出 IEC 61850-9-1/2 格式采样值报文至被测设备、GOOSE 报文接收和发布	光纤插座：左边 TX（发送），右边 RX（接收）。SPD 指示灯：装置上电后，若光纤通信接口初始化正常，绿灯点亮。Link/ACT 指示灯：光纤两端接测试仪和被测设备，每对光纤的两根光纤都要接上，若连接正确 LINK/ACT 灯点亮，发送接收数据时 LINK/ACT 灯闪烁。光纤接好后，若发现 LINK/ACT 灯不亮，可将两条光纤对调，并检查插接是否牢固，光纤是否完好
③	开关量输出	4 路开关量输出	
④	开关量输入	8 路开关量输入	
⑤	小信号输出	12 路弱信号模拟量输出，当有模拟量输出时，H1 绿色指示灯闪烁	
⑥	FT3	TX1、TX2、TX3	3 路 FT3 格式的光纤通信接口，输出 FT3 格式的采样值报文，当有输出时，H2、H3、H4 相应绿色指示灯闪烁
		RX	接收 IRIG-B 光 B 码同步时钟信号，当接收到对时信号时，H5 绿色指示灯以 1Hz 频率闪烁
⑦	220V 50Hz	电源插座，上方为抽屉样式的保险护盖	
⑧	Power	电源开关按钮	
⑨	TEST	测试仪厂家使用调试接口	
⑩	GPS	GPS 脉冲同步信号接口	

3.2.3　使用说明

（1）点击启动页面中的系统/IEC配置，见图3－23。

图 3－23　启动配置

（2）对系统参数设置TV、TA变比，系统频率，试验仪器类型，见图3－24。

图 3－24　系统设置

（3）在IEC 61850－9－2配置界面，导入SCD配置，见图3－25。

图 3 - 25　导入 SCD 配置

（4）在 SMV 配置界面导入 SCD 成功后，选择保护装置用到的 SMV 控制块，见图 3 - 26。

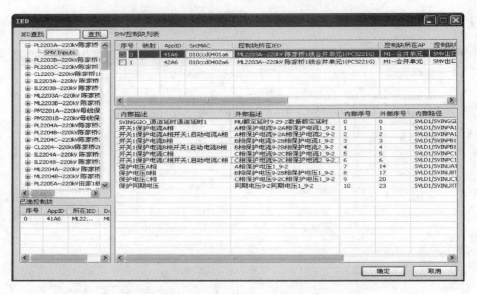

图 3 - 26　选择 SMV 控制块

（5）SMV 配置成功界面，因为通道排列是自动生成的，所以一般检查一下通道排列是否与本次试验要求一致，见图 3 - 27。

（6）同理 GOOSE 订阅配置界面，即装置出口 GOOSE，并挑选相关信号与测试仪的开入进行绑定，见图 3 - 28。

（7）同理 GOOSE 发布界面，即装置接收 GOOSE，只不过 GOOSE 发布不需要同仪器的开出量关联，可以在试验菜单中进行导入的方式，进行方便控制，见图 3 - 29。

图 3-27 通道排列

图 3-28 GOOSE 订阅

（8）试验菜单对于 GOOSE 发布的控制，只需要导入就可将 GOOSE 引入进来，见图
3-30。

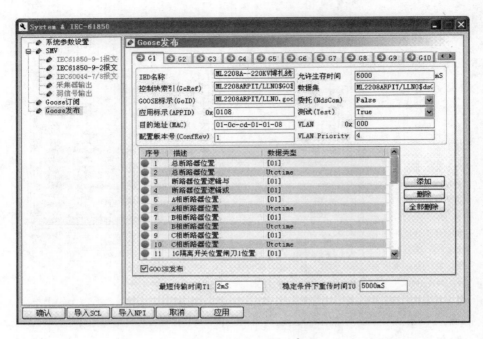

图 3 - 29 GOOSE 发布

图 3 - 30 导入步骤

以上步骤完成就可以对保护进行测试。

3.3 ZH605D 使用说明

3.3.1 概述

ZH－605D IEC 61850 继电保护测试仪是结合电力现场情况、众多电力用户经验自主研发的便携式新产品，采用高性能 PowerPC 处理器、大规模 FPGA、百兆光以太网通信等技术，可支持 IEC 60044－8（FT3）、IEC 61850－9－1/2 和 GOOSE 的数字网络报文传输。ZH－605D IEC 61850 继电保护测试仪为符合 IEC 60044－8（FT3）、IEC 61850－9－1/2、GOOSE 规约的数字化保护、自动装置和仪器仪表提供了完整的测试方案，此外，还可以完成诸如丢帧、错序、假数据、阻塞、序号跳变等网络异常情况的模拟测试，适应了数字化变电站发展的需要。

3.3.2 硬件配置

ZH－605D 继电保护测试仪主要由上位机系统、PowerPC＋FPGA＋VxWorks 嵌入式系统和各种外围接口组成。嵌入式系统主要包括 32bit 浮点高性能 CPU PowerPC、大规模可编程逻辑门阵列 FPGA 及其外围芯片组成。上位机通过以太网与嵌入式系统通信，嵌入式系统主要负责根据测试需要计算波形离散数据，打包生成 IEC 60044－8（FT3）报文和 IEC 61850－9－1、IEC 61850－9－2 报文发出，处理 GOOSE 报文和传统开关量，并处理 GPS 脉冲和 IRIG（B）对时或 IEC 1588 网络对时。控制面板示意图见图 3－31，工作原理见图 3－32。

图 3－31　控制面板

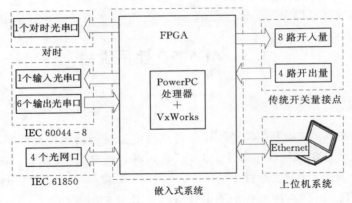

图 3-32 工作原理

3.3.3 使用说明

（1）进入启动页面，安装网络协议驱动，便可以自动连接试验仪，不需要设置 IP。ZH-605 主界面见图 3-33。

图 3-33 ZH-605 主界面

（2）点击试验配置导入 SCD 文件，见图 3-34。

（3）选择被测试设备的 GOOSE、SMV 控制块信息，见图 3-35。

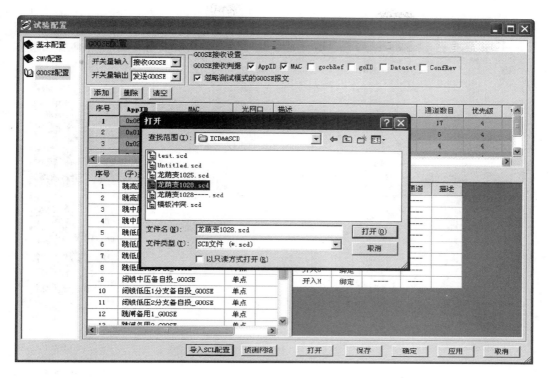

图 3-34　试验配置

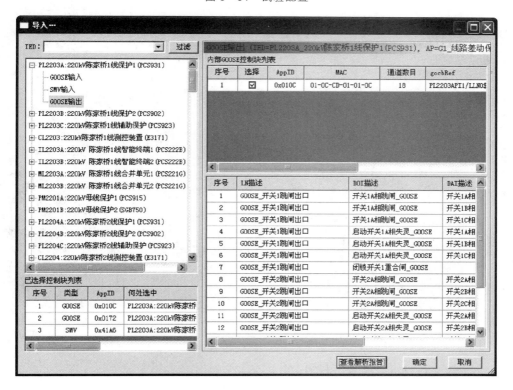

图 3-35　选择控制块

（4）在 SMV 配置界面检查通道排列及 TA，TV 变比，见图 3-36。

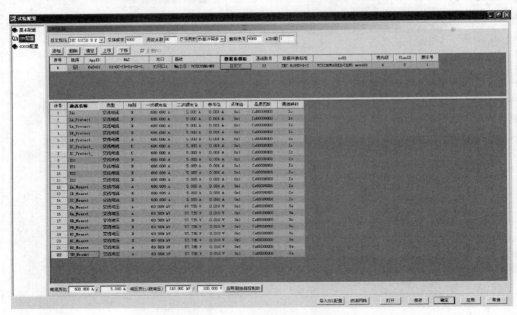

图 3-36 检查通道及变比

（5）在 GOOSE 配置界面完成开入，开出映射配置，开入支持 8 个，开出支持 4 个，见图 3-37。

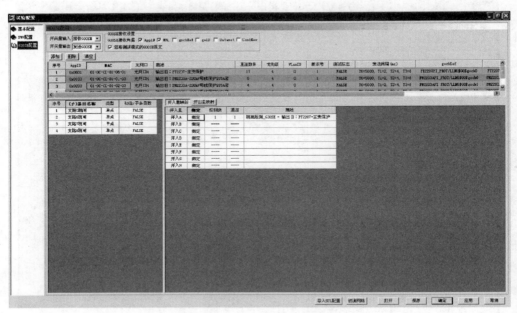

图 3-37 GOOSE 配置

以上步骤完成就可对装置进行测试，需要注意的是状态序列仅支持一个控制块，状态序列 2 支持多个控制块，在试验根据需要进行选择。

附录 4 主流测量仪调试实例

4.1 高压线路保护调试

4.1.1 重要定值设置

重要定值设置见表 4-1。

表 4-1   重 要 定 值 设 置

定 值 项 目	备 注
GOOSE 出口软压板	控制跳闸出口软压板
GOOSE 重合闸软压板	控制重合闸出口软压板
GOOSE 启动失灵软压板	控制启动失灵出口软压板
光耦电平	测控的开入板可能为 1502A，也可能为 1502D，可通过整定光耦电平来完成
SMV 软压板	控制 SMV 接收，修改描述，使之准确匹配链路关系

4.1.2 功能调试

4.1.2.1 HELP9000 测试方法（SV 点对点，差动保护为例）

1. 通过 HELP9000 直接测试

其优点为可以直接解读 goose.txt；缺点为菜单没有专业测试仪丰富，操作不容易让人尽快熟悉。

（1）单机测试模式。

1）测试环境及接线，见图 4-1。

图 4-1 适宜于单机调试（位置，闭锁重合等从 HELP9000 获取）。

将 HELP9000 的第一块数字化板设计为 SV9-2，将第二块数字化板设计为 GOOSE 的发送和接收，分别连接光纤至 931/943 的 1136 直采，直跳口。

2）测试方法（暂不考虑返回时间测试）。

① 导入 goose.txt，将 SV 输入配置板卡 1，GOOSE 输入，GOOSE 输出配置板卡 2，见图 4-2。

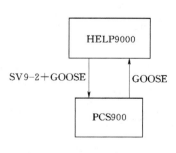

图 4-1 单机测试模式

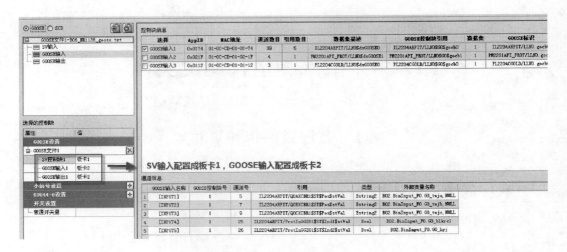

图 4-2 输入、输出配置

② 对 SV 控制块的参数设置，设置设备参数、延时、通道对应关系，见图 4-3。

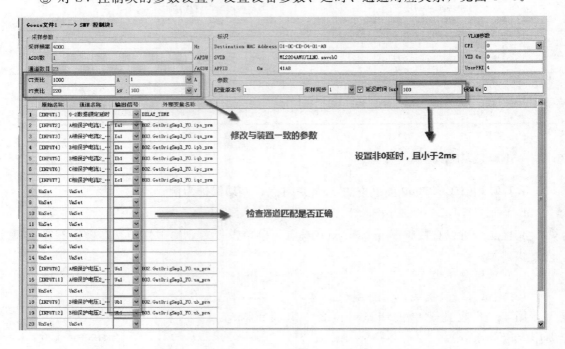

图 4-3 SV 控制块设置

③ 进入递变试验菜单，选择按键触发（各个状态是统一设置的，即第一状态到第二状态通过按键，其余状态切换都是时间控制），见图 4-4～图 4-8。

④ 点击 ▶ 按钮，开始试验进入第一状态，再按 ▶▶，进入第二态故障态，软件自动按时间完成后续状态。PCS931 装置显示"纵联差动保护动作"，"重合闸动作"。

状态设置　通用设置　开关设置

触发设置

触发类型
- ○ 时间触发
- ● 按键触发
- ○ 重复触发　　　　　　　一直重复 ▼
- ○ 开关量触发

开关量触发
状态选择 2　状态名称 故障状态

触发时间 0　　　　　　　　　　ms

选择普通开关

选择GOOSE开关量

□ 异常设置
状态选择 1　状态名称 故障前状态
- ● 无异常
- ○ 丢帧测试
- ○ 数据异常

异常电压值 100.00　V　　异常点数 0
异常电流值 200.00　A　　间隔点数 0

数据异常相选择
☑Ua1 ☑Ub1 ☑Uc1 □Ux1 ☑Ia1 ☑Ib1 ☑Ic1 □IO1
☑Ua2 ☑Ub2 ☑Uc2 □Ux2 ☑Ia2 ☑Ib2 ☑Ic2 □IO2

- ○ 直流衰减
衰减幅值 100.0　V　　衰减周期 10.0　ms
- ○ 序号跳变测试
跳变点数 0

图 4 - 4　通用设置界面

图 4 - 5　状态 1 界面

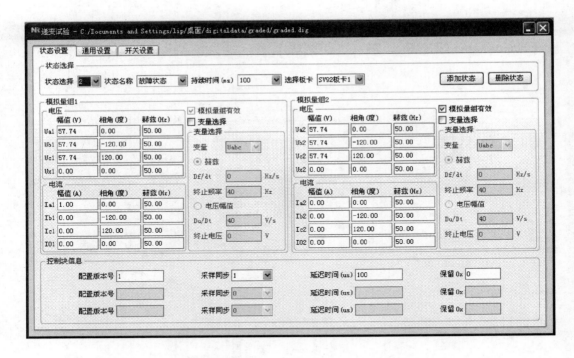

图 4-6 状态 2 界面

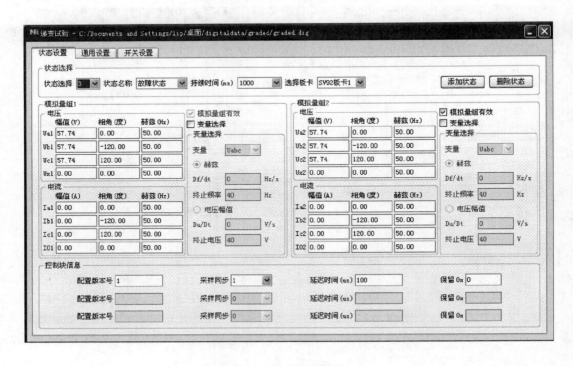

图 4-7 状态 3 界面

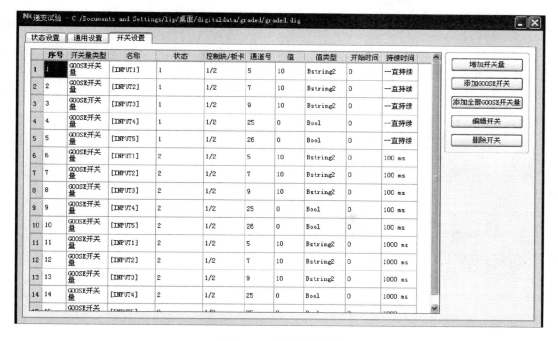

序号		开关量类型	名称	状态	控制块/板卡	通道号	值	值类型	开始时间	持续时间
1	1	GOOSE开关量	[INPUT1]	1	1/2	5	10	Bstring2	0	一直持续
2	2	GOOSE开关量	[INPUT2]	1	1/2	7	10	Bstring2	0	一直持续
3	3	GOOSE开关量	[INPUT3]	1	1/2	9	10	Bstring2	0	一直持续
4	4	GOOSE开关量	[INPUT4]	1	1/2	25	0	Bool	0	一直持续
5	5	GOOSE开关量	[INPUT5]	1	1/2	26	0	Bool	0	一直持续
6	6	GOOSE开关量	[INPUT1]	2	1/2	5	10	Bstring2	0	100 ms
7	7	GOOSE开关量	[INPUT2]	2	1/2	7	10	Bstring2	0	100 ms
8	8	GOOSE开关量	[INPUT3]	2	1/2	9	10	Bstring2	0	100 ms
9	9	GOOSE开关量	[INPUT4]	2	1/2	25	0	Bool	0	100 ms
10	10	GOOSE开关量	[INPUT5]	2	1/2	26	0	Bool	0	100 ms
11	11	GOOSE开关量	[INPUT1]	2	1/2	5	10	Bstring2	0	1000 ms
12	12	GOOSE开关量	[INPUT2]	2	1/2	7	10	Bstring2	0	1000 ms
13	13	GOOSE开关量	[INPUT3]	2	1/2	9	10	Bstring2	0	1000 ms
14	14	GOOSE开关量	[INPUT4]	2	1/2	25	0	Bool	0	1000 ms
15	15	GOOSE开关	[INPUT5]		1/2	26	0	Bool		1000

增加开关量
添加GOOSE开关
添加全部GOOSE开关量
编辑开关
删除开关

图 4-8 开关设置界面

（2）带智能终端测试模式。

1）测试环境及接线，见图 4-9。

图 4-9 适宜于开关传动（位置，闭锁重合等从智能终端获取）。

将 HELP9000 的第一块数字化板设计为 SV9-2，连接光纤至 931/943 的 1136 直采口，PCS900 与智能终端通信正常，智能终端跳闸接点接至 HELP9000。

2）测试方法（暂不考虑返回时间测试）。同上，只需要配置 SV 部分，GOOSE 配置部分则不需要。

2. 通过 HELP9000＋常规测试仪

其优点为不需要数字测试仪，常规测试仪即可测试数字保护；缺点为需要对 HELP9000 进行参数设置，且需要后台软件操作。

（1）测试环境及接线，见图 4-10。

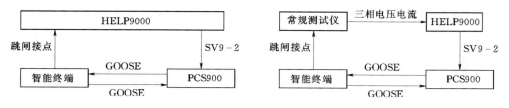

图 4-9 带智能终端测试模式　　　　图 4-10 常规测试模式

图 4-10 适宜于开关传动，测试整体动作时间（位置，闭锁重合等从智能终端获取）。电流电压通过试验线接入 HELP9000 的背板端子，将 HELP9000 的第一块数字化板

设计为 SV9-2，连接光纤至 931/943 的 1136 直采口。

（2）测试方法。

1）进 HELP9000 装置"系统设置""数字化板卡设置""数字化故障模式设置"修改成"外部采集模式"，然后装置重启。

2）导入 goose.txt，配置 SV 参数与装置一致，然后确定，见图 4-11。

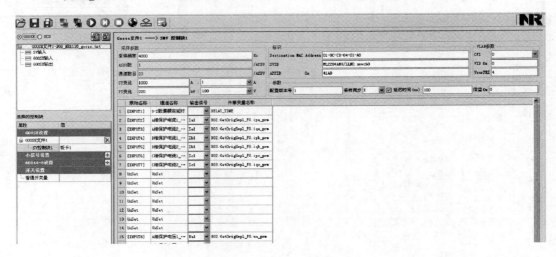

图 4-11　导入文件并设置

3）确定后，即可试验。

4）差动保护校验方法同常规仪器操作方法。

试验仪器的输出二次值与放大后的一次值的变比关系由 HELP9000 后台软件设置的 TA 变比决定。

3．通过 HELP9000＋合并单元

其优点为可以直接解读 goose.txt，通过合并单元测试；缺点为菜单没有专业测试仪丰富，操作不容易让人尽快熟悉。

（1）单机测试模式。

1）测试环境及接线，见图 4-12。

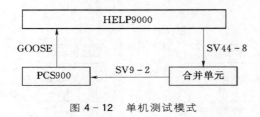

图 4-12　单机测试模式

图 4-12 适宜于单机调试（位置，闭锁重合等从 HELP9000 获取）。

HELP9000 模拟远端模块，将 HELP9000 板卡 1 的 44-8 口的光纤连接至合并单元，将合并单元的 9-2 光纤连接至保护装置直采，将保护装置的直跳口连接至 HELP9000 板卡 2 的 61850 口。

2）测试方法（暂不考虑返回时间测试）。

① 增加 60044-8 配置，配置到板卡 1，并修改变比，及通道对应关系，见图 4-13。

② 导入 goose.txt，配置 GOOSE 到板卡 1，配置 GOOSE 输入和 GOOSE 接收，见图

4-14。

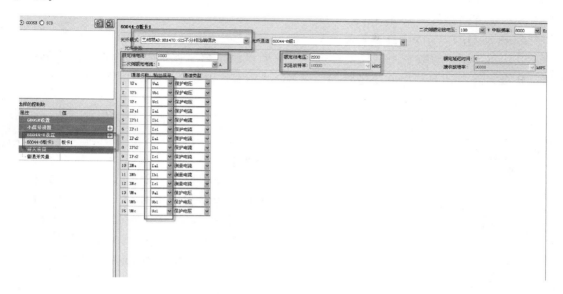

图 4-13 60044-8 板卡 1 设置

图 4-14 导入文件

③ 进入递变试验菜单，同 HELP9000 直接测试，完成试验。

（2）带智能终端测试模式。

1）测试环境及接线，见图 4-15。

图 4-15 适宜于开关传动（位置，闭锁重合等从智能终端获取）。

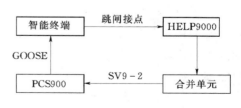

图 4-15 带智能终端测试模式

HELP9000 模拟远端模块，将 HELP9000 板卡 1 的 44-8 口的光纤连接至合并单元，将合并单元的 9-2 光纤连接至保护装置直采，PCS900 与智能终端通信正常，智能终端跳闸接点接到 HELP9000。

2）测试方法（暂不考虑返回时间测试）。

与前述方法类似，只是不要配置 GOOSE 部分。

4. 通过 HELP9000＋合并单元＋常规测试仪

其优点为不需要数字测试仪，常规测试仪即可测试数字保护，可以通过合并单元测试；缺点为需要对 HELP9000 进行参数设置，且需要后台软件操作。

（1）测试环境及接线，见图 4－16。

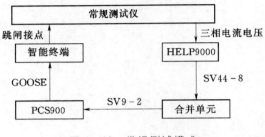

图 4－16　常规测试模式

图 4－16 适宜于开关传动，测试整体动作时间（位置，闭锁重合等从智能终端获取）。

HELP9000 模拟远端模块，将 HELP9000 板卡 1 的 44－8 口的光纤连接至合并单元，将合并单元的 9－2 光纤连接至保护装置直采，PCS900 与智能终端通信正常，智能终端跳闸接点接到常规测试仪。

（2）测试方法。

1）进 HELP9000 装置"系统设置""数字化板卡设置""数字化故障模式设置"修改成"外部采集模式"，然后装置重启。

2）进 HELP9000 装置"系统设置""数字化板卡设置""远端模块设置"修改成与 PCS900 装置一致确认后选择互感器模式，这里选择了"三相远端模块"。

3）差动保护校验方法同常规仪器操作方法。

试验仪器的输出二次值与折算的 60044－8 系数与 HELP9000 装置上的一致，与后台软件设置变比设置也有关系，后设置的先起作用，请保证两者统一。但后台软件可以控制两块交流头与板卡 1 的 60044－8 通道对应关系。

4.1.2.2　HELP9000 测试方法（SV 组网，以最常见的光 B 码方式为例）

1. 通过 HELP9000 直接测试

其优点为可以直接解读 goose. txt；缺点为菜单没有专业测试仪丰富，操作不容易让人尽快熟悉。

（1）单机测试模式。

1）测试环境及接线，见图 4－17。

图 4－17 适宜于单机调试（位置，闭锁重合等从 HELP9000 获取）。

将 HELP9000 的第一块数字化板设计为 SV9－2，将第二块数字化板设计为 GOOSE 的发送和接收，分别连接光纤至 931/943 的 1136 采样跳闸口（如果是 SV、GOOSE 共网只能都连到第一块板卡，通过交换机测试）。HELP9000 需要接入对时线，这里采用差分 B 码，（差分 B 码的线采用串口线接入需要焊接串口头子，DB9 的端子 6 为差分输入的＋端，端子 9 为差分输入的一端。）且在装置上面设置 B 码对时，设成 B 码对时后，必须有对时才能输出 9－2. PCS931/PCS943 的 1136 也需要接入对时。

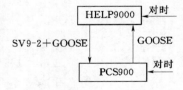

图 4－17　单机测试模式

2）测试方法（暂不考虑返回时间测试）。

（2）带智能终端测试模式。

1）测试环境及接线，见图4-18。

图4-18适宜于开关传动（位置，闭锁重合等从智能终端获取）。

将HELP9000的第一块数字化板设计为SV9-2，连接光纤至931/943的1136采样口，PCS900GOOSE与智能终端通讯正常，智能终端跳闸接点接至HELP9000（如果是SV、GOOSE共网只能都连到第一块板卡，通过交换机测试）。HELP9000需要接入对时线，这里采用差分B码，（差分B码的线采用串口线接入需要焊接串口头子，DB9的端子6为差分输入的＋端，端子9为差分输入的-端。）且在装置上面设置B码对时，设成B码对时后，必须有对时才能输出9-2。PCS931/PCS943的1136也需要接入对时。

2）测试方法（暂不考虑返回时间测试）。

2．通过HELP9000＋常规测试仪

其优点为不需要数字测试仪，常规测试仪即可测试数字保护；缺点为需要对HELP9000进行参数设置，且需要后台软件操作。

测试环境及接线，见图4-19。

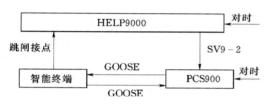

图4-18　带智能终端测试模式

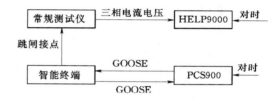

图4-19　常规测试模式

图4-19适宜于传动开关（位置，闭锁重合等从智能终端获取）。

电流电压通过试验线接入HELP9000的背板端子，将HELP9000的第一块数字化板设计为SV9-2，连接光纤至931/943的1136采样口，PCS900GOOSE与智能终端通讯正常，智能终端跳闸接点接至常规测试仪（对于SV与GOOSE共网只能通过交换机进行）。HELP9000需要接入对时线，这里采用差分B码（差分B码的线采用串口线接入需要焊接串口头子，DB9的端子6为差分输入的＋端，端子9为差分输入的－端），且在装置上面设置B码对时。设成B码对时后，必须有对时才能输出9-2。PCS931/PCS943的1136也需要接入对时。

3．通过HELP9000＋合并单元

其优点为可以直接解读goose.txt，通过合并单元测试；缺点为菜单没有专业测试仪丰富，操作不容易让人尽快熟悉。

（1）单机测试模式。

1）测试环境及接线，见图4-20。

图4-20适宜于单机调试（位置，闭锁重合等从HELP9000获取）。

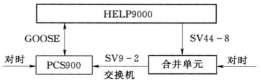

图4-20　单机测试模式

HELP9000 模拟远端模块，将 HELP9000 板卡 1 的 44-8 口的光纤连接至合并单元，将合并单元的 9-2 光纤连接至保护装置采样，将保护装置的跳闸口连接至 HELP9000 板卡 2 的 61850 口。HELP9000 需要接入对时线，这里采用差分 B 码，（差分 B 码的线采用串口线接入需要焊接串口头子，DB9 的端子 6 为差分输入的＋端，端子 9 为差分输入的－端。）且在装置上面设置 B 码对时，设成 B 码对时后，必须有对时才能输出 9-2。PCS931/PCS943 的 1136 也需要接入对时。

2）测试方法（暂不考虑返回时间测试）。

（2）带智能终端测试模式。

1）测试环境及接线，见图 4-21。

图 4-21 适宜于开关传动（位置，闭锁重合等从智能终端获取）。

HELP9000 模拟远端模块，将 HELP9000 板卡 1 的 44-8 口的光纤连接至合并单元，将合并单元的 9-2 光纤连接至保护装置采样口，PCS900 与智能终端通讯正常，智能终端跳闸接点接到 HELP9000 。HELP9000 需要接入对时线，这里采用差分 B 码，（差分 B 码的线采用串口线接入需要焊接串口头子，DB9 的端子 6 为差分输入的＋端，端子 9 为差分输入的－端。）且在装置上面设置 B 码对时，设成 B 码对时后，必须有对时才能输出 9-2。PCS931/PCS943 的 1136 也需要接入对时。

2）测试方法（暂不考虑返回时间测试）。

4. 通过 HELP9000＋合并单元＋常规测试仪

其优点为不需要数字测试仪，常规测试仪即可测试数字保护，可以通过合并单元测试；缺点为需要对 HELP9000 进行参数设置，且需要后台软件操作。

（1）测试环境及接线，见图 4-22。

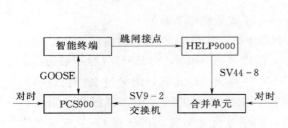

图 4-21 带智能终端测试模式

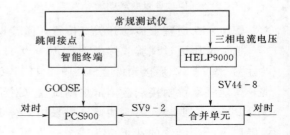

图 4-22 测试环境及接线

HELP9000 模拟远端模块，将 HELP9000 板卡 1 的 44-8 口的光纤连接至合并单元，将合并单元的 9-2 光纤连接至保护装置采样，PCS900 与智能终端通讯正常，智能终端跳闸接点接到常规测试仪 。HELP9000 需要接入对时线，这里采用差分 B 码，（差分 B 码的线采用串口线接入需要焊接串口头子，DB9 的端子 6 为差分输入的＋端，端子 9 为差分输入的－端。）且在装置上面设置 B 码对时，设成 B 码对时后，必须有对时才能输出 9-2。PCS931/PCS943 的 1136 也需要接入对时。

（2）测试方法。

1）进 HELP9000 装置“系统设置”“数字化板卡设置”“数字化故障模式设置”修改

成"外部采集模式"，然后装置重启。

2）进 HELP9000 装置"系统设置""数字化板卡设置""远端模块设置"修改成与 PCS900 装置一致，确认后选择互感器模式，这里选择了"三相远端模块"。

3）差动保护校验方法同常规仪器操作方法。

4.1.2.3 HELP9000 测试方法（除差动保护外其他保护）

测试方法同差动保护，区别在于组网方案下不需要装置同步，仅需合并单元同步。报警信息说明见表 4-2。

表 4-2 报 警 信 息 说 明

报 警 信 号	说 明	解 决 办 法
SMV 总告警	装置级 SMV 告警信号逻辑或	检查 SMV 所有相关信号
GOOSE 总告警	装置级 GOOSE 告警信号逻辑或	检查 GOOSE 所有相关信号
B0X_GOOSE_A 网络风暴报警	A 网同一光口（电口）连续收到相同 GOOSE 帧	检查 A 网 GOOSE 报文
B0X_GOOSE_B 网络风暴报警	B 网同一光口（电口）连续收到相同 GOOSE 帧	检查 B 网 GOOSE 报文
XXXGOOSE－A 网断链	一般 4 倍 T0 时间收不到 XXX 的 A 网 GOOSE 心跳报文（T0 典型值 5s）	检查 A 网 GOOSE 报文
XXXGOOSE－B 网断链	一般 4 倍 T0 时间收不到 XXX 的 B 网 GOOSE 心跳报文（T0 典型值 5s）	检查 B 网 GOOSE 报文
XXXGOOSE 配置不一致	XXX 的 GOOSE 报文中数目、版本、类型等与 goose. txt 不一致	检查 A 网或 B 网 GOOSE 报文
XXXGOOSE 内部配置文件出错	goose 与 strap 配置文件不一致或出错	检查 goose 和 strap
XXXSMV 内部配置文件出错	goose 与 strap 配置文件不一致或出错	检查 goose 和 strap
XXX_链路 A 异常	将 A 网的数据超时、解码出错、采样计数器出错做"或"处理，然后：延时 10 个采样点报警，报警之后展宽 1S 返回	检查 A 网 SV 报文
XXX_链路 B 异常	将 B 网的数据超时、解码出错、采样计数器出错做"或"处理，然后：延时 10 个采样点报警，报警之后展宽 1S 返回	检查 B 网 SV 报文
XXX_插值出错	插值出错标志，然后：延时 10 个采样点报警，报警之后展宽 1S 返回	检查 SV 报文
XXX_时钟同步丢失	合并单元自己检测到其丢失时钟同步信号，并通知保护装置：延时 10 个采样点报警，报警之后展宽 1S 返回	检查 MU 同步源

报 警 信 号	说 明	解 决 办 法
XXX_采样数据无效	读取数据帧中的无效标志位,然后:延时10个采样点报警,报警之后展宽1S返回	检查无效品质
XXX_退出异常	有流退出SV软压板	检查SV软压板
XXX_检修状态异常	接收软压板投入的情况下,如果本地检修和发送方检修位不一致时,装置报警且闭锁相关保护,所以MU投检修前应将相应的接收压板退出	检查MU的检修压板
XXX_通道抖动异常(适用于点对点方式)	告警采用权重统计方式,当本点抖动时间大于$10\mu s$时,累计计数器加上本次抖动时间,计数器加到4000后不再增加并报警,当本点抖动时间小于10us时,累计计数器开始减小1,报警返回方式按照抖动完全正常之后1S后返回设计	检查报文均匀性
保护电流采样无效	保护板细分报文,保护电流采样置无效标记	检查无效品质
保护电压采样无效	保护板细分报文,保护电压采样置无效标记	检查无效品质
同期电压采样无效	保护板细分报文,同期电压采样置无效标记	检查无效品质
保护电流检修报警	保护板细分报文,保护电流采样置检修标记	检查MU检修压板
保护电压检修报警	保护板细分报文,保护电压采样置检修标记	检查MU检修压板
同期电压检修报警	保护板细分报文,同期电压采样置检修标记	检查MU检修压板
启动电流采样无效	启动板细分报文,启动电流采样置无效标记	检查无效品质
启动电流检修报警	启动板细分报文,启动电流采样置检修标记	检查MU检修压板
启动电压采样无效	启动板细分报文,启动电压采样置无效标记	检查无效品质
启动电压检修报警	启动板细分报文,启动电压采样置检修标记	检查MU检修压板
采样同步时钟丢失	MU或者保护本地没有同步源	检查同步信号
采样通道延时异常(9-2情况下)	从合并单元读取的采样通道延时出现以下情况报"采样延时异常":A.前后两次连接的合并单元采样通道延时不一致;B.延时为零;C.延时超过3000μs;D.两组电流接入时采样通道延时不相等 报"采样通道延时异常"时闭锁差动保护	检查采样通道状态中"采样通道延时",如果是前后两次连接的合并单元ECVT延时不一致情况,可通过本地命令菜单中"采样通道延时确认"命令消除或者重启装置
"链路名称"数据出错	保护装置至"链路名称"的FT3的数据出错,包括数据超时,解码出错等(含60044-8采样功能的版本有此报文)	检查链路是否连接正常
"链路名称"逻辑设备名不一致	保护装置和"链路名称"侧的报告控制块的逻辑设备名不一致(含60044-8采样功能的版本有此报文)	检查报告控制块的逻辑设备名是否一致
"链路名称"通道延时异常(60044-8情况下)	通道延时发生变化(含60044-8采样功能的版本有此报文)	检查MU侧至保护装置是否发生异常,如果没有请通知厂家处理。可通过本地命令菜单中"采样通道延时确认"命令消除

1. 品质因素对装置的影响

一般规则。发送侧与接收侧 GOOSE 检修一致，此时 GOOSE 报文有效（即保护采用的 GOOSE 有效信息 = GOOSE 接收信息 & 发送端和接收端检修压板状态一致 & 对应接收总投软压板投入 & 对应接收软压板投入 & 对应通信链路正常）。

发送侧与接收侧 SV 检修一致，此时 SV 报文有效，保护可正常动作。

注意 1.5 版本以后加了启动电压。线路装置中，保护逻辑用的电压、电流称为保护电压、保护电流；启动 24V 正电源用的电流称为启动电流；与保护电压做互校的启动电压；用于重合闸检定的单相电压称为同期电压。为了区分导致数据无效的原因，装置中将采样无效报文细分为 5 个报文：保护电流采样无效，启动电流采样无效，保护电压采样无效，启动电压采样无效，同期电压采样无效。

当电子式互感器 ECVT 或合并单元 MU 处于检修状态时，会给保护装置发相应的信号，保护装置会有相应报警信息，按采样通道内容细分为 5 个报文：保护电流检修报警，启动电流检修报警，保护电压检修报警，启动电压检修报警，同期电压检修报警。

为了防止单一通道数据无效或采样数据检修导致保护装置被闭锁，按照光纤数据通道的无效位选择性的闭锁相关的保护元件，具体原则见表 4-3。

表 4-3　　　　　　　　　　　具　体　原　则

SV 数据无效	对保护的影响
保护电压数据无效	显示无效采样值，处理同保护 TV 断线，即闭锁与电压相关的保护（如距离保护），退出方向元件（如零序过流自动退出方向），自动投入 TV 断线过流等
保护电流数据无效	闭锁保护（差动、距离、零序过流、TV 断线过流、过负荷）
启动电流数据无效	闭锁出口继电器
启动电压数据无效	没有影响，仅用于与保护电压互校，互校不一致闭锁全部保护
同期电压数据无效	当重合闸检定方式与同期电压无关时（如不检重合），不报同期电压数据无效。当同期电压数据无效时，闭锁与同期电压相关的重合检定方式（如检同期）。即处理方式同同期 TV 断线
SV 数据失步（仅对组网有影响）	对保护的影响
电压或电流任一失步	电压 MU 和电流 MU 任一失步，处理同保护 TV 断线，即闭锁与电压相关的保护（如距离保护），退出方向元件（如零序过流自动退出方向），自动投入 TV 断线过流
同期电压失步	当重合闸检定方式与同期电压无关时（如不检重合），不报同期电压数据失步。当同期电压数据失步时，闭锁与同期电压相关的重合检定方式（如检同期）。即处理方式同同期 TV 断线
SV 检修	对保护的影响
保护电压检修不一致	同 SV 数据无效
保护电流检修不一致	同 SV 数据无效
启动电流检修不一致	同 SV 数据无效
启动电压检修不一致	同 SV 数据无效
同期电压检修不一致	同 SV 数据无效

GOOSE 检修	对保护的影响
远跳，闭重开入检修不一致	将该开入清零，保护采用的 GOOSE 有效信息＝ GOOSE 接收信息 & 发送端和接收端检修压板状态一致 & 对应接收总投软压板投入 & 对应接收软压板投入 & 对应通信链路正常
开关位置检修不一致	GOOSE 检修不一致，保持前值
GOOSE 断链	对保护的影响
远跳，闭重	同 GOOSE 检修不一致
开关位置	同 GOOSE 检修不一致，2011 年以后的程序会给重合闸放电

2. 其他（调试技巧，注意事项）

（1）装置起不来有可能是 1102 板卡中没有 goose. txt 或者 1102 板卡的 goose. txt 中有不合标准的内容，可以将装置中下一个空 goose. txt 试试。

（2）103 通信的点表可以直接从装置招上来，103INF0. txt（对应串口 103）和 PC-SXXX. txt（对应网络 103），也可以用打印机打印出来。

（3）现在装置的液晶基本上都支持自检，跳上液晶的 DBG 跳线然后给装置上电，液晶的灯会依次亮。

（4）装置都支持 telnet，老系统用户名和密码都是 root，新系统用户名是 root，密码都是 uapc，telnet 登录之后与串口操作界面完全一样。

（5）"本地命令"中的"状态清除"可以将装置中大部分计数器清零，方便观察。

（6）DSP 板卡程序无法下载，报板卡类型错。解决方法为长按住取消键，然后开机，等液晶显示设定 IP 的对话框后放开取消键，设定装置 IP 地址后重新下载。

（7）装置运行起来了，但是运行灯不亮，面板上可能会报板卡配置错误。解决方法为进"调试菜单"→"板卡信息"中按实际情况配置板卡。

（8）装置运行不起来，串口不停地打印相同的信息，报某个板卡起不来或某个出错信息解决方法：杀掉 master，然后重新启一下 master，命令如下：

cd /home

killall master（等待 5s 左右，看 master 是否杀掉）

. /master-d&

（9）PCS－PC 无法连接运行灯亮的装置。解决方法为在电脑的运行窗口输入 arp-d 或者禁用一下网卡然后再启用网卡；看电脑上是否开启了后台，后台与 PCS－PC 的端口冲突，退掉杀毒软件、防火墙等安全软件；用电脑串口连接装置，看 PCS－PC 连接装置的时候串口有没有打印"tcp accepted!"，若没有则删掉 master 进程然后重启 master。

（10）装置光耦电源正常但面板报光耦电源异常。解决方法为装置定值中开入电压等级整定错误，978 可直接在面板整定，其他装置需要改 config. txt。

（11）信号在数据集中但是不上送。解决方法为 config. txt 中信号不显示。

（12）PCS－931 装置没有任何告警信号，开关位置为合位，没有闭重，但是保护不充电。解决方法为虚端子连线中没有连闭锁重合闸。

（13）组网模式——合并单元必须接同步信号，保护装置可不需要接同步信号，但

931，943 的差动保护在 1136 不接同步信号情况下退出。测试仪器需要计入同步源。

（14）点对点模式——所有线路装置 1136 都可以不需要接入同步信号和对时信号。试验仪也不需要接入同步源。报文同步位可以为 False。

4.2 主变压器保护调试

目前 66kV 及以上智能变电站的主变保护装置都采用 PCS-978（暂时没有遇到 66kV 以下智能变电站），PCS978 的型号较多，有常规站数字站，有国网、南网标准，还有各个地区版本和海外，还有 110kV，220kV，500kV，1000kV，PCS-978 采用 4U 机箱，一般情况下配置两个接口插件 B07 和 B09，若光口不够，可以在 B05 上再配一个接口插件。定值设置见表 4-4。

表 4-4   定 值 设 置

定值项目	备 注
GOOSE 出口压板	与出口矩阵一一对应，尤其需要注意备用出口压板要根据 SCD 的实际拉线来定义；并可将备用压板通过矩阵整定为启动失灵软压板，这样去母差启动失灵的软压板也就有单独的软压板
光耦电平	测控的开入板可能为 1502A，也可能为 1502D，可通过整定光耦电平来完成
XXXTA 一次值	整定为 0，对应采样值不显示
SMV 软压板	控制 SMV 接收，修改描述，使之准确匹配链路关系

4.2.1 功能调试

1. 通过 HELP9000 直接测试

其优点为可以直接解读 goose. txt；缺点为菜单没有专业测试仪丰富，操作不容易让人尽快熟悉。

（1）单机测试模式。

1）测试环境及接线，见图 4-23。

将 HELP9000 的第一块数字化板设计为高压侧 SV9-2，将第二块数字化板设计为中压侧 SV9-2，将第三块数字化板卡设计为低压侧 SV9-2，GOOSE 设计在第一块数字化板。按实际 978 的配置接入光纤。

2）测试方法（暂不考虑返回时间测试）。

① 分别导入两块 1136 的 goose. txt，选择试验所用的控制块信息，并配置板卡，见图 4-24。

②高压侧 SV 配置界面，见图 4-25，中压侧、低压侧类似。

③进入手动试验界面，板卡 1（高压侧）的配置界面见图 4-26。

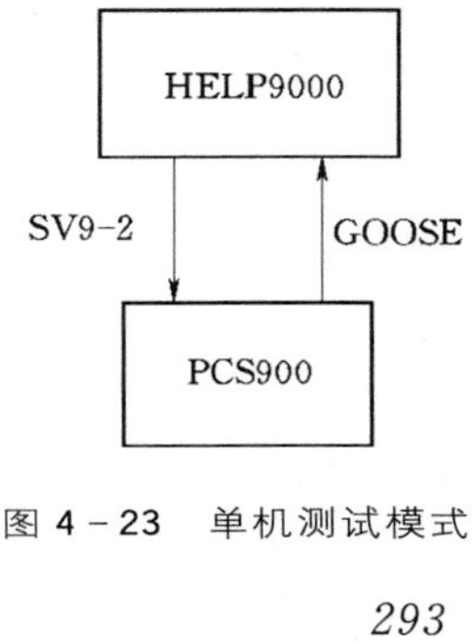

图 4-23 单机测试模式

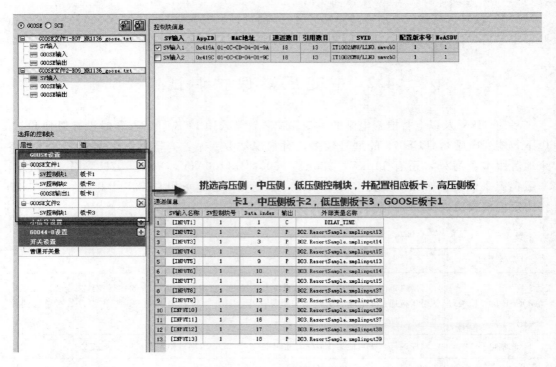

图 4-24　选择控制块

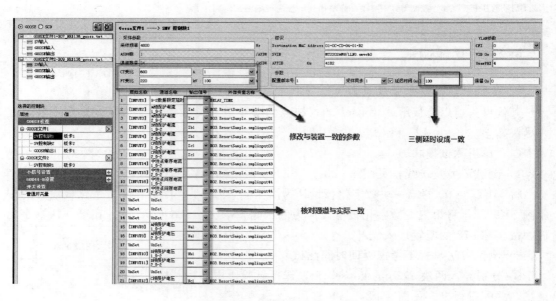

图 4-25　SV 配置界面

④进入手动试验界面，板卡 2（中压侧）的配置界面见图 4-27，逐渐降低电流直到差动保护动作。

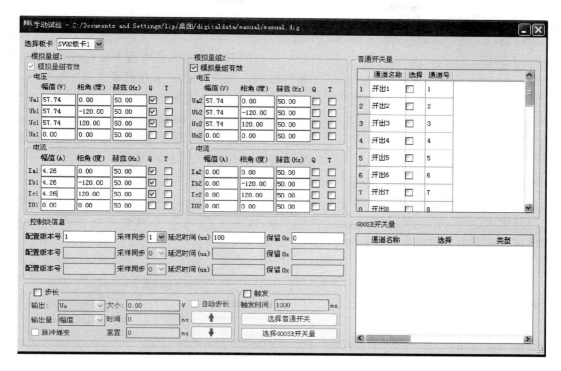

图 4 - 26　板卡 1 配置界面

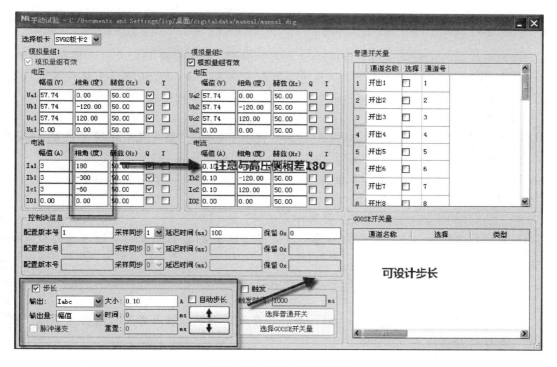

图 4 - 27　板卡 2 配置界面

（2）带智能终端测试模式。

1）测试环境及接线，见图4-28。

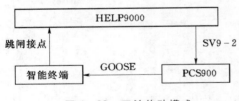

图4-28 开关传动模式

将HELP9000的第一块数字化板设计为高压侧SV9-2，将第二块数字化板设计为中压侧SV9-2，将第三块数字化板卡设计为低压侧SV9-2，GOOSE设计在第一块数字化板。按实际978的配置接入光纤，978与智能终端通信正常，跳闸接点接入HELP9000（图4-29）。

2）测试方法（暂不考虑返回时间测试）同单机测试模式一样。

2. 通过HELP9000＋常规测试仪

其优点为不需要数字测试仪，常规测试仪即可测试数字保护；缺点为需要对HELP9000进行参数设置，且需要后台软件操作。

（1）测试环境及接线，见图4-30。

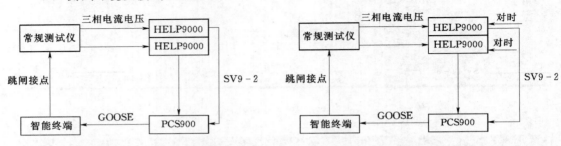

图4-29 9-2点对点方式，适宜于开关传动　　图4-30 9-2组网方式（适宜于开关传动）

电流电压通过试验线接入HELP9000的背板端子，将第一台HELP9000模拟高压侧，第二台HELP9000模拟低压侧，按实际978的配置接入光纤，PCS978与智能终端通信正常，跳闸接点接入常规测试仪。组网SV需要将HELP9000对时。

（2）测试方法。

1）进HELP9000装置"系统设置""数字化板卡设置""数字化故障模式设置"修改成"外部采集模式"，然后装置重启。

2）导入goose.txt，配置SV参数与装置一致，然后确定（图4-31）。

3）确定后，即可试验。

4）差动保护校验方法同常规仪器操作方法。

试验仪器的输出二次值与放大后的一次值得变比关系由HELP9000后台软件设置的TA变比决定。

组网方式下需要修改HELP9000的对时方式。

3. 通过HELP9000＋合并单元

其优点为可以直接解读goose.txt，通过合并单元测试；缺点为菜单没有专业测试仪丰富，操作不容易让人尽快熟悉。

（1）单机测试模式。

1）测试环境及接线，见图4-32、图4-33。

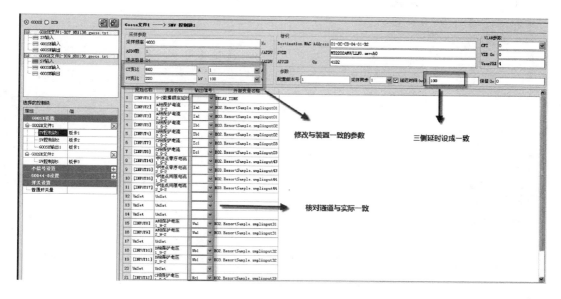

图 4－31　SV 参数

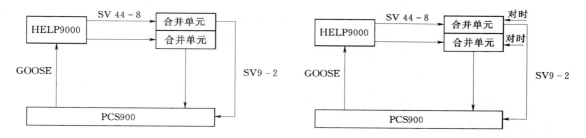

图 4－32　9－2 点对点方式（适宜于单机调试）　　　图 4－33　9－2 组网方式（适宜于单机调试）

HELP9000 模拟远端模块，将 HELP9000 板卡 1，板卡 2 的 44－8 口的光纤连接至合并单元，根据 978 配置连接合并单元和远端模块的光纤。组网方式需要合并单元同步。

2）测试方法（暂不考虑返回时间测试）。

①增加 60044－8 配置，高压侧配置到板卡 1，选取远端模块类型并修改变比，见图 4－34。

②增加 60044－8 配置，中压侧配置到板卡 1，选取远端模块类型并修改变比，见图 4－35。

③进入手动试验菜单，同 HELP9000 直接测试，完成试验。

（2）带智能终端测试模式。

1）测试环境及接线，见图 4－36、图 4－37。

HELP9000 模拟远端模块，将 HELP9000 板卡 1，板卡 2 的 44－8 口的光纤连接至合并单元，根据 978 配置连接合并单元和远端模块的光纤，PCS978 与智能终端通信正常，跳闸接点接入 HELP9000。组网方式需要合并单元同步。

2）测试方法（暂不考虑返回时间测试）。

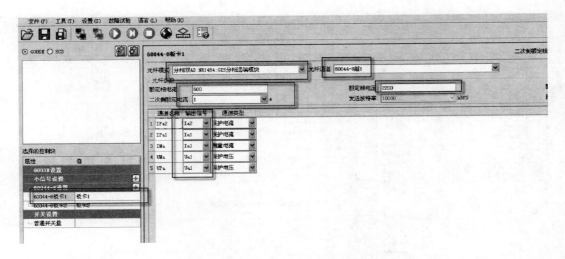

图 4-34 60044-8 板卡 1 设置

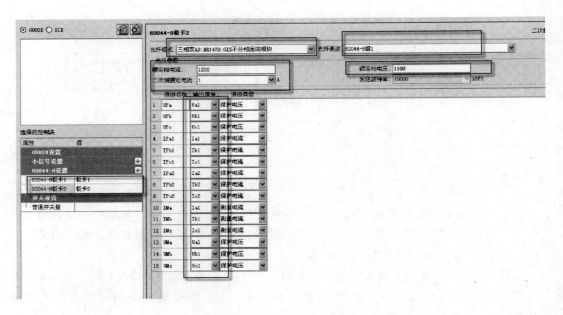

图 4-35 60044-8 板卡 2

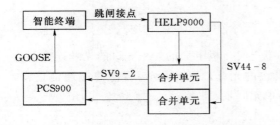

图 4-36 点对点方式（适宜于开关传动）

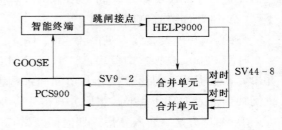

图 4-37 组网方式（适宜于开关传动）

4. 通过 HELP9000＋合并单元＋常规测试仪

其优点为不需要数字测试仪，常规测试仪即可测试数字保护，可以通过合并单元测试；缺点为需要对 HELP9000 进行参数设置，且需要后台软件操作。

（1）测试环境及接线，见图 4－38、图 4－39。

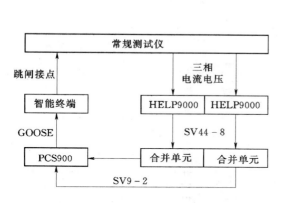

图 4－38　点对点方式，适宜于开关传动

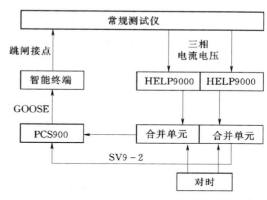

图 4－39　组网方式，适宜于开关传动

用两台 HELP 分别模拟两组远端模块，与各自合并单元相连接，根据 978 配置连接光纤，PCS900 与智能终端通信正常，智能终端跳闸接点接到常规测试仪。组网方式需要合并单元同步。

（2）测试方法。

1）进 HELP9000 装置"系统设置""数字化板卡设置""数字化故障模式设置"修改成"外部采集模式"，然后装置重启。

2）进 HELP9000 装置"系统设置""数字化板卡设置""远端模块设置"修改成与PCS900 装置一致，确认后选择互感器模式，这里根据实际选择"三相远端模块""分相模式"。

3）差动保护校验方法同常规仪器操作方法。

试验仪器的输出二次值与折算的 60044－8 系数与 HELP9000 装置上的一致，与后台软件设置变比设置也有关系，后设置先起作用，请保证两者统一。但后台软件可以控制两块交流头与板卡 1 的 60044－8 通道对应关系。

4.2.2　报警信息说明

报警信息说明见表 4－5。

表 4－5　　　　　　　　　　　　　　　报警信息说明

报警信号	说　明	解决办法
SMV 总告警	装置级 SMV 告警信号逻辑或	检查 SMV 所有相关信号
GOOSE 总告警	装置级 GOOSE 告警信号逻辑或	检查 GOOSE 所有相关信号
B0X＿GOOSE＿A 网络风暴报警	A 网同一光口（电口）连续收到相同 GOOSE 帧	检查 A 网 GOOSE 报文

报警信号	说　　明	解决办法
B0X＿GOOSE＿B 网络风暴报警	B 网同一光口（电口）连续收到相同 GOOSE 帧	检查 B 网 GOOSE 报文
XXXGOOSE－A 网断链	一般 4 倍 T0 时间收不到 XXX 的 A 网 GOOSE 心跳报文（T0 典型值 5s）	检查 A 网 GOOSE 报文
XXXGOOSE－B 网断链	一般 4 倍 T0 时间收不到 XXX 的 B 网 GOOSE 心跳报文（T0 典型值 5s）	检查 B 网 GOOSE 报文
XXXGOOSE 配置不一致	XXX 的 GOOSE 报文中数目、版本、类型等与 goose.txt 不一致	检查 A 网或 B 网 GOOSE 报文
XXXGOOSE 内部配置文件出错	goose 与 strap 配置文件不一致或出错	检查 goose 和 strap
XXXSMV 内部配置文件出错	goose 与 strap 配置文件不一致或出错	检查 goose 和 strap
XXX＿A 网链路出错	将 A 网的数据超时、解码出错、采样计数器出错做"或"处理，然后：延时 10 个采样点报警，报警之后展宽 1S 返回	检查 A 网 SV 报文
XXX＿B 网链路出错	将 B 网的数据超时、解码出错、采样计数器出错做"或"处理，然后：延时 10 个采样点报警，报警之后展宽 1S 返回	检查 B 网 SV 报文
XXX＿SMV 数据出错	插值出错标志，然后：延时 10 个采样点报警，报警之后展宽 1S 返回	检查 SV 报文
XXX＿时钟同步丢失	合并单元自己检测到其丢失时钟同步信号，并通知保护装置：延时 10 个采样点报警，报警之后展宽 1S 返回	检查 MU 同步源
XXX＿采样数据无效	读取数据帧中的无效标志位，然后：延时 10 个采样点报警，报警之后展宽 1S 返回	检查无效品质
XXX＿退出异常	有流退出 SV 软压板	检查 SV 软压板
XXX＿检修状态异常	接收软压板投入的情况下，如果本地检修和发送方检修位不一致时，装置报警且闭锁相关保护，所以 MU 投检修前应将相应的接收压板退出	检查 MU 的检修压板
XXX＿通道延迟变化（适用于点对点方式）	保护上电后，接入的 MU 通道延迟时间直接确认，延时通道发生变化，置通道延迟变化	检查通道延时
XXX＿通道抖动异常（适用于点对点方式）	告警采用权重统计方式，当本点抖动时间大于 $10\mu s$ 时，累计计数器加上本次抖动时间，计数器加到 4000 后不再增加并报警，当本点抖动时间小于 $10\mu s$ 时，累计计数器开始减小 1，报警返回方式按照抖动完全正常之后 1S 后返回设计	检查延时抖动

4.2.3　品质因素对装置的影响

978 说明书有对品质的详细说明。

4.2.4 一般规则

发送侧与接收侧 GOOSE 检修一致，此时 GOOSE 报文有效（即保护采用的 GOOSE 有效信息＝GOOSE 接收信息 & 发送端和接收端检修压板状态一致 & 对应接收总投软压板投入 & 对应接收软压板投入 & 对应通信链路正常）。发送侧与接收侧 SV 检修一致，此时 SV 报文有效，保护可正常动作，具体原则见表 4-6。

表 4-6   具 体 原 则

SV 数据无效	对保护的影响
任意侧相电流数据无效	仅闭锁差动保护及本侧过流保护，如果整定用自产零序情况下闭锁该侧相对应零序过流保护段
任意侧零序电流数据无效	仅闭锁该侧整定为外接零序的零序过流保护段
任意侧间隙电流数据无效	仅该侧闭锁间隙零序过流保护
任意侧电压数据无效	闭锁该侧零序过压保护，该侧所有与电压相关的判据自动不满足条件，复压元件可以通过其他侧起动，方向过流自动退出
SV 数据失步（仅对组网有影响）	**对保护的影响**
任一侧相电流数据失步	闭锁差动保护，如果本侧采用和电流作为后备保护电流时同时闭锁后备保护
任意侧外接零序电流数据失步	对保护行为无影响
任意侧间隙电流数据失步	对保护行为无影响
后备保护中的电流和电压相对失步时	方向元件不满足条件
SV 检修	**对保护的影响**
任意侧电流与本地检修不一致	同 SV 数据无效
任意侧零序电流与本地检修不一致	同 SV 数据无效
任意侧间隙电流与本地检修不一致	同 SV 数据无效
任意侧电压与本地检修不一致	同 SV 数据无效
GOOSE 检修	**对保护的影响**
高压侧失灵开入检修不一致	将该开入清零，保护采用的 GOOSE 有效信息＝GOOSE 接收信息 & 发送端和接收端检修压板状态一致 & 对应接收总投软压板投入 & 对应接收软压板投入 & 对应通信链路正常
GOOSE 断链	**对保护的影响**
高压侧失灵开入	同 GOOSE 检修不一致

4.2.5 其他（调试技巧，注意事项）

（1）高压侧失灵联跳 GOOSE 输入 1 和高压侧失灵联跳 GOOSE 输入 2 为与的关系，SCD 中必须同时将母差联跳拉给这两个开入。

（2）连线时一定要注意相关说明书，注意 B07、B09 的配置说明，如 B07 接入高压侧和中压侧，B09 接入低压侧，那么高（中）压侧的电流电压，中性点电流等都需要接入

B07，而不要把电流电压接入 B07，中性点电流接入 B09，这样容易报一些错误"品质异常"。

4.3 母差保护调试

母差保护型号分为常规型号和数字式，数字式的保护分为集中式和分布式两大种，一般而言，集中式组网单台 4 块 1136 插件，可最大接入组网 24 间隔或点对点 15 间隔。

对于点对点方式双母线或双母双分段等主接线超过 15 个支路的母线，一般可以采用分布式母差解决。分布式母差采用主从机装置配置，一台主机（PCS-915M）最多可带 4 台子机（PCS-915S）。主机负责差动计算和失灵判断等母差主要功能，跳闸发送由主机传递给各子机由子机实现，主机与子机间连接是 4-8 接口，注意失灵是 9-2 方式直接从 goose 网接收；子机负责各支路与合并单元间的 SV 采集（9-2），子机同时还负责与智能终端的 GOOSE 刀闸等信号的采集及发送 GOOSE 跳闸信号给智能终端或其他设备（9-2）。

4.3.1 重要定值设置

1. 915-GA-D 定值

对应主接线不同及各用户要求不同，定值会有所不同，以下以双母双分段的 915-ETB 为例介绍，具体见表 4-7。

表 4-7   915-ETB

定 值 项 目	备 注
XXX 间隔投入软压板	与间隔一一对应，退出后，该间隔差动，刀闸接收和失灵同时退出
XXXCT 一次值	整定为负值，可以反极性
GOOSE 发送软压板	与间隔一一对应
GOOSE 接收软压板	GOOSE 启动失灵接收软压板，装置应用层处理，非链路层定值
显示一次值	采样显示一次值
定值一次值	定值显示一次值，注意该选项整定后，定值一定要对应整定否则会报定值出错
设备定值	主要整定 TA 和 TV 的变比，注意对于 2、3、9、10 四个支路一般可用于主变和线路，用于主变时一定要接在这 4 个支路中，定值需投入相应控制字，投入后对应开放主变三跳启动失灵的功能和主变支路解除失灵电压闭锁功能；特殊程序中若是由外部开入启动失灵及解除失灵电压闭锁时，会在相应"保护支路开入量"的菜单中开放出"该支路的解除失灵闭锁开入"
软压板	特别注意该项定值中对应整定各支路的投退，退出时该支路即退出母差计算，同时该支路的各种报警不再显示，一般在运行中退出时要对应整定退出该支路，不使用的支路若误投入会报 SV 网及 goose 网的链路出错等异常告警；该定值项中还包含刀闸的模拟盘功能，可以在刀闸开入不正常时根据需要强制投入对应支路刀闸，投入强制功能时装置会一直告警
描述定值	比常规保护增加的一项定值，用于更改各支路名称支持中文

2. 分布式母差定值：（PCS - 915M/S）

分布式母差定值见表 4 - 8。

表 4 - 8 分 布 式 母 差 定 值

定值项目	备 注
915S（子站）软压板投退	915S（子站）不带液晶，故定值及告警信息必须通过液晶工具查看，定值菜单较简单只有软压板投退功能，而软压板投退功能一般是也可以通过 915M 中的定值中的软压板投退功能进行修改，在 915M（主站）中修改后会通过 M 与 S 间的光纤连线下发定值到 915S 中的
915M（主站）设备参数	设备参数中有子站 1 和子站 2 的退出控制字，拥有投退相应子站的，退出时子站的所有支路退出参与差动计算，注意是退出控制字
915M（主站）装置参数开入电压	根据板子的型号选择 1502A（220V），1502D（24V）
XXX 间隔投入软压板	与间隔一一对应，退出后，该间隔差动，隔离开关接收，和失灵同时退出
915M（主站）软压板	定值是母差整定中尤其需要注意的，在这项定值中可对各支路进行投退操作，不用的支路请一定退出否则会报对应支路的告警，导致整个差动退出，在该项定值中同时包含了双母线的隔离开关强制功能，对隔离开关辅助接点不好时，可在本定值菜单中操作对应支路的强制使能和隔离开关强制投入
915M（主站）GOOSE 接收软压板	GOOSE 启动失灵接收软压板，装置应用层处理，非链路层定值
915M（主站）XXX 间隔投入软压板	与间隔一一对应，退出后，该间隔差动，隔离开关接收和失灵同时退出
915M（主站）XXXTA 一次值	整定为负值，可以反极性
915M（主站）GOOSE 发送软压板	与间隔一一对应
915M（主站）GOOSE 接收软压板	GOOSE 启动失灵接收软压板，装置应用层处理，非链路层定值
915M（主站）显示一次值	采样显示一次值
915M（主站）定值一次值	定值显示一次值，注意该选项整定后，定值一定要对应整定否则会报定值出错

4.3.2 功能调试

1. 常规数字母差

一般单机调试由数字测试仪器对 915 - GA - D 的 5、7、9、11 板的光口加 9 - 2 的数据量，注意 5 号板只能带 4 个支路，且程序固定为 1 支路一般为母联，2、3 支路可选为主变或线路，4 为线路，7 号、9 号也都是 4 个支路其中 9、10 可用于主变，11 号板只有12 - 15 支路及母线 TV 电压采集和 GOOSE 组网口，GOOSE 组网只能在 11 号板，可以是双网，1 - 8 口任意整定但由 1 - 8 中排在前（或数字小的）是 A 网，5、7、9、11 号板的 GOOSE 的文本不可以相同（空 GOOSE 除外），若相同则将看不到采样显示，会影响母差计算，保护部分调试同常规保护，隔离开关一般建议从直跳口采集不经交换机比较好，用户要求为主可以组网采集，采集时由 11 号板的组网口采集，实验时根据隔离开关采集方式加 GOOSE 量，注意目前母差的隔离开关开入 GOOSE 都是双位置的，所以加隔离开关在 1 母时 2 母的常闭也要在智能终端侧短接，母差的采样一般在国网中是点对点直采直跳，某些省局会有要求直采网跳，南网是网采网跳，实验时一定要搞清通信网络结构后加量。

2. 分布式母差

(1) 母差实验时需注意对应 915M 的 1151 板有 4 个 TX 口和 4 个 RX 口，对应 TX1 和 RX1 的光纤连线的固定为子站 1，对应 TX2 和 RX2 的光纤连线的固定为子站 2，其余口依次固定为子站 3 和 4，一台子站可带 12 个支路（含母联和分段），若有多个子站时会有几种主接线方式的主站程序，但子站程序都是一样的，一般 2 个子站已能满足绝大多数站的需求。

(2) 双母双分段的主接线：由两台主从配合的屏，各保护两段母线含分段，功能完全一样，对主站来说若配置 2 个子站，注意子站 1 对应于 1-12 支路，1 支路一般为母联，子站 2 的对应于 13-24 支路，23 和 24 支路为分段 1 和分段 2，加量实验时注意两个子站的相对应支路的 goose 文本中的连线内部短地址完全相同，例如 1 支路的 A 相 1 电流 B02. Bay01. smpl _ data1 _ A，与 13 支路（子站 2）中的完全一样，主站是根据 1151 板的 2 口连接数据自动判断子站 2 连接的 13 支路的，所以看 GOOSE 文本时需注意。

(3) 母线 TV1 和 TV2 的电压是通过 9-2 方式给到主站 9 号板 1136 的，子站各支路电流由各间隔的合并单元义 9-2 协议传到对应子站的板卡的，每个子站有 12 个支路，1 号子站的 5 号板对应 1-4 支路，7 号板对应 5-8 支路，9 号对应 9-12 支路，采样和隔离开关 GOOSE 及跳闸 GOOSE 都是由子站来实现的，主站通过 60044-8 与各子站连接后将各间隔采样和隔离开关位置采集后进行差动计算，在判断为母线故障跳闸时由 1151 板向相应子站发送，然后由子站实现对应支路的跳闸，所以加量时对应要加在子站的对应间隔上，GOOSE 的隔离开关位置也如此，同时要保证子站 1161 与主站的 1151 板的通信光纤连接正常，定值中该子站投入，对应的间隔支路软压板投入，才能实验正常，否则主站告子站 SMV 告警则差动会退出，注意电压加主站 9 号 1136 板，当电压告警时不退差动，按照 TV 断线原则处理，子站的隔离开关 GOOSE 告警主站会做相应告警，实验时一定要注意主站液晶中显示的报警信息，根据报警信息调整所加采样量或 GOOSE 量的板卡光口位置；实验时一定要退出不加量的支路的软压板，隔离开关位置可以用强制使能投入的方法来实现。

(4) 通道延时在连线中一定要对应子站和主站都拉连线，但程序判断时是主站根据所有子站的采样通道延时来确定一个最大的通道延时然后返回给各子站的，即主站和子站最终用的是同样的通道延时（在各子站及主站通道延时不同时）。

3. HELP9000 测试方法

多控制块测试方法同 PCS978。

4.3.3 报警信息说明

报警信息说明见表 4-9。

表 4 - 9	报 警 信 息 说 明	
报 警 信 号	说 明	解 决 办 法
SMV 总告警	装置级 SMV 告警信号逻辑或	检查 SMV 所有相关信号
GOOSE 总告警	装置级 GOOSE 告警信号逻辑或	检查 GOOSE 所有相关信号
X 号 GOOSE_ A 网络风暴报警	A 网同一光口（电口）连续收到相同 GOOSE 帧	检查 A 网 GOOSE 报文
X 号 GOOSE_ B 网络风暴报警	B 网同一光口（电口）连续收到相同 GOOSE 帧	检查 B 网 GOOSE 报文
XXX -操作箱 GOOSE - A 网断链	一般 4 倍 T0 时间收不到 XXX 的 A 网操作箱 GOOSE 心跳报文（T0 典型值 5s）	检查 A 网操作箱 GOOSE 报文
XXX -操作箱 GOOSE－B 网断链	一般 4 倍 T0 时间收不到 XXX 的 B 网操作箱 GOOSE 心跳报文（T0 典型值 5s）	检查 B 网操作箱 GOOSE 报文
XXX -操作箱 GOOSE 配置错误	XXX 的操作箱 GOOSE 报文中数目、版本、类型等与 goose.txt 不一致	检查 A 网或 B 网操作箱 GOOSE 报文
XXX -保护 GOOSE - A 网断链	一般 4 倍 T0 时间收不到 XXX 的 A 网保护 GOOSE 心跳报文（T0 典型值 5s）	检查 A 网保护 GOOSE 报文
XXX－保护 GOOSE - B 网断链	一般 4 倍 T0 时间收不到 XXX 的 B 网保护 GOOSE 心跳报文（T0 典型值 5s）	检查 B 网保护 GOOSE 报文
XXX -保护 GOOSE 配置错误	XXX 的保护 GOOSE 报文中数目、版本、类型等与 goose.txt 不一致	检查 A 网或 B 网保护 GOOSE 报文
XXXGOOSE 内部配置文件出错	GOOSES 与 strap 配置文件不一致或出错	检查 GOOSE 和 strap
XXXSMV 内部配置文件出错	GOOSE 与 strap 配置文件不一致或出错	检查 GOOSE 和 strap
XXX_ 间隔采样 A 网链路出错	将 A 网的数据超时、解码出错、采样计数器出错做"或"处理，然后延时 10 个采样点报警，报警之后展宽 1s 返回	检查 A 网 SV 报文
XXX_ 间隔采样 B 网链路出错	将 B 网的数据超时、解码出错、采样计数器出错做"或"处理，然后：延时 10 个采样点报警，报警之后展宽 1s 返回	检查 B 网 SV 报文
XXX_ 间隔采样 SMV 数据出错	插值出错标志，然后：延时 10 个采样点报警，报警之后展宽 1s 返回	检查 SV 报文

报 警 信 号	说 明	解 决 办 法
XXX_间隔采样时钟同步丢失	合并单元自己检测到其丢失时钟同步信号，并通知保护装置：延时 10 个采样点报警，报警之后展宽 1s 返回	检查 MU 同步源
XXX_间隔采样数据无效	读取数据帧中的无效标志位，然后延时 10 个采样点报警，报警之后展宽 1s 返回	检查无效品质
XXX_间隔退出异常	有流退出 SV 软压板	检查 SV 软压板
XXX_间隔检修状态异常	接收软压板投入的情况下，如果本地检修和发送方检修位不一致时，装置报警且闭锁相关保护，所以 MU 投检修前应将相应的接收压板退出	检查 MU 接收压板或者 MU 的检修压板
XXX_通道延迟变化（适用于点对点方式）	保护上电后，接入的 MU 通道延迟时间直接确认，延时通道发生变化，置通道延迟变化	检查通道延时
XXX_通道抖动异常（适用于点对点方式）	告警采用权重统计方式，当本点抖动时间大于 $10\mu s$ 时，累计计数器加上本次抖动时间，计数器加到 4000 后不再增加并报警，当本点抖动时间小于 $10\mu s$ 时，累计计数器开始减小 1，报警返回方式按照抖动完全正常之后 1s 后返回设计	检查延时抖动
XXXX 定值出错	定值自检出错，发"报警"信号，闭锁保护	检查定值
XXXX 跳闸出口报警	出口或信号插件异常，发"报警"信号，闭锁保护	检查出口插件
XXXX 采样校验出错	DSP1 与 DSP2 板模拟量采样不一致闭锁保护	检查双 AD 采样
DSP 出错（XXXX）	DSP 自检出错，发"报警"信号，闭锁保护	检查 DSP
光耦电源异常	光耦正电源失去，发"报警"信号，不闭锁保护	检查电源板的光耦电源以及开入/开出板的隔离电源是否接好
稳态量差动长期起动	稳态量差动起动元件长期动作，发"报警"信号，不闭锁母差保护	检查电流测量回路接线（包括 TA 极性）
变化量差动长期起动	变化量差动起动元件长期动作，发"报警"信号，不闭锁母差保护	检查电流测量回路接线（包括 TA 极性）
支路 X 解除复压闭锁异常	支路 X 解除复压闭锁开入长期导通，发"报警"信号，退出解除复压闭锁功能，不闭锁保护	检查 X 解除复压闭锁开入

报 警 信 号	说 明	解 决 办 法
支路 X 失灵开入异常	支路 X 失灵开入长期动作，发"报警"信号，闭锁支路失灵开入起动功能，不闭锁保护	检查失灵开入
TV 断线	母线电压互感器二次断线，发"交流断线报警"信号，不闭锁保护	检查电压测量回路接线
电压闭锁开放	母线电压闭锁元件开放，发"报警"信号，不闭锁保护	此时可能是电压互感器二次断线，也可能是区外远方发生故障长期未切除，不闭锁保护请检查 TV 测量回路
刀闸位置报警	隔离开关位置双跨，变位或与实际不符，发"位置报警"信号，不闭锁保护	
刀闸双位置报警	隔离开关常开接点和常闭节点位置异常时报警，不闭锁保护	检查隔离开关辅助触点是否正常，如异常应先从软压板或强制开关给出正确的隔离开关位置，并按屏上隔离开关位置确认按钮确认，检修结束后将软压板或强制开关恢复，并按屏上隔离开关位置确认按钮确认
母联 TWJ 报警	母联 TWJ＝1 但任意相有电流，发"其他报警"信号，不闭锁保护	
母联开关双位置报警	母联开关常开接点和常闭节点位置异常时报警，不闭锁保护，检修母联开关辅助接点	
TA 断线	电流互感器二次断线，发"断线报警"信号，仅母联 TA 断线不闭锁母差保护，但此时自动切到单母方式，发生区内故障时不再进行故障母线的选择。由大差电流判出的 TA 断线闭锁母差保护	检查 TA 回路
TA 异常	电流互感器二次回路异常，发"报警"信号，不闭锁母差保护检查 TA 回路	

4.3.4 一般规则

发送侧与接收侧 GOOSE 检修一致，此时 GOOSE 报文有效（即保护采用的 GOOSE 有效信息＝GOOSE 接收信息 & 发送端和接收端检修压板状态一致 & 对应接收总投软压板投入 & 对应接收软压板投入 & 对应通信链路正常）发送侧与接收侧 SV 检修一致，此时 SV 报文有效，保护可正常动作，见表 4-10。

表 4-10	具 体 原 则
SV 数据无效	对保护的影响
母线电压数据无效	显示无效采样值，不闭锁保护并开放该段母线电压
支路电流数据无效	显示无效采样值，闭锁差动保护及相应支路的失灵保护，其他支路的失灵保护不受影响
母联支路电流通道数据无效	显示无效采样值，闭锁母联保护，母线自动置互联
SV 数据失步仅对组网有影响	对保护的影响
母线电压失步	不闭锁保护并开放该段母线电压
支路电流失步	仅闭锁差动保护
母联支路电流失步	母线自动置互联
SV 检修	对保护的影响
母线电压检修不一致	显示无效采样值，不闭锁保护并开放该段母线电压
支路电流检修不一致	显示无效采样值，闭锁差动保护及相应支路的失灵保护，其他支路的失灵保护不受影响
母联支路电流检修不一致	显示无效采样值，闭锁母联保护，母线自动置互联
GOOSE 检修	对保护的影响
失灵开入（解除复压闭锁，母联失灵开入，母联 SHJ）检修不一致	将该开入清零，保护采用的 GOOSE 有效信息 = GOOSE 接收信息 & 发送端和接收端检修压板状态一致 & 对应接收总投软压板投入 & 对应接收软压板投入 & 对应通信链路正常
刀闸开关位置检修不一致	GOOSE 检修不一致，保持前值
GOOSE 断链	对保护的影响
失灵开入（解除复压闭锁，母联失灵开入，母联 SHJ）	将该开入清零，保护采用的 GOOSE 有效信息 = GOOSE 接收信息 & 发送端和接收端检修压板状态一致 & 对应接收总投软压板投入 & 对应接收软压板投入 & 对应通信链路正常
刀闸开关位置	GOOSE 断链，保持前值

4.4 智 能 终 端 调 试

4.4.1 重要定值设置

重要定值设置见表 4-11。

表 4-11	重 要 定 制 设 置
定值项目	备　注
断路器遥控回路独立使能	选择断路器遥分遥合信号是否和保护跳闸合闸信号回路分开。当回路分开时，B_{12} 的备用 1 遥分即为断路器遥分接点，B_{12} 的备用 1 遥合即为断路器遥合接点
模拟量 X 采集类型	根据传感器类型选择 NR1410 信号采样类型，0：0~5V 1：4~20mA

定值项目	备　注
直流类型	表示直流测量的测量类型与量程，0：0～5V 直流电压量程；1：4～20mA 直流电流。2：TV100 输入；修改 4～20mA 定值的同时需要在 NR1410 跳上相应的跳线
开入电压等级	光耦开入时的电压选择 0：DC24V，1：DC48V，2：DC110V，3：DC220V，4：DC30V，5：DC125V（海外装置使用 30V 和 125V 电压等级的开入）

4.4.2　功能调试

可通过 pgtest 方便测试到装置的所有节点。

4.4.3　报警信息说明

报警信息说明见表 4-12。

表 4-12　　　　　　　　　　　报 警 信 息 说 明

报 警 信 号	说　明	解 决 办 法
B01_A 网链接 X 断链	一般 4 倍 T0 时间收不到 XXX 的 A 网 GOOSE 心跳报文（T0 典型值 5s）	检查 A 网 GOOSE 报文
B01_B 网链接 X 断链	一般 4 倍 T0 时间收不到 XXX 的 B 网 GOOSE 心跳报文（T0 典型值 5s）	检查 B 网 GOOSE 报文
B01_链接 X 配置错误	XXX 的 GOOSE 报文中数目、版本、类型等与 goose.txt 不一致	检查 A 网或 B 网 GOOSE 报文
B01_GOOSE_A 网络风暴报警	NR1136 A 网同一光口（电口）连续收到相同 GOOSE 帧	检查 A 网 GOOSE 报文
B01_GOOSE_B 网络风暴报警	NR1136 B 网同一光口（电口）连续收到相同 GOOSE 帧	检查 B 网 GOOSE 报文
XXX 长期动作	XXXGOOSE 报文长期置 1	检查 XXXGOOSE 报文
总线启动信号异常	指检测到启动信号的逻辑值与其实际电平不一致是装置内部硬件错误	检查装置硬件
GOOSE 输入命令长期有效	指装置接收到的 GOOSE 跳合闸命令长期动作，可能是保护长期动作或者 GOOSE 信号接收异常	检查 GOOSE 报文

4.4.4　品质因素对装置的影响

品质因素对装置的影响见表 4-13。

表 4 - 13　　　　　　　　　　　　　品质因素对装置的影响

GOOSE 检修	对智能终端的影响
跳闸，遥控检修不一致	无效报文，不出口
GOOSE 断链	对智能终端的影响
跳闸，遥控断链	开入返回

4.4.5　其他（调试技巧，注意事项）

（1）ICD 中手合闭锁母差信号，其实就是 SHJ，用于 915 的 SHJ 输入连线，222B - I 通过手合开入或者 YH 来判断，如果由 0 至 1，则发 SHJ 信号；222C - I 不同于 222B - I 没有手合开入，增加普通开入引入 KK 把手的 SHJ 接点，从而结合 YH 一起来判断。

（2）222B - I 中的 KKJ 为虚拟 KKJ，通过程序完成内部判断。

（3）闭锁重合闸为总闭锁重合闸信号，包括：

1）收到测控的 GOOSE 遥分命令或手跳开入动作时会产生闭锁重合闸信号，并且该信号在 GOOSE 遥分命令或手跳开入返回后仍会一直保持，直到收到 GOOSE 遥合命令或手合开入动作才返回；（最新程序已经改为瞬时返回）。

2）收到测控的 GOOSE 遥合命令或手合开入动作。

3）收到保护的 GOOSE TJR、GOOSE TJF 三跳命令，或 TJF 三跳开入动作。

4）收到保护的 GOOSE 闭锁重合闸命令，或闭锁重合闸开入动作。

（4）用到联锁的时候，PCS222B - I，PCS222C - I 因为 BS 接点是分合逻辑公用一对接点，所以在 SCD 拉线时需要注意，每个对象只能拉一根连线。

4.5　合 并 单 元 调 试

PCS - 220 系列就地采集单元采用小 3U 机箱，支持户外就地安装，实现模拟小信号互感器和中性点常规互感器的信号采集，采样数据发送采用标准 IEC 60044 - 8 协议，与相应间隔合并单元级联通信。目前常用的型号是 PCS - 220JA 采集主变中性点常规的间隙和零序互感器，转发给 PCS - 221C - I，PCS - 220IC 采集小信号方式的电压互感器，转发给 PCS - 221D - I。

PCS - 220 系列常规电压切换装置和常规电压并列装置采用半层 4U 机箱，支持户外安装方式，通过 GOOSE 网络获取隔离开关、母联等位置信号，实现电压切换、并列功能，目前常用型号是：PCS - 220R - I：电压切换装置，PCS - 220P - I：电压并列装置。

PCS - 221 系列合并单元分为线路（主变）间隔和母线间隔两类合并单元。线路（主变）间隔合并单元按互感器原理和使用场合分成 4 种：GIS 互感器采用 PCS - 221C；AIS 互感器采用 PCS - 221E；光学互感器采用 PCS - 221F；常规互感器采用 PCS - 221G。

母线间隔分为两种：电子式互感器采用 PCS - 221D；常规互感器采用 PCS - 221N。

其中电子式互感器包括 GIS 互感器、AIS 互感器和模拟小信号互感器。线路（主变）间隔合并单元支持 8 路通道可配置扩展 IEC 60044 - 8 协议和最多 8 路 IEC 61850 - 9 - 2 协议（点对点或组网）。母线间隔合并单元通过扩展 IEC 60044－8 协议给各线路间隔合并单元发送母线电压信号，最多配置 24 路；通过点对点或组网 IEC 61850－9－2 协议给母差保护发送母线电压信号，最多配置 6 路。线路间隔合并单元支持电压切换功能，母线间隔合并单元支持电压并列功能。线路、母线间隔合并单元数据收发通道通过 ICD 文件来定义。

合并单元可以同时使用 9－2（点对点或组网）和 4－8 协议发送采样值，9－2 协议通过 1136 板发送，4－8 通过 1211A 的板子发送，要特别说明的是，4－8 的发送已经不像最初时是不可设置的了。目前的 4－8 发送的数据是通过 1152A 板子上的 goose.txt 的 SMV 发送数据集来控制的，发送波特率通过定值整定 2.5M、5M、10M，还可以通过定值设置是 12 通道还是 22 通道。

注意调试手册主要以 PCS－221 系列常用的 PCS－221C－I 和 PCS－221D－I 为例介绍调试。

4.5.1 重要定值设置

（1）以 HELP 测试仪器测试时的 HELP2000A 的设置：采样发送波特率为 10M，中断频率 8000，双 AD（4099），同时可根据间隔电压及等级和电流 TA 一次值设置对应在 HELP2000A 中的额定电压和额定电流参数；PCS－221D－I 定值需注意整定所用的母线是否投入，出厂调试要将 2、3 母均投入；60044－8 通道模式有 22 和 12 之选，主要是考虑双 AD 还是单 AD 输出。

（2）PCS－221C－I 定值需注意整定主接线方式，出厂调试要将"单母线接线"设为 0（即投入为双母线）；注意"线路电压来源"整定为 line 时代表三相电压取自间隔的远端模块的电压（即 1152 光口 1、2、3 输入的电压采样），这时 4 口所收采样为同期电压，整定为 bus 时代表三相电压取自母线的远端模块的电压（即 1152 光口 4 的输入的电压采样）；221C－I 合并单元如果不接入隔离开关位置（不需要完成电压切换功能），会产生"隔离开关位置分合不一致"告警，报警灯灭不了。如果现场有此功能需求，修改定值"电压切换功能"（版本为 1.3 以后才有此功能）。

（3）隔离开关位置 GOOSE 输入。NO：母线 1、母线 2 的隔离开关位置不从 GOOSE 网获得；YES：母线 1、母线 2 的隔离开关位置从 GOOSE 网获得；注意只要 GOOSE 中有配置 GOOSE 接收内容即使不投入该控制字，装置也会去判 GOOSE 接收告警，所以若是常规开入，不接 GOOSE 时请将原程序所传 GOOSE 内容清空；同理 221D－I 中的母联也可以由 GOOSE 给入或外部开入，需注意 GOOSE 的配置内容。

4.5.2 功能调试

用 HELP2000A 或其他能加 FT3（4－8 帧格式数据）的试验仪器加量，注意按照以上说明进行设置，加量可以选合并单元分相或不分相模式，因为不管是 PCS－221D－I 还是 PCS－221C－I 都支持分相与不分相模式，通道延时会由试验发送侧数据中提取，只能用分相模式测试较佳可以测试到尽可能多的光口；由于没有液晶请用串口线连接后用 LCDTERMINAL 液晶模拟软件连接后进入菜单检查。

1. PCS－221C－I

（1）1152 板调试。以 A 相数据提取通道延时（以后可能会有变化），若分相模式中发送后装置中只能看到 A 相而无 B/C 相，请关电重启 221C－I 即可，221C－I 的 1152 的 1－5 口分别可对应分相模式的 A/B/C 相电流电压、同期电压、I0（中性点零序或间隙零序）。

（2）对 1136 板 9－2 输出监视及检测可使用 MuAnalyser.exe 软件观察波形幅值等。

（3）对 1211 板的 4－8 输出将光纤接入到其他合并单元比如 221CB 等检查，另注意定值中的发送波特率和通道数量与接收侧必须一致。

（4）1525 板检查。进行电压切换实验，检查 1、2 母线的开入正确否，检查前面板对应切换红灯，检查切换同时动作时接点（n1－n2）应闭合，同时返回时（n3－n4）应闭合；注意定值中若单母线方式为 1 则接点不会闭合。

2. PCS－221D－I

（1）是母线合并单元，1152 板的前三路是分相的 1 母的 A、B、C 相电压，或第一个口是不分相的 1 母三相电压，分相通道数据提取 A 相通道延时为基准（以后可能会有变化），若分相模式中发送后装置中只能看到 A 相而无 B/C 相，请关电重启 221D－I 即可，221D－I 的 1152 的 1－8 口分别可对应分相模式的 1 母 A/B/C 相电压、2 母 A/B/C 相电压、3 母 A/B 相电压；且 1、2、3 母的基准相均为该母线的 A 相（即 1、4、7 通道）。

（2）对 1136 板 9－2 输出监视及检测可使用 MuAnalyser.exe 软件观察波形幅值等。

（3）对 1211 板的 4－8 输出将光纤接入到其他合并单元比如 221C－I 检查，发送波特率和通道数量与接收侧必须一致。

（4）1525 板检查。检查各外部开入，检查并列逻辑，母联 1 合位或 2 合位有开入为 1 时，对应面板母联合位灯会亮，母联 1 合位开入＝1；若 1 母退出强制 2 母开入或 2 母退出强制 1 母开入有开入时符合 1－3 母线并列逻辑，前面板的并列灯会点亮，同时（n1－n2）接点闭合，同理母联 2 合位开入＝1；若 2 母退出强制 3 母开入或 3 母退出强制 2 母开入有开入时符合 2－3 母线并列逻辑，前面板的并列灯会点亮，同时（n1－n2）接点闭合。

4.5.3　报警信息说明

1. 注意事项

（1）1525 板是开入开出板，电源正监视在 n9，光耦负在 n22，程序中默认光耦直流电源为 220V，若为 110V 或其他电压时光耦失电灯会点亮，同时液晶软件中会有光耦失电告警报文。

（2）只要 GOOSE 中有配置 GOOSE 接收内容即使隔离开关位置 GOOSE 输入控制字为 NO，装置也会去判 GOOSE 异常，所以若是常规开入，不接 GOOSE 时请将原程序所传 GOOSE 内容清空。

（3）光纤光强异常（灯）。装置光纤接收光强较弱时点亮，若接入链路正常但灯亮则可更换尾纤检查，若仍有告警要考虑检查硬件光口。

2. 221C-I告警信息

221C-I告警信息见表4-14。

表 4-14   **221C-I 告 警 信 息**

报 警 信 号	说 明	解 决 办 法
同步异常告警	同步告警使能，但是未接入同步信号	接入同步信号
板2总告警	即1152板的告警，只要1152用到的光口没有收到链路数据就会报警，线路间隔需保证RX1~RX4都数据正常；主变间隔若零序，间隙零序投入还需保证RX5、RX6的数据正常	检查1152上的所有光纤链路
远端模块1、2、3告警	1152板的光口1、2、3数据异常	检查1152的1、2、3口光纤链路
母线合并单元告警	1152板的光口4数据异常	检查1152的4口光纤
零序远端模块告警	1152板的光口5数据异常	检查1152的5口光纤
间隙远端模块告警	1152板的光口5或6数据异常	检查1152的5或6口光纤
有流投检修告警	有流时投入检修压板	检查合并单元的电流
母线合并单元置检修	母线合并单元（221D-I）投入检修压板	
检修压板投入	本合并单元投入检修压板	
远端模块1、2、3丢帧	1152板的光口1、2、3没有数据	检查1152的1、2、3口光纤链路
母线合并单元丢帧	1152板的光口4数据异常	检查1152的4口光纤
零序远端模块丢帧	1152板的光口5数据异常	检查1152的5口光纤
间隙远端模块丢帧	1152板的光口5或6数据异常	检查1152的5或6口光纤
PCS-220JA告警	通过常规TA采集零序，间隙电流时5口数据异常	检查1152的5口光纤
PCS-220JA丢帧	通过常规TA采集零序，间隙电流时5口没有数据	检查1152的5口光纤
光耦失电	光耦板没有电源	检查光耦电源
切换回路同时动作	两母隔刀位置位置同时为合位	检查外部隔刀位置
切换回路同时返回	两母隔刀位置位置同时为分位	检查外部隔刀位置

3. 221D-I告警信息

221D-I告警信息见表4-15。

表 4-15   **221D-I 告 警 信 息**

报 警 信 号	说 明	解 决 办 法
同步异常告警	同步告警使能，但是未接入同步信号	接入同步信号
板2总告警	即1152板的告警，只要1152用到的光口没有收到链路数据就会报警	检查1152上的所有光纤链路

313

报 警 信 号	说 明	解 决 办 法
母线 1 远端模块 1 告警	1152 板的光口 1 数据异常	检查 1152 板的光口 1
母线 1 远端模块 2 告警	1152 板的光口 2 数据异常	检查 1152 板的光口 2
母线 1 远端模块 3 告警	1152 板的光口 3 数据异常	检查 1152 板的光口 3
母线 1 远端模块 1 丢帧	1152 板的光口 1 没有数据	检查 1152 板的光口 1
母线 1 远端模块 2 丢帧	1152 板的光口 2 没有数据	检查 1152 板的光口 2
母线 1 远端模块 3 丢帧	1152 板的光口 3 没有数据	检查 1152 板的光口 3
母线 2 远端模块 1 告警	1152 板的光口 4 数据异常	检查 1152 板的光口 4
母线 2 远端模块 2 告警	1152 板的光口 5 数据异常	检查 1152 板的光口 5
母线 2 远端模块 3 告警	1152 板的光口 6 数据异常	检查 1152 板的光口 6
母线 2 远端模块 1 丢帧	1152 板的光口 4 没有数据	检查 1152 板的光口 4
母线 2 远端模块 2 丢帧	1152 板的光口 5 没有数据	检查 1152 板的光口 5
母线 2 远端模块 3 丢帧	1152 板的光口 6 没有数据	检查 1152 板的光口 6
母线 3 远端模块 1 告警	1152 板的光口 7 数据异常	检查 1152 板的光口 7
母线 3 远端模块 1 丢帧	1152 板的光口 7 没有数据	检查 1152 板的光口 7
光耦失电	光耦板没有电源	检查光耦电源
检修压板投入	本合并单元投入检修压板	
电压并列逻辑异常报警	电压并列的逻辑不正确	检查并列时开关、隔离开关位置是否满足条件

4.5.4 品质因素对装置的影响

品质因素对装置的影响见表 4-16。

表 4-16　　　　　　　品质因素对装置的影响（仅考虑 9-2）

SV 数据无效	合并单元处理
按通道置无效位	取决于相应通道是否有 ECVT 或合并单元接入，如果没有则置相应通道无效标志
SV 数据失步	合并单元处理
当需要合并单元同步时，未接入同步源的情况下	目前多整定为 240s 未收到同步信号判断失步，同时置失步标志
SV 检修	合并单元处理
合并单元投检修压板时	无论有流无流均按通道置检修位，（有流情况下报有流投检修压板报警），如果电压从其他电压单元获取，则是否置检修位也从电压合并单元获取
GOOSE 检修	合并单元处理
开关，隔刀位置等检修不一致	位置保持前值，并按照相应的逻辑完成电压切换或并列功能
GOOSE 断链	合并单元处理
开关，隔刀位置等断链	同 GOOSE 检修不一致

4.5.5 其他（调试技巧，注意事项）

1. PCS-221C-Ⅰ和PCS-221D-Ⅰ配置对比

（1）PCS-221C-Ⅰ和PCS-221D-Ⅰ所使用的硬件一样，只是板卡配置和程序不同，C-Ⅰ标准配置没有NR1211板，D-Ⅰ标准配置有两块1211板，C-Ⅰ和D-Ⅰ面板不同，主要是灯的定义不同。

（2）软件功能不同。C-Ⅰ一般用于线路、主变、母联等间隔，本间隔三相电压电流采集加上221D-Ⅰ的母线电压合并后发送给保护测控装置，而D-Ⅰ用于母线电压采集，并发送给221C-Ⅰ。

（3）采集方式相同。都是由远端模块以私有规约采集（常州博瑞的远端模块）一般接入1152板件的收口，在1136C板以9-2点对点或组网方式向保护或测控装置发送采样，在1211板件以4-8协议向其他合并单元发送相关所需采样。

2. 需下载的可配置文本

（1）对应1136C板有9-2的GOOSE文本，注意即SCD中导出的文本会包含device.cid，但合并单元的1136板中用不到device.cid，故不可下载到1136上；误下载后导致合并单元不能运行时，请用ramll.txt文本清除后重传程序及goose.txt。

（2）1152板中有GOOSE文本，内容是4-8的可配置部分，可通过SCL工具选择后连线配置并导出后下载到1152板上。

（3）从SCL工具配置后导出的4-8的GOOSE文本会是B02_1152_goose.txt目前下载到1152板时用serial软件下载时若不能正确替换原板上的文本时，最好将导出文本的名字改成goose.txt或b02_goose.txt；下载后若装置不能正常运行，请手动按照调试试验用的goose.txt对应修改相应格式，一般是去掉outtype=p的定义等然后下载。

3. PCS-221C-Ⅰ和PCS-221D-Ⅰ常用的连接方式

PCS-221C-Ⅰ和PCS-221D-Ⅰ常用的连接方式见图4-40。

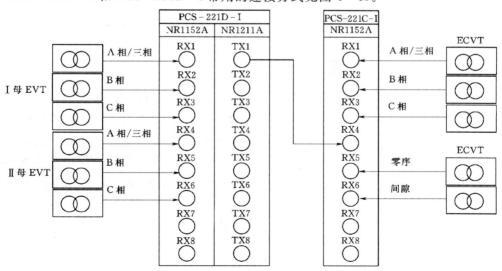

图4-40 PCS-221C-Ⅰ和PCS-221D-Ⅰ常用的连接方式

4.6 电子式互感器调试

1. 概要

(1) 电子式互感器按结构分类为：GIS 互感器；独立式互感器；浇铸式互感器（中低压互感器）；直流互感器。

(2) 电子式互感器按原理分类为：有源式；无源式。

(3) 不同结构形式、不同原理的互感器调试方法略有差异，主要调试地点包括：

1) 开关厂调试：GIS 结构的互感器需在开关厂与 GIS 组装，布置光缆、电缆并穿管；中低压浇铸式互感器需在开关厂与屏柜组装并布线。

2) 变电站现场调试：光路连接并检测；AIS 电压互感器电路布线；精度调试。

布线的工作量占据较多。

产品出厂前已进行过精度调整，考虑分布电容的变化（特别对于 GIS 电压互感器），需在互感器现场安装完成后，进行精度调整，同时进行极性确认。

2. 电流互感器精度调试

(1) 调试目的。通过试验调整电流互感器的误差系数，并验证电流互感器的误差是否满足要求，极性是否正确。

(2) 调试设备。升流器，标准电流互感器（0.02 级，额定二次输出 1A），1A/4V 转换器，电子式互感器校验仪（型号：PCS-221Z），导线等。

(3) 调试方法。调试线路，见图 4-41。

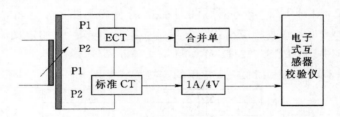

图 4-41 调试线路

ECT 的 P1 接标准 TA 的 P2，标准 TA 的 P1 接 ECT 的 P2；根据 ECT 额定一次电流的大小将标准 TA 的额定二次输出接为 1A；根据 ECT 额定一次电流的大小设置电子式互感器校验仪的额定电流，调节升流器使其输出电流为 ECT 的额定一次电流（至少额定一次电流的 25%），由电子式互感器校验仪读取电流测量误差系数及电流保护误差系数，若电流测量的误差系数为 1（0.1%），电流保护的误差系数为 1（0.5%），则电流互感器的误差系数合格。

据额定电流的大小调节升流器的输出电流至表 4-17 列出的各电流值，利用标准电流互感器及电子式互感器校验仪等设备检测电流互感器测量通道和保护通道的电流误差和相位误差是否满足表 4-17 及表 4-18 的要求。

表 4 - 17　　　　　　　　　　　　测量用电流互感器误差限值

准确级	在下列额定电流的百分数时，电流误差/%					在下列额定电流的百分数时，相位误差/(°)				
	1%	5%	20%	100%	120%	1%	5%	20%	100%	120%
0.2S	±0.75	±0.35	±0.2	±0.2	±0.2	±30	±15	±10	±10	±10

表 4 - 18　　　　　　　　保护用电流互感器在额定一次电流下的误差限值

准　确　级	额定一次电流下的电流误差/%	额定一次电流下的相位误差/(°)
5TPE	±1	±60

3. 电压互感器误差调试

（1）调试目的。通过试验调整电压互感器的误差系数，并验证电压互感器的误差是否满足要求，极性是否正确。

（2）调试设备。升压器，标准电压互感器（0.05 级），100V/6。9282 转换器，合并单元，电子式互感器校验仪。

（3）调试方法。调试线路，见图 4 - 42。

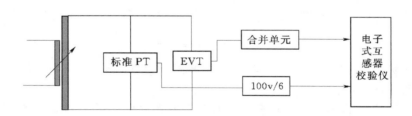

图 4 - 42　调试线路

调压器输出电压的两根线连接到升压器的输入端。将一次导线从升压器的一次高压端接到标准电压互感器的一次高压端，连到我们被测的互感器上。

标准 TV 的额定二次输出（100/$\sqrt{3}$）接至小 TV 转换器的 100V 输入端（标准 TV 出来的红线接小 TV 的红线，黄线接黄线），小 TV 的输出端的红线接校验仪信号线的红绿（红绿连在一起），黄线接信号线的黑，信号线插在校验仪上。

根据 EVT 额定一次电压的大小设置电子式互感器校验仪的额定电压，调节升压器使其输出电压为 EVT 的额定一次电压（至少额定一次电压的 25%），由电子式互感器校验仪读取电压测量误差系数，若电压测量的误差系数为 1（0.1%），则电压互感器的误差系数合格。

根据额定电压的大小调节升压器的输出电压至表 4 - 19 列出的各电压值，利用标准电压互感器及电子式互感器校验仪等设备检测电压互感器的电压误差和相位误差是否满足表 4 - 19 的要求。

表 4-19						电压互感器误差限值				
准确级	在下列额定电压时，电压误差/%					在下列额定电压时，相位误差/(°)				
	2%	5%	80%	100%	120%	2%	5%	80%	100%	120%
0.2/3P	±6	±3	±0.2	±0.2	±0.2	±240	±120	±10	±10	±10

4. 系数录入

(1) 新系数录入远端模块。

1) GIS 互感器、独立式电压互感器见图 4-43。

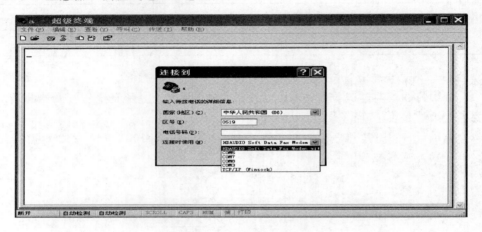

图 4-43　超级终端

2) 根据实际电脑选择合适的端口，COM 属性设置见图 4-44。

3) 系数的录入如下：

开启超级终端。断电状态下长按 "Shift＋s" 或者大写 "S"，通电，键入如下指令：

R all　　　　　　查看原始数据

W IN　　xxxx　　键入电流互感器的额定电流

W UN xx　　　　电流互感器的电压等级

W CH1 1

W CH2 1

W CH3 1

W CH4 1

W CH5 1

W CH6 1

W CH7 1

W CH8 1　　　　（通道 1~8 内数据全初始化为 1）

W chk　　　　　校验码，保存

R all　　　　　　查看修改后数据

见图 4-45。

图 4-44 COM 属性

```
=>
Press 'S' to set parameters:
=>Begin to set parameter:
=>SSSSSSSSSSSSSSS
=>You press wrong botton!
=>R ALL
=>
IN:2000;2000;2000;
UN:110;110;110;
IpA:1.0000;1.0000;1.0000;
ImA:1.0000;1.0000;1.0000;
UmA:1.0000;1.0000;1.0000;
IpB:1.0000;1.0000;1.0000;
ImB:1.0000;1.0000;1.0000;
UmB:1.0000;1.0000;1.0000;
IpC:1.0000;1.0000;1.0000;
ImC:1.0000;1.0000;1.0000;
UmC:1.0000;1.0000;1.0000;
CHK:38961;38961;38961;
=>W IPB 0.6968
=>W IMB 0.9416
=>W CHK
=>R ALL
```

图 4-45 录入系数

（2）新系数录入合并单元。

独立式电流互感器、独立式电流电压互感器如下：

1）查看合并单元 IP 地址，网线插到第一个网口，假设 IP 地址为 198.87.102.xxx；笔记本 IP 应该与装置一致，双击 uapc_dbg_2.0_工程版，连接——连接网口——连接所有端口；

2）点击"定值"，点击"刷新"里面的"刷新当前组"，修改各 RTU 通道系数，修改完毕后，点击"下载"里面的"下载当前组"，见图 4-46。

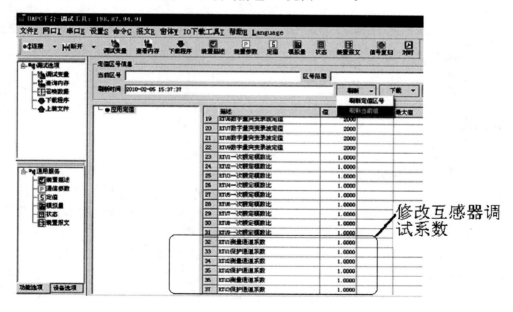

图 4-46 修改系数

3）下载完毕后，装置自动重启，在"通道系数"菜单里核对整定值。

5. 注意事项

（1）户外 GIS 工程调试结束，盖板处涂胶，注意密封防水。

（2）独立式工程使用直接熔接的方式，避免使用光纤转接法兰转接。

（3）现场精度试验时，标准电压互感器二次禁止短路、标准电流互感器二次禁止开路，避免造成一次设备损坏。

（4）现场制作系数标牌，并且现场挂标牌。

4.7 低压线路保护调试（VxWorks）

4.7.1 重要定值设置

重要定值设置见表 4-20。

表 4-20   重 要 定 值 设 置

定值项目	备　　注
遥控关联遥信	遥控方式为： "1"：遥控结果关联遥控对应的开关/隔离开关的位置，即使遥控命令已经成功发出（遥控继电器闭合），如果遥控对应的开关/隔离开关位置没有在"遥控跳合闸保持时间"内达到目标位置，装置仍然会向 SCADA 系统返回遥控失败。"0"：遥控结果不关联遥控对应的开关/隔离开关的位置，无论对应的开关/隔离开关在遥控后是否达到目标位置，均向 SCADA 系统返回遥控成功
GPS 采样同步使能	"0"：不论是否有 GPS 信号，都正常采样、发送。通常在调试和 9-2 点对点传输时使用；"1"：SMV 采样需要有 GPS 信号。如果没有 GPS 则会报警，发出的 SMV 帧中的"smpSynch"位为 0
遥测死区定值	出厂默认 5%，现场建议修改为 0.2%，否则变化遥测很难上送一次
61850-9-2 点对点模式	依据 9-2 采集方式进行整定，"0"：组网 9-2；"1"：点对点 9-2
电子互感器模式	投"1"表示使用数字采样，投"0"表示采用交流头采样

4.7.2 功能调试

（1）采样值输入见 14.2，调试方法同常规装置。

（2）CSWI 位置开入信号的关联（现场最好核对更改）。

当现场位置信息采用 61850 CSWI 上送时，需要对 CSWI. stVal 进行检查，一般分为两种：

1）常规装置与双位置的关联，需要在现场操作。因为 PCS9000 ICD 中默认填写 YX：B07. NR4501_Din. Din1_X2，B07. NR4501_Din. Dopt_X1 之类的硬开入短地址，但由于外部接线的随机性，所以默认填写的短地址可能与实际情况不匹配，需要现场根据实际位置核对更改。

对于双位置点：按照分在前，合在后的原则填写短地址；对于单点开接点：如果是只有单点常开接点（合位），直接写 YX：XXX 即可；对于只有单点常闭接点（分位）：在短地址里写 YX：Null，XXX，这样程序里单点就可转化成双点输出。

2）与 GOOSE 开入双位置的关联，需要在现场操作。不同于测控已经设计好，GOOSE 方式下也需要根据过程层接收的短地址来填写相应的 CSWI 下的短地址，一般均为双位置。

4.7.3 其他（调试技巧，注意事项）

现场调试和出厂调试有所区别，出厂调试只要在研发归档的文本基础上验证到每个输入输出以及保护逻辑等各种功能的正确性，icd 文本可直接用；对于现场调试，一般的任务流程如下：

（1）核对现场的图纸，检查所有开入开出与归档文本建模逻辑节点的对应关系，做好基本的实例化的工作，如各开入的 DOI Descriptian 及 du Attribute（DO 及 DU 的描述），最好两个都按图纸改为一致，随便后台远动机读取都能支持。

（2）根据图纸上隔离开关等一次元件的开入位置修改相应数据的短地址 Short Address，对于双位置点按照分在前，合在后的原则填写短地址，如果是只有单点常开接点（合位），直接写 YX：XXX 即可，对于只有单点常闭接点（分位），在短地址里写 YX：Null，XXX 这样程序里单点就可转化成双点输出。这点可成为共识，只要是 61850 站都这样做，因为 61850 规约里规定了专用的逻辑节点来表示隔离开关这些一次元件的位置和遥控等，如果不管这些，认为开入点里都有相应的遥信，后台遥信库里也能反映出相应的隔离开关位置，则是不规范的做法，其他厂家的后台不一定认，而且确实不符合 61850 标准。

（3）核对图纸遥控接点的输出与文本里短地址是否一致。

（4）检查各数据集里相应信号点是否齐全，按现场配置来检查，尽量避免遗漏，在 SCD 后台远动等工作进行了一大半了再来修改 icd 文本。

（5）检查各数据集所对应的报告控制块是否齐全，触发选项各项参数是否合理（若 icd 文本会遗漏报告控制块，导致后期信号对点的时候后台远动部分信号怎么也发不出）。

（6）用研发提供的 icdcheck 工具检测文本的正确性。

4.8 备自投保护调试（VxWorks）

4.8.1 重要定值设置

重要定值装置见表 4-21。

表 4-21　　　　　　　　　　重 要 定 值 装 置

定值项目	备　注
遥控关联遥信	遥控方式如下： "1"：遥控结果关联遥控对应的开关/隔离开关的位置，即使遥控命令已经成功发出（遥控继电器闭合），如果遥控对应的开关/隔离开关位置没有在"遥控跳合闸保持时间"内达到目标位置，装置仍然会向 SCADA 系统返回遥控失败；"0"：遥控结果不关联遥控对应的开关/隔离开关的位置，无论对应的开关/隔离开关在遥控后是否达到目标位置，均向 SCADA 系统返回遥控成功

定值项目	备 注
GPS 采样同步使能	"0"：不论是否有 GPS 信号，都正常采样、发送。通常在调试和 9-2 点对点传输时使用；"1"：SMV 采样需要有 GPS 信号。如果没有 GPS 则会报警，发出的 SMV 帧中的"smpSynch"位无效
遥测死区定值	出厂默认 5%，现场建议修改为 0.2%，否则变化遥测很难上送一次
61850-9-2 点对点模式	依据 9-2 采集方式进行整定，"0"：组网 9-2；"1"：点对点 9-2
电子互感器模式	投"1"表示使用数字采样，投"0"表示采用交流头采样

4.8.2 功能调试

由于备自投保护的采样和开入来自多个不同的设备，而一般实验仪器光口有限，发送块有限制，实验的时候请尽可能以 9-2 的方式加量，并简化一些定值，使实验方便。

在 SCD 工具中连线需格外注意采样机 GOOSE 开入及跳闸的开出到各个相关装置的线，复杂的备投还需注意联切功能和相关闭锁功能的实现，实验时尽量模拟到这些联跳联切的开关是否正常能跳开，没跳时注意查找 INPUT 连线是否有连接，需要与用户方一起研究其备投的需求然后检查连线，实验检查跳闸和闭锁功能；复杂的备自投连线举例见图 4-47。

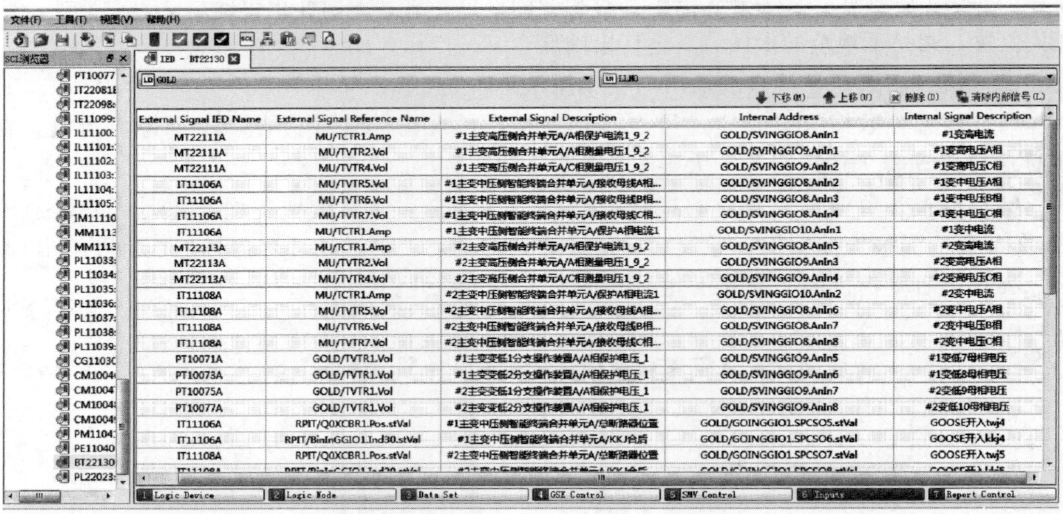

图 4-47　备自投连线举例

由图 4-47 可以发现与备投有关系的 MU 及保护智能终端很多，连线较多时有可能会忽略一些相关功能细节，一定要多检查连线关系；基本原则是母线电压（根据主接线）、进线或电源的电流、线电压，主接线的相关断路器的 KKJ、TWJ、及闭锁备投开入（需与用户多商量），加量实验时一般 9651 都是组网方式采样和组网方式 GOOSE 跳闸，但组网方式采样时，9651 的定值中有 9-2 方式控制字的整定（0 是组网方式，1 是点对点方式），点对点方式需在 SCD 中拉通道延时的线，实验时仪器给出通道延时即可实现采样。

组网方式加量时有两种情况需注意：

（1）实验仪器接入 GPS 的对时（B 码），9651 接入对时，采样报文含同步标志位，要加量并看到装置采样正常，该同步标志为必须有效，否则报采样无效。

（2）若实验仪器不带 B 码对时时，无法让试验仪与 9651 同步，这时要加量让装置能正确动作，则需断开装置的 GPS，同时定值中将"GPS 采样同步使能"改为 0，方可达到装置正常采样动作的目的；但投运前必须将该控制字改回。

图 4-48 中可发现备投的跳闸出口很多，牵涉面很广，实验过程要注意相关设备有无接收跳闸或闭锁；以便及时发现是否有漏线或多连线。

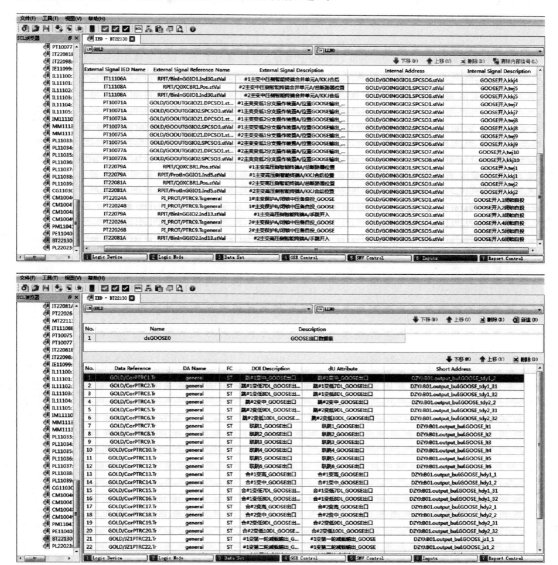

图 4-48 跳闸出口示意

4.8.3 报警信息说明

报警信息说明见表 4 - 22。

表 4 - 22 报警信息说明

报警信号	说 明	解决办法
GOOSEX 接收 A 网断链	一般 4 倍 T0 时间收不到 XXX 的 A 网 GOOSE 心跳报文（T0 典型值 5s）	检查 A 网 GOOSE 报文
GOOSEX 接收 B 网断链	一般 4 倍 T0 时间收不到 XXX 的 B 网 GOOSE 心跳报文（T0 典型值 5s）	检查 B 网 GOOSE 报文
GOOSEX 接收配置错误	XXX 的 GOOSE 报文中数目、版本、类型等与 goose.txt 不一致	检查 A 网或 B 网 GOOSE 报文
GOOSE 跳闸 X 号开入状态	当前开入状态显示	检查 GOOSE 报文
GOOSE 跳闸 X 号开入有效	当前开入的链路，检修，接收压板等方面判断出来的有效标记	检查链路，检修，接收软压板
GOOSE 总报警	GOOSE 总告警	检查 GOOSE 告警信息
间隔 X 的 A 网链路出错告警	SV 光纤 A 网断链	检查 MU 数据
间隔 X 的 B 网链路出错告警	SV 光纤 B 网断链	检查 MU 数据
间隔 X 丢帧告警	采样丢帧告警	检查 MU 数据
间隔 X 延迟不一致	延时发生变化	检查 MU 数据

附录5 智能电网中常见专业名词汇总

缩写	英文全称	中文全称
A/D	Analogue – to – Digital	单仪器模数转换
AC	Alternating Current	交流电
ACSI	Abstract Communication Service Interface	抽象通信服务接口
ADSS	All Dielectric Self – Supporting Optical Cable	全介质自承式光缆
AGC	Automatic Generation Control System	自动发电控制系统
AIS	Air Insulated Switchgear	空气绝缘开关设备
ASON	Automatically Switched Optical Network	自动交换光网络
ATM	Asynchronous Transfer Mode	异步传输模式
BDS	BeiDou Navigation Satellite System	北斗卫星导航系统
BRP	Beachon Redundancy Protocol	信号冗余协议
BSP	Board Support Packages	板级支持包
CBM	Condition Based Maintenance	状态检修
CIM	Common Information Model	公共信息模型
CPU	Central Processing Unit	中央处理单元
CRP	Cross Redundancy Protocol	交叉冗余协议
DA	Data Attribute	数据属性
DC	Direct Current	直流电
DDN	Digital Data Network	数字数据网
DOE	Department Of Energy	（美国）能源部
DRR	Deficit Round Robin	亏空轮转调度
DSP	Digital Signal Processing	数字信号处理
DTU	Data Transfer Unit	数据传送单元
EACCS	Electric Power Alarming & Coordinated Control System	电网实时预警及协调防御控制系统
ECT	Electronic Current Transformer	电子式电流互感器
ECVT	Electronic Continuously Variable Transimission	无极变速系统
EEAC	Extended Equal Area Criterion	扩展等面积准则
EHV	Extra High Voltage	超高压
EIA	Electronic Industries Association	电子工业联合会
EMS	Energy Management System	能量管理
EMS	Energy Management System	能量管理系统
EPON	Ethernet Passive Optical Network	以太网无源光网络
EPRI	Electric Power Research Institute	美国电力科学研究院
ERTU	Energy Remote Terminal Unit	电能量采集终端
EVT	Electronic Voltage Transformer	电子式电压互感器
EWS	Engineering Work Station	站工程师工作台
FACTS	Flexible Alternating Current Transmission System	柔性交流输电技术
FC	Functional Constraint	功能约束
FCDA	Functionally Constrained Data Attribute	功能约束数据属性
FFT	Fast Fourier Transform	快速傅里叶变换
FPGA	Field – Programmable Gate Array	现场可编程逻辑阵列

FREEDM	Future Renewable Electric Energy Delivery and Management	未来可再生电力能源输配和管理
FTU	Field Transfer Unit	场传输设备
GARP	Generic Attribute Registration Protocol	通用属性注册协议
GDP	Gross Domestic Product	国内生产总值
GIS	Gas Insulated Switchgear	气体绝缘开关设备
GMRP	Garp Multicast Registration Protocol	组播注册协议
GOOSE	Generic Object Oriented Substation Events	面向通用对象的变电站事件
GPRS	General Packet Radio Service	通用无线分组业务
GPRS/CDMA	General Packet Radio Service/Code Division Multiple Access	通用分组无线服务/码分多址
GPS	Global Positioning System	全球定位系统
GWAC	Grid Wise Architecture Council	(美国) 智能电网架构委员会
HEMS	Home Energy Management System	家庭能源管理系统
HMI	Human Machine Interface	人机接口
HSR	High – Availability Seamless Ring	高可用无缝环网协议
HV	High Voltage	高压
HVDC	High Voltage Direct Current	高压直流
I/O	Input/Output	输入/输出端口
IC	Integrated Circuit	集成电路
IEC	International Electro (technical) Commission	国际电工委员会
IED	Intelligent Electronic Device	智能电子设备
IEEE	Institute of Electrical and Electronics Engineers	电气电子工程师学会
IMS	IP Multimedia Subsystem	IP 多媒体子系统
IP	Ingress Protection	IP 防护等级系统
IRIG	Inter Range Instrumentation Group	编码对时
IRIG – B	Inter Range Instrumentation Group – B	美国靶场仪器组 – B 型码
ISA	Integrated Substation Automation	成套微机保护装置
LD	Logical – Device	逻辑设备，代表典型变电站功能集的实体
LLS	Lightning Location System	雷电定位系统
LN	Logical – Node	逻辑节点，代表典型变电站功能的实体
LPHD	Low – Pressure High Density	抵押高密度
LTE	Long Term Evolution	长期演进
LVDS	Low Voltage Differential Signaling	低压差分信号
MIS	Management Information System	管理信息系统
MMS	Manufacturing Message Specification	制造商信息规范
MOA	Metal Oxide Arrester	金属氧化物避雷器
MRP	Medium Redundancy Protocol	媒介冗余协议
MSTP	Multi – Service Transfer Platform	多业务传送平台
MU	Merging Unit	合并单元
NIST	National Institute of Standards and Technology	(美国) 国家标准技术研究院
NTP	Network Time Protocol	网络对时
ODN	Optical Distribution Network	光分配网络
OFGEM	Office of Gas and Electricity Markets	(英国) 煤气电力市场办公室
ONU	Optical Network Unit	光网络单元
OPGM	Optical Fiber Composite Overhead Ground Wires	光纤复合架空地线
OPLC	Optical Fiber Composite Low – Voltage Cable	光纤复合低压电缆
OPPC	Optical Fiber Composite Phase Conductor	光纤复合架空相线
OTN	Optical Transport Network	光传送网

PCB	Printed Circuit Board	印制电路板
PCM	Phase Change Materials	相变材料（相变储能材料）
PDH	Quasi – Synchronous Digital Hierarchy	准同步数字系列
PLC	Power Line Communication	电力线载波
PMS	Power Production Management System	工程生产管理系统
PMU	Phasor Measurement Unit	相量测量装置
PON	Passive Optical Network	无源光网络
PPS	Pulse Per Second	秒脉冲
PQDIF	Power Quality Date Interchange	通用电能质量交换格式
PQM	Power Quality Management	电能质量管理
PRP	Parallel Redundancy Protocol	并行冗余协议
PSS	Power System Stabilizer	电力系统稳定器
PTN	Private Telecommunications Network	专用通信网
PTN	Packet Transport Network	分组传送网
PTP	Picture Transfer Protocol	图片传输协议
QS	Quality of Service	服务质量
RFID	Radio Frequency Identification	射频识别
RISC	Reduced Instruction Set Computer	精简指令集计算机
RS	Recommand Standard	推荐标准
RTCP	RTP Control Protocol	RTP 控制协议
RTP	Real – Time Transport Protocol	实时传输协议
RTSP	Real – Time Streaming Protocol	实时流传输协议
RTU	Remote Terminal Unit	远方终端设备
SAN	Storage Area Network	存储区域网络
SC	Second Converter	二次转换器
SCADA	Supervisory Control And Data Acquisition	数据采集与监控
SCI	Serial Communication Interface	串行通信接口
SCS	Sequence Control System	站控系统
SCSM	Special Communication Service Mapping	特定通信服务映射
SDH	Synchronous Digital Hierarchy	同步数字系统
SG – ERP	State Grid – Enterprise Resource Planning	国家电网企业资源计划系统
SMES	Super – conducting Magnetic Energy Storage	超导磁储能
SMS	Supervisor Monitor Schedual	站监视系统
SMV	Sampled Measured Value	采样测量值
SNTP	Simple Network Time Protocol	简单网络时间协议
SOC	System On Chip	片上系统
SOE	Sequence Of Events	事件顺序记录
SP	Strict Priority	严格优先级
SPS	Special Protection System	特殊保护系统
STM – N	Synchronous Transport Module Level N	同步传输模块 N 级
STP/RSTP	Spanning Tree Protocol/Rapid Spanning Tree Protocol	生成树协议/快速生成树协议
SV	Sampled Value	采样值
SVG	Scalable Vector Graphics	可缩放矢量图形
TCP/IP	Transmission Control Protocol/Internet Protocol	传输控制协议/因特网互联协议
TD – SCDMA	Time Division – Synchronous Code Division Multiple Access	时分同步码分多址
TTU	Tape Transfer Unit	磁带输送/走带设备
UHV	Ultra High Voltage	特高压
UHVDC	Ultra High Voltage Direct Current	特高压直流

UPS	Uninterrupted Power Supply	不间断电源
USB	Universal Serial Bus	通用串行总线
UTC	Universal Time Coordinated	协调世界时
V2G	Vehicle – to – Grid	电动汽车与电网互动
VEC – HVDC	Voltage Source Converter – High Voltage Direct Cueernt	柔性直流输电技术
VLAN	Virtual Local Area Network	虚拟局域网
VOD	Video On Demand	视频点播
VQC	Voltage Quality Control	电压无功控制
WAMS	Wide Area Measurement System	广域测量系统
WAP	Wide Area Protection	广域保护
WARMAP	Wide Area Monitoring Analysis Protection – control	广域监测分析保护控制系统
WCDMA	Wideband Code Division Multiple Access	宽带码分多址
WDM	Wavelength Division Multiplexing	波分复用
WRR	Weighted Round Robin	加权轮转调度
WTO	World Trade Organization	国际贸易组织

参 考 文 献

［1］ 贺家李，宋从矩. 电力系统继电保护原理. 北京：中国电力出版社，2004.

［2］ 张保会，尹项根. 电力系统继电保护. 北京：中国电力出版社，2005.

［3］ 芮新花，赵珏斐. 继电保护综合调试实习实训指导书. 北京：中国水利水电出版社，2010.

［4］ 张希泰，陈康龙. 二次回路识图及故障查找与处理指南. 北京：中国水利水电出版社，2005.

［5］ 沈胜标. 二次回路. 北京：高等教育出版社，2006.

［6］ PCS-931GM（M）超高压线路成套保护装置技术和使用说明书. 南瑞继保. 2009.

［7］ PWF-3 型光数字继电保护测试仪用户手册. 北京博电. 2010.

［8］ ZH-605D IEC61850 继电保护测试仪说明书. 武汉中元华电. 2010.

［9］ 刘振亚. 智能电网技术. 北京：中国电力出版社，2010.

［10］ 冯君. 智能变电站原理及测试技术. 北京：中国电力出版社，2011.

［11］ 浙江省电力公司. IEC61850 在变电站中的工程应用. 北京：中国电力出版社，2012.

［12］ 宁夏电力公司教育培训中心. 智能变电站运行与维护. 北京：中国电力出版社，2012.

［13］ 何磊. IEC61850 应用入门. 北京：中国电力出版社，2012.

［14］ 宁夏电力公司. 基于 IEC61850 标准的变电站调试指导手册. 北京：中国电力出版社，2013.

［15］ 曹团结，黄国方. 智能变电站继电保护技术与应用. 北京：中国电力出版社，2013.

［16］ 国家电网公司. 继保及自控装置运维岗位培训资料. 2015.